实战
家电维修

图表详解小家电维修实战

王学屯　王曌敏　编著

化学工业出版社
·北京·

本书采用“图表”与“双色”结合的形式，详细介绍了小家电的维修知识，主要内容包括：万用表检测故障的方法，基本维修工艺与元器件的识别与检测，小家电特有元器件的识别与检测，以及电饭锅，电磁炉，音响系列家电，豆浆机，保健系列家电，洗衣机，电风扇、暖风扇，饮水机、电热水器，微波炉的结构、工作原理与故障维修方法等。附录汇总了常用小家电的故障代码、电路图等相关资料，便于读者查阅。

本书内容实用性强，机型新颖常用，原理讲解透彻，维修技能精细，适合家电维修技术人员阅读使用，同时也可用作职业院校及培训学校相关专业的教材及参考书。

图书在版编目（CIP）数据

图表详解小家电维修实战 / 王学屯，王曌敏主编 .
北京：化学工业出版社，2017.10（2019.4重印）
（实战家电维修）
ISBN 978-7-122-30382-0

Ⅰ. ①图… Ⅱ. ①王… ②王… Ⅲ. ①日用电气器具 - 维修 - 图解 Ⅳ. ① TM925.07-64

中国版本图书馆 CIP 数据核字（2017）第 188953 号

责任编辑：要利娜　　文字编辑：陈　喆
责任校对：宋　夏　　装帧设计：刘丽华

出版发行：化学工业出版社（北京市东城区青年湖南街 13 号 邮政编码 100011）
印　　装：大厂聚鑫印刷有限责任公司
787mm × 1092mm 1/16 印张 14½ 字数 352 千字 2019 年 4 月北京第 1 版第 3 次印刷

购书咨询：010-64518888　　售后服务：010-64518899
网　　址：http://www.cip.com.cn
凡购买本书，如有缺损质量问题，本社销售中心负责调换。

定　　价：49.80 元

前言

小家电以替代日常生活中手工操作的一些细节为主，是人们物质生活大幅提升的产物，是一种现代生活品位的象征。

小家电在以“更小、更快、更安全”的核心理念指导下，开发出人性化、个性化、智能化、时尚化及环保、节能的产品，在现代快节奏的家庭生活中扮演着越来越重要的角色。人们也因此从烦琐的家务中解脱出来，可以轻松品味生活、体验时尚，让使用者达到省心、轻松、高效、安静、快捷、安心及方便等感受。小家电的最大特色是情趣、时尚、健康、实用，注重产品的新、奇、特，讲究产品的造型和外观色彩、图案的新颖个性。剃须刀、按摩器、迷你洗衣机、迷你冰箱、迷你音响、咖啡机、擦鞋机、早餐机……不同的对象不同的选择，小家电无疑在电子产品市场上唱起了主角。

随着小家电的普及，维修量也日益加大，然而家电维修人员对小家电这一新兴的家电产品还不够熟悉，加上一些厂家对资料的保密性，使得维修人员感觉到维修小家电困难重重，非常需要掌握这方面的维修基础知识。

本书的特色是：

① 全程图表解析，形式直观清晰，一目了然；

② 全程维修实战，直指故障现象，对症下药；

③ 机型常用，故障类型丰富，随查随用；

④ 双色印刷，重点知识、核心内容、信号传输及电源等采用特殊颜色标注，提高阅读效率。

本书适合家电售后人员或家电维修人员学习使用，也可作为职业院校或相关技能培训机构的培训教材。

全书由王学屯、王曌敏编著。此外，王学道、高选梅、孙文波、王米米、王江南、贠建材、王连博、张建波、张邦丁、王琼琼、刘军朝、张铁锤、贠爱花、杨燕等为本书资料整理做了大量工作。在本书的编写过程中参考了相关的文献资料，在此一并深表感谢！

由于编著者水平有限，且时间仓促，本书难免有不足之处，恳请各位读者批评指正，以便使之日臻完善。

编著者

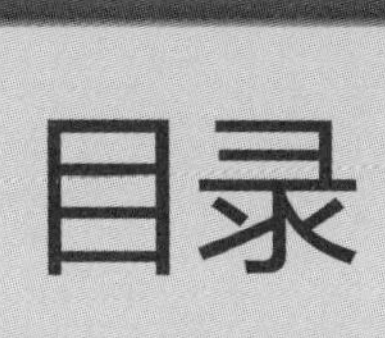

目录

基础篇

实战篇

基础篇

小家电维修既需要理论知识，又需要实际操作经验，而实际操作是建立在扎实的理论基础之上的。所以本书以“基础篇”开篇，主要讲述万用表的使用技巧、元器件的识别与检测基础，作为学习小家电维修的预备知识。通过对本篇的学习，读者可以为下一步进行实际操作打下良好的基础，实际操作起来可以更加得心应手。

第1章

万用表检测故障的方法

1.1 掌握指针式万用表的使用方法

1.1.1 MF47型万用表的结构

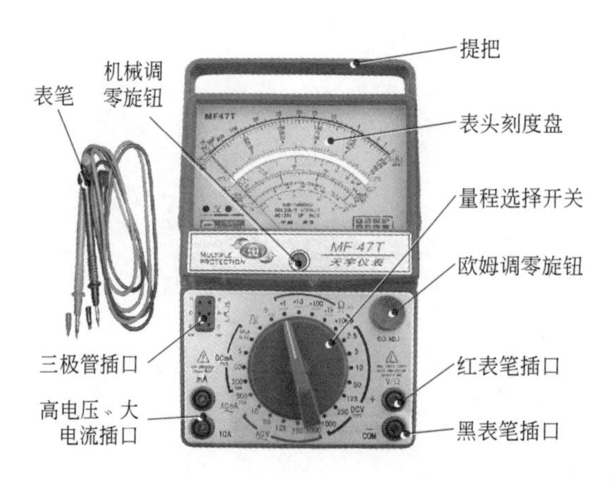

MF47型万用表，可供测量直流电流、交直流电压、直流电阻等，具有26个基本量程和电平、电容、电感、晶体管直流参数等7个附加参考量程。正面上部是微安表，中间有一个机械调零螺钉，用来校正指针左端的零位。下部为操作面板，面板中央为测量选择、转换开关，右上角为欧姆挡调零旋钮，左下角有2500V交直流电压和直流5A专用插孔，左上角有晶体管静态直流放大系数检测装置，右下角有正(红)、负(黑)表笔插孔

1.1.2 实战1——刻度盘的正确识读

① MF47型万用表刻度盘

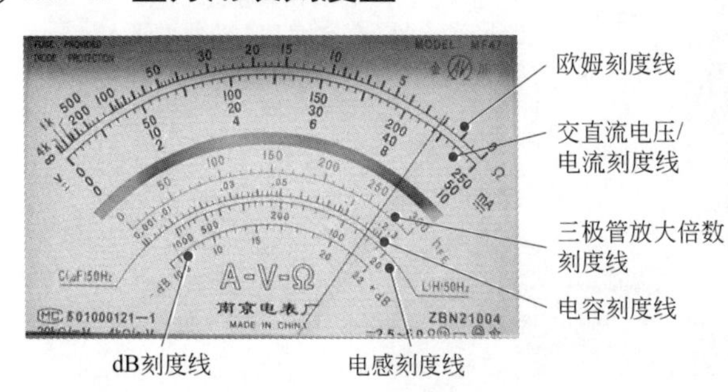

刻度盘与开关指示盘印刷成红、绿、黑三色，颜色分别按交流红色，晶体管绿色，其余黑色对应制成，使用时读取示数便捷。刻度盘共有六条刻度，从上往下依次是：第一条专供测电阻用；第二条供测交流电压、直流电流之用；第三条供测晶体管放大倍数用；第四条供测电容用；第五条供测电感用；第六条供测音频电平用。刻度盘上装有反光镜，用以消除视差

② 刻度盘正确读法

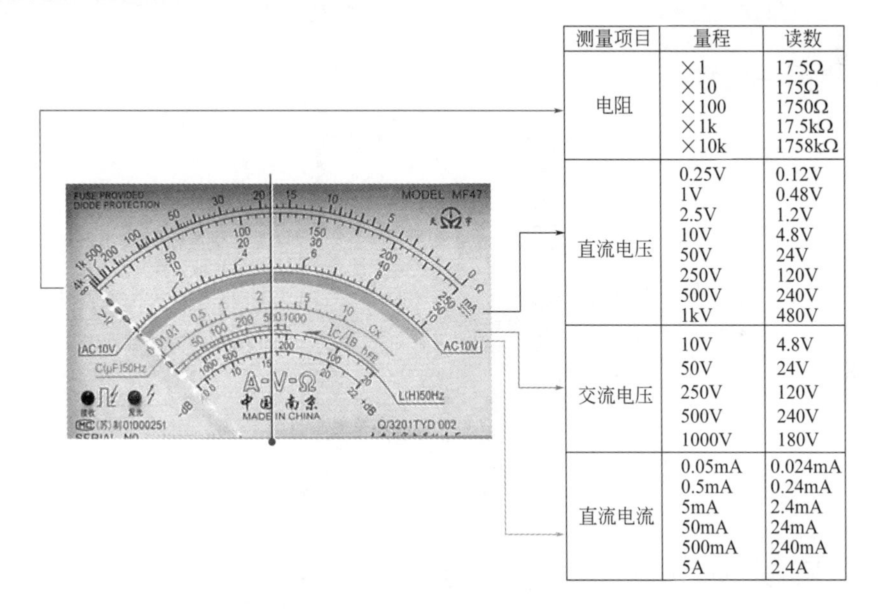

测量项目	量程	读数
电阻	×1 ×10 ×100 ×1k ×10k	17.5Ω 175Ω 1750Ω 17.5kΩ 1758kΩ
直流电压	0.25V 1V 2.5V 10V 50V 250V 500V 1kV	0.12V 0.48V 1.2V 4.8V 24V 120V 240V 480V
交流电压	10V 50V 250V 500V 1000V	4.8V 24V 120V 240V 180V
直流电流	0.05mA 0.5mA 5mA 50mA 500mA 5A	0.024mA 0.24mA 2.4mA 24mA 240mA 2.4A

1.1.3 实战2——测量电阻

① 选择倍率（挡位）

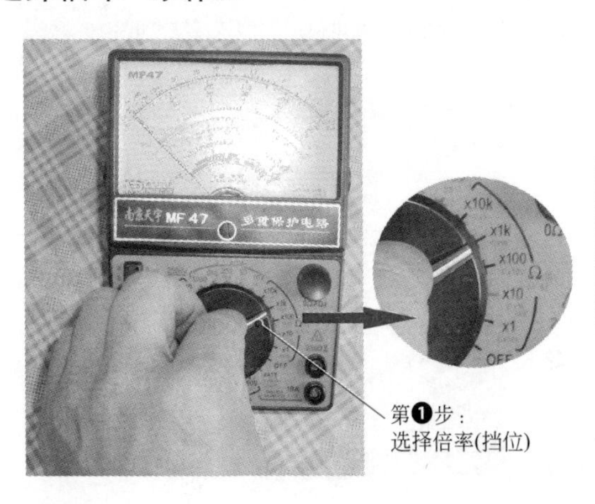

万用表的欧姆挡通常设置多量程，一般有$R\times1$、$R\times10$、$R\times100$、$R\times1k$及$R\times10k$五挡量程。欧姆刻度线是不均匀的(非线性)，为了减小误差，提高精确度，应合理选择量程，使指针指在刻度线的1/3～2/3之间

② 欧姆调零

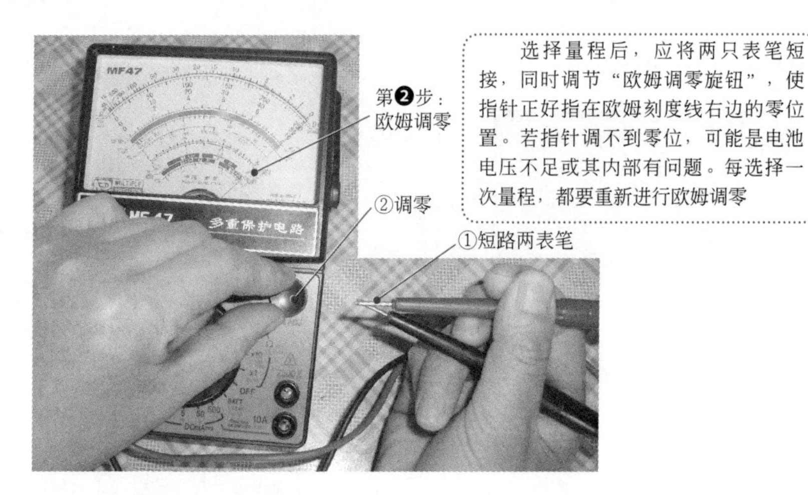

③ 测量电阻并读数

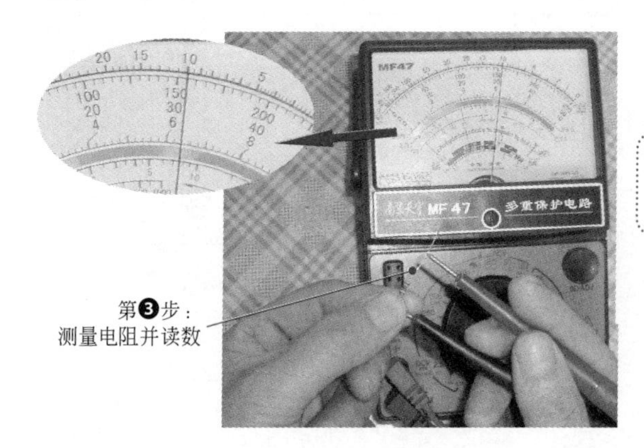

1.1.4 实战 3——测量直流电压

(1) 选量程
万用表直流电压挡标有"V",通常有2.5V、10V、50V、250V、500V等不同量程，选择量程时应根据电路中的电压大小而定。若不知电压大小，应先用最高电压挡量程，然后逐渐减小到合适的电压挡
(2) 测量方法
将万用表与被测电路并联，红表笔接被测电路的正极(高电位)，黑表笔接被测电路的负极(低电位)
(3) 正确读数
待表针稳定后，仔细观察刻度盘，找到相对应的刻度线，正视线读出被测电压值

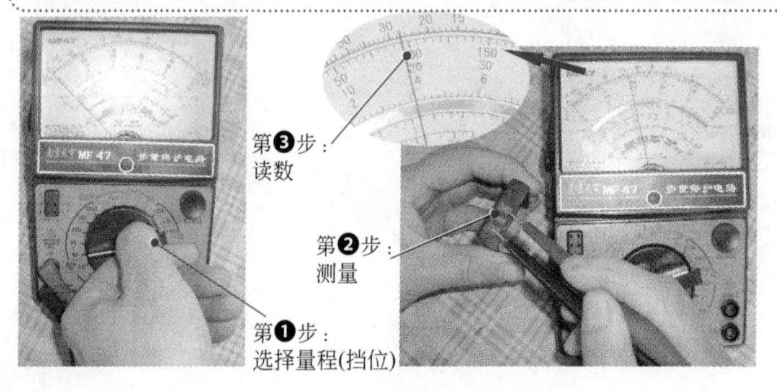

1.1.5 实战4——测量交流电压

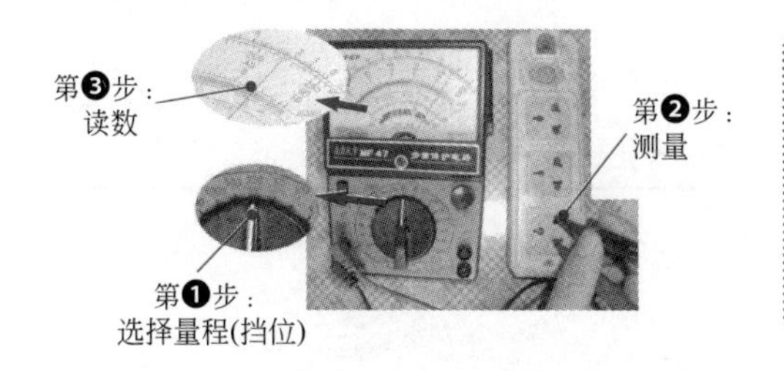

交流电压的测量与上述直流电压的测量方法相似，不同之处为：交流电压挡标有"V～"，通常有10V、50V、250V、500V等不同量程；测量时，不区分红黑表笔，只要并联在被测电路两端即可

1.1.6 实战5——测量直流电流

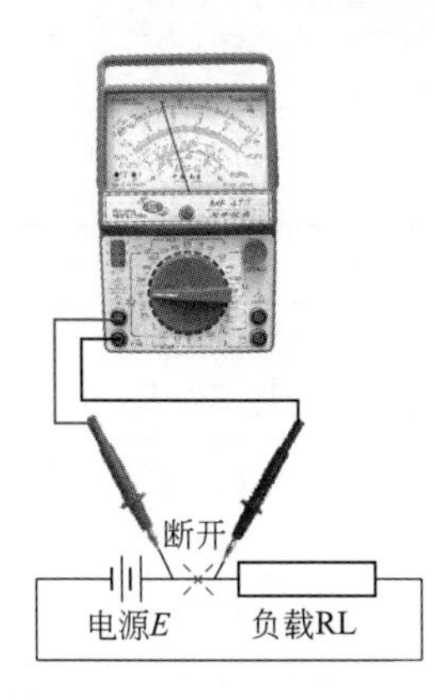

(1) 选量程
万用表直流电流挡标有"mA"，通常有1mA、10mA、100mA、500mA等不同量程，选择量程时应根据电路中的电流大小而定。若不知电流大小，应先用最高电流挡量程，然后逐渐减小到合适的电流挡
(2) 测量方法
将万用表与被测电路串联。应将电路相应部分断开后，将万用表表笔串联接在断点的两端。红表笔接在和电源正极相连的断点，黑表笔接在和电源负极相连的断点
(3) 正确读数
待表针稳定后，仔细观察刻度盘，找到相对应的刻度线，正视线读出被测电流值

1.2 万用表检测故障电路

1.2.1 实战6——电压法检测故障电路

① 理想模型实物电路

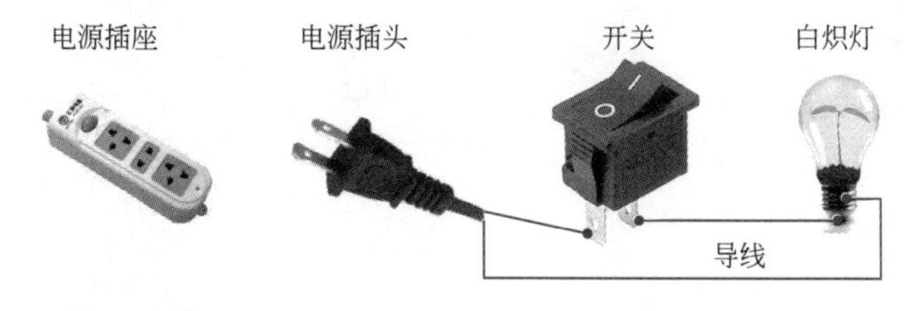

任何小家电都是由电路来控制或进行工作的，一个完整的实际电路，总是由电源、负载、导线及开关等四个基本部分组成的
❶ 电源：提供电能的设备。其作用是把其他形式的能量转化为电能。常见的电源有交流电、干电池、蓄电池、光电池、锂离子电池、发电机等
❷ 负载：各种用电设备的通称。其作用是将电能转化为其他形式的能量。如电灯泡、电风扇、电动机、电加热器等

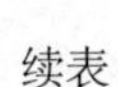
续表

❸ 导线：连接电源和负载，输送和分配电能。常用的导线是铜线和铝线，在弱电中（印制线路板）常用印制铜箔作为导线
❹ 开关：控制电路的导通（ON）和断开（OFF）。常用的开关有闸刀开关、拉线开关、按钮开关、拨动开关、空气开关等，在弱电中常采用电子开关来替代机械性开关

② 简单电路图模型

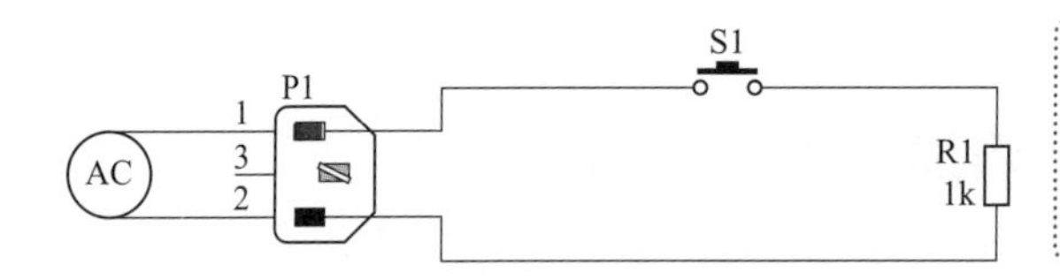

用统一规定的图形符号代替实物，这样画出来的接线图称为电路图或原理图。于是，上图的实物图就可以画为这个电路图了

③ 电压法模拟检测与判断

故障现象：灯泡不亮
故障分析：灯泡不能正常点亮，主要故障常有电源供电不正常（停电或插座损坏、接触不良等）、灯泡损坏、灯座损坏、开关不能闭合或损坏、线路有断路现象、插头接线有脱落（非一体式的）等
故障检修方法：关键点交流电压法。当然了也可以采用其他方法，只不过在这里主要用来说明电压法的具体应用而已
电压法是检查、判断小家电故障时应用较多的方法之一，它通过测量电路主要端点的电压和元器件的工作电压，并与正常值对比分析，即可得出故障判断的结论。按所测电压的性质不同，电压法常有：直流电压法和交流电压法 所谓关键测试点电压，是指对判断电路工作是否正常具有决定性作用的那些点的电压。通过对这些点电压的测量，便可很快地判断出故障的部位，这是缩小故障范围的主要手段

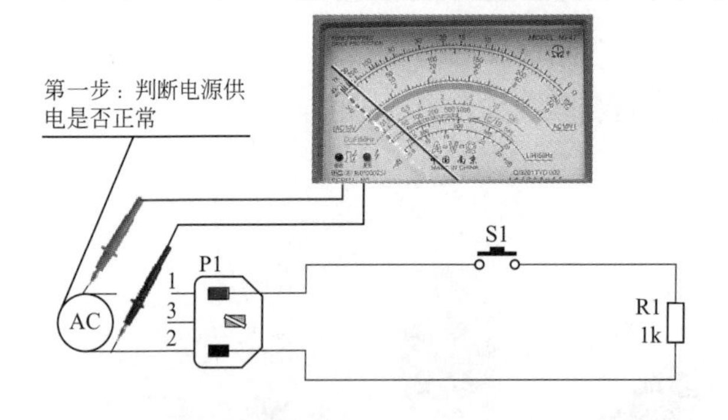

第一步：判断电源供电是否正常

关键点的选择：插座

有220V交流市电，表明电源供电正常，故障在插头的后级电路

如无市电电压，一般故障在供电电源

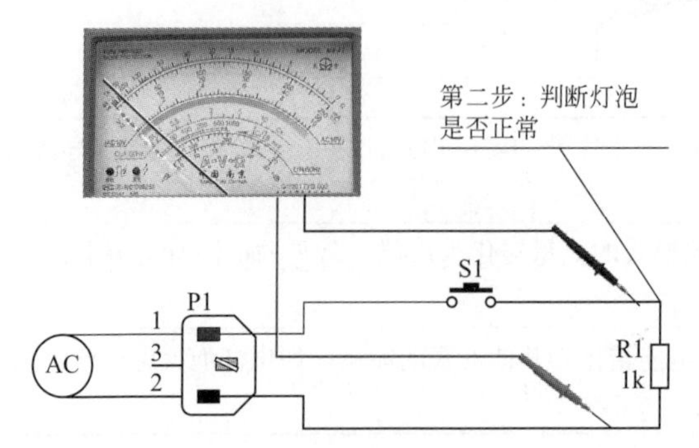

第二步：判断灯泡是否正常

关键点的选择：灯泡座的两个触头有220V交流市电(开关在闭合情况下)，表明电路基本正常，故障在灯泡。当然了，可以用直观法或电阻法检测灯丝是否断路

如无市电电压，一般故障在前级供电电路

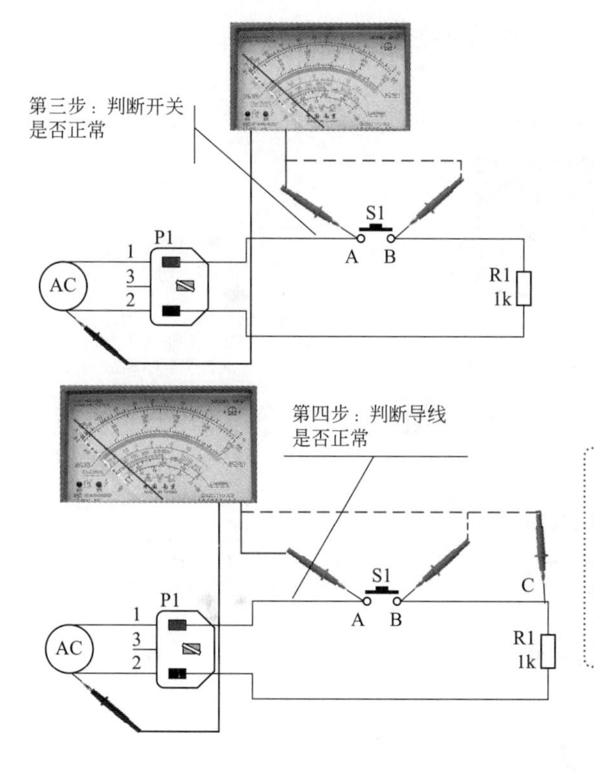

第三步：判断开关是否正常

关键点的选择：开关触头

一只表笔固定接于一个插孔；另一只表笔分别测量开关的两个触头A、B(开关在闭合状态下)，两个触头的电压都正常，表明开关正常。否则，A触头有电压，B触头无电压，表明开关损坏

第四步：判断导线是否正常

关键点的选择：导线的多个接头

一只表笔固定接于一个插孔；另一只表笔分别测量接头A、接头B(开关在闭合状态下)、接头C等接点，哪个接点处没有电压，该接点之前的导线有断路情况发生

1.2.2 实战7——电流法检测故障电路

① 在熔断器处测量整机电流

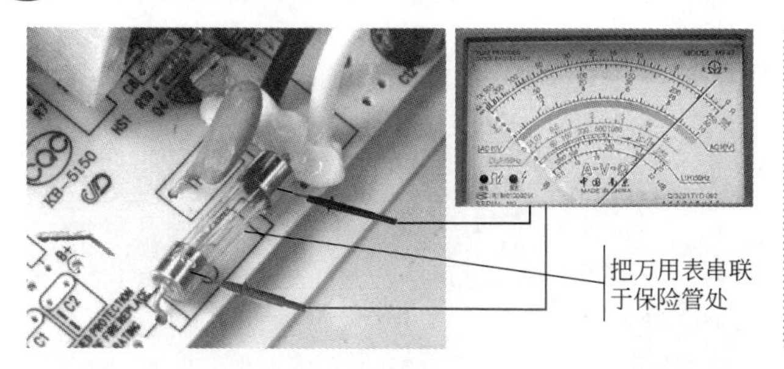

整机电流的检测：

当发现小家电中的熔断器严重烧坏(发黑或炸裂)时，在更换熔断器之前，一般需要了解整机电流是否正常，在整机电流正常的情况下才能更换熔断器

测量前一般应先估算一下电流。例如小家电的标称功率为850W，以市电电压为220V进行计算，电流等于功率除以电压，则850÷220=3.86A，图中万用表的示数为9.2A，表明电路板有严重短路故障发生

② 在开关处测量整机电流

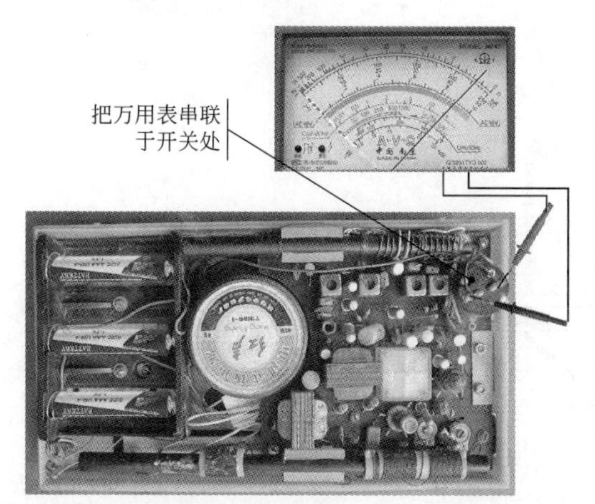

对于有开关控制的小家电，例如收音机，整机电流一般在开关处进行检测，测量时使开关处于关断状态

图中万用表的示数为46mA，远远大于其正常值25mA，表明某处有短路现象发生

该机为7管(7个三极管)收音机，当断开某个三极管的供电电压时，电流示数为正常值或小于正常值，则表明该三极管及有关电路是故障源

1.2.3 实战 8——电阻法检测故障电路

电阻法故障电路还是以上面的理想模型实物电路和简单电路图模型为例。

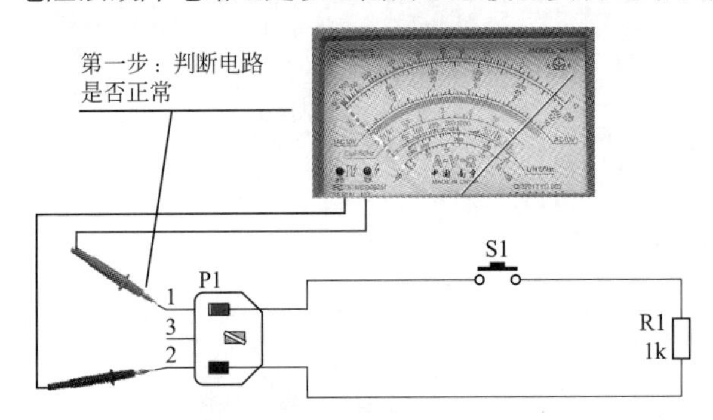

第一步：判断电路是否正常

关键点的选择：插头

在开关闭合状态下，两只表笔分别接于插头的两个插片，若万用表的示数为负载电阻(1kΩ)，则表明电路正常；若为无穷大，则表明有断路故障发生

这一步行业俗称为“测量负载电阻”

若电路不正常，再进行下一步

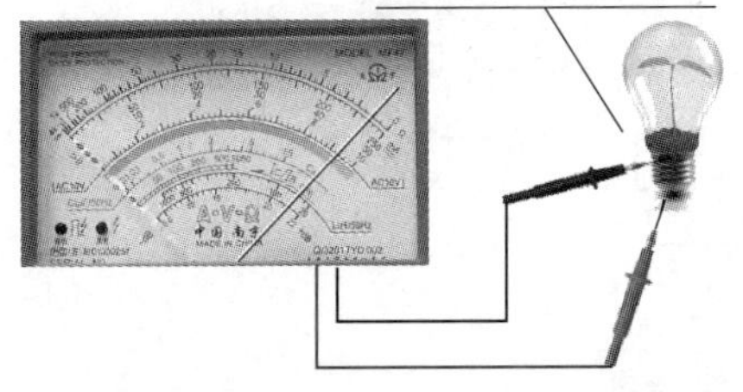

第二步：判断负载(灯泡)是否正常

关键点的选择：灯泡的锡焊触点与灯头

也可以直接用观察法检查灯丝是否断路

两只表笔分别接于灯泡的锡焊与灯头，若万用表的示数为负载电阻(1kΩ)，则表明电灯泡正常；若为无穷大，则表明灯泡有断路故障发生

这一步行业也俗称为“测量负载电阻”

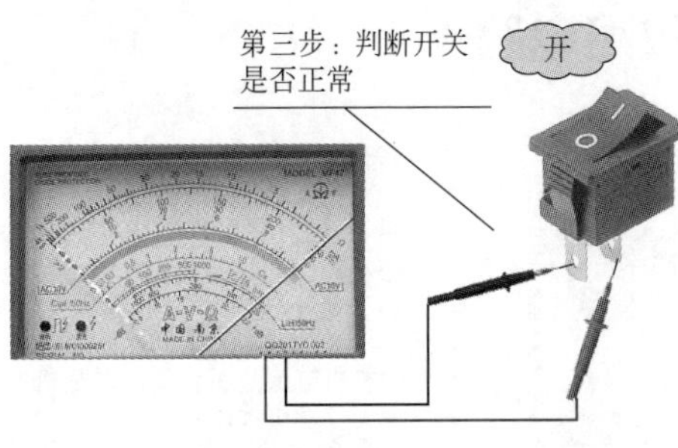

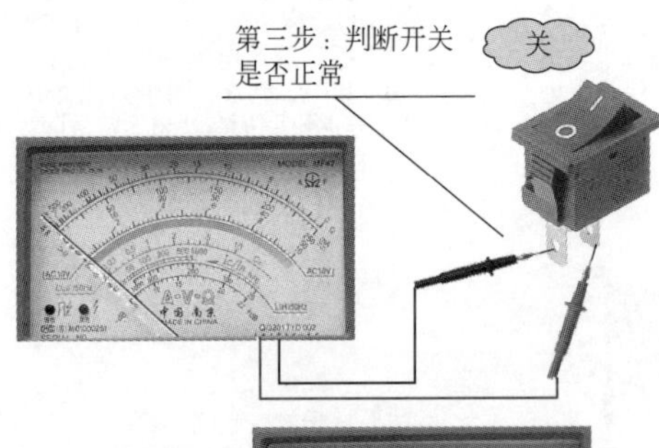

第三步：判断开关是否正常

关键点的选择：开关两个接片

两只表笔分别接于开关的两个接片，在开关闭合状态下，若万用表的示数为0；在开关断开状态下，若万用表的示数为∞，则表明开关正常；否则，表明开关有故障

第四步：判断导线
是否正常

S1
P1
1
3
2
R1
1k

第四步：判断导线是否正常

关键点的选择：各段导线

万用表的一只表笔固定接于插头的一个接片，另一只表笔分别接这段导线的另一端，若万用表的示数为0，则表明导线正常；否则，表明导线有故障，应逐段进行检测排除

第2章

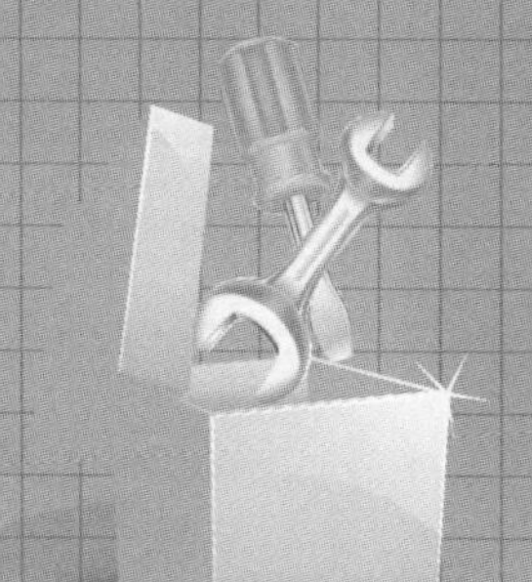

基本维修工艺与元器件的识别与检测

2.1 焊接工艺

2.1.1 实战9——导线的焊接、拆焊工艺

① 剥线

剥线方法有多种，下面只介绍2种。

第1种剥线方法：剥线钳剥线。

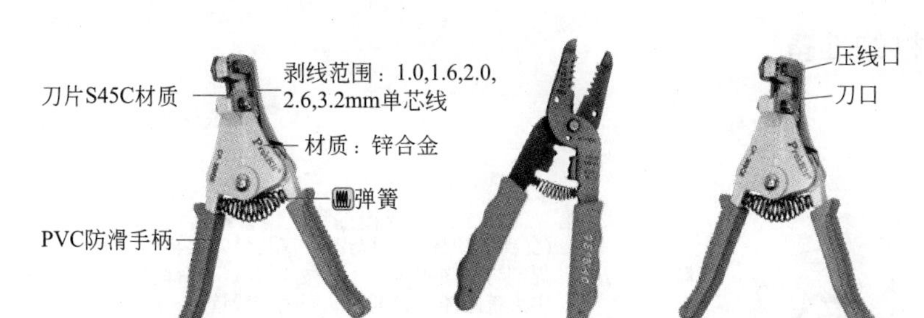

剥线钳由刀口、压线口和钳柄等组成。手动剥线钳的规格常有140mm、160mm、180mm(都是全长)

剥线钳的使用方法如下。

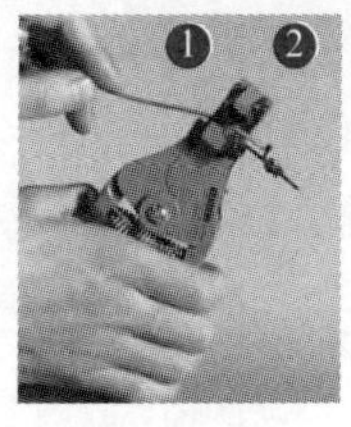
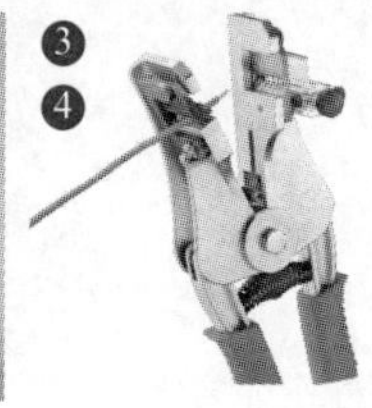

① 根据缆线的粗细型号，选择相应的剥线刀口
② 将准备好的电缆放在剥线工具的刀刃中间，选择好要剥线的长度
③ 握住剥线工具手柄，将电缆夹住，缓缓用力使电缆外表皮慢慢剥落
④ 松开工具手柄，取出电缆线，这时电缆金属整齐露出外面，其余绝缘塑料完好无损

第2种剥线方法：通电的电烙铁剥线。

用通电的电烙铁头对着需要剥离的导线进行划剥，另一只手同时转动导线，把导线划出一道槽，最后用手剥离导线

导线若原来已经剥离了，最好剪掉原来的，因为原来的往往已经有污垢或氧化了，不容易吃锡

② 导线吃锡（镀锡）

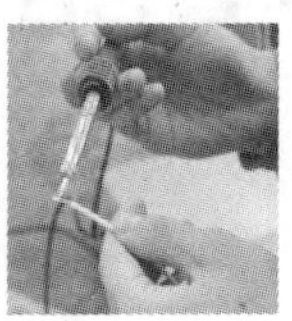

导线先进行吃锡，是为了方便以后的焊接。剥离的导线头可以放在松香盒中或直接拿在手中吃锡

吃锡后的导线头若过长，可适当剪去一些

③ 导线的焊接

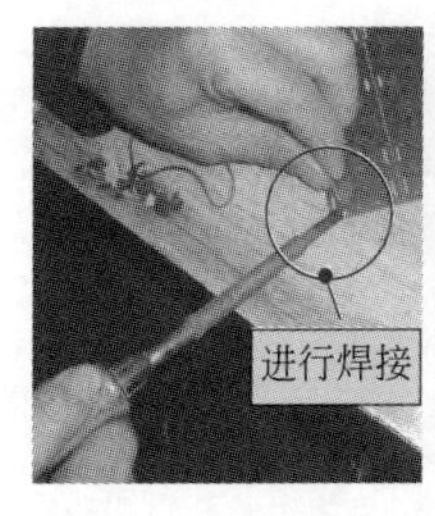

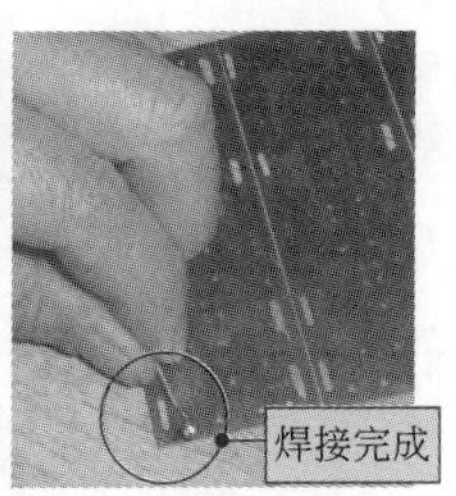

导线头对准所要焊接的部位，一般采用带锡焊接法进行焊接

焊接完成后，手不要急于脱离导线，应待焊点完全冷却后，手再撤离，这样做是为防止接头出现虚焊

2.1.2 实战10——元器件的焊接工艺

① 焊接前工具、器材的准备

❶ 焊锡

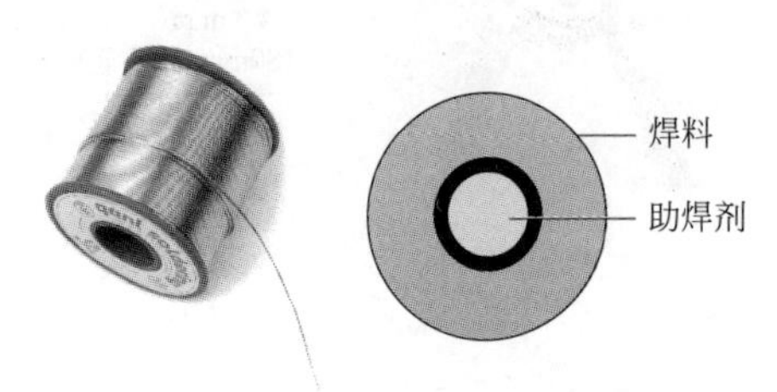

手工烙铁焊接经常使用管状焊锡丝(又称线状焊锡、焊锡)。管状焊锡丝将助焊剂与焊锡制作在一起做成管状，焊锡管中夹带固体助焊剂。助焊剂一般选用特级松香为基质材料，并添加一定的活化剂

助焊剂有助于清洁被焊接面，防止氧化，增加焊料的流动性，使焊点易于成形，提高焊接质量

❷ 烙铁架

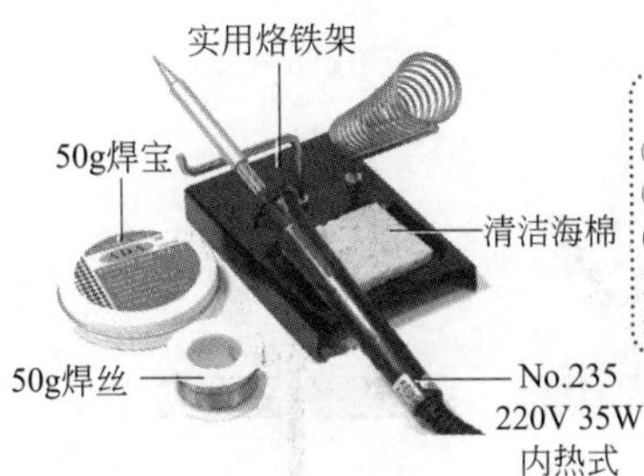

烙铁架的好处有：①可以放置工作中的烙铁；②烙铁暂时不用时，有利于散热，不易烧死烙铁头；③确保安全性，不易烫伤物品或引起火灾；④架板(选用坚硬的木质)部分可用作工作台面，用以刮、烫元器件；⑤有松香槽，方便助焊；⑥焊锡槽方便盛装剩余的焊锡和烙铁用锡

②焊前焊件的处理

❶ 测量元器件的好坏

测量就是利用万用表检测准备焊接的元器件质量是否可靠，若元器件有质量问题或已损坏，就不能焊接，需要更换了

❷ 刮引脚

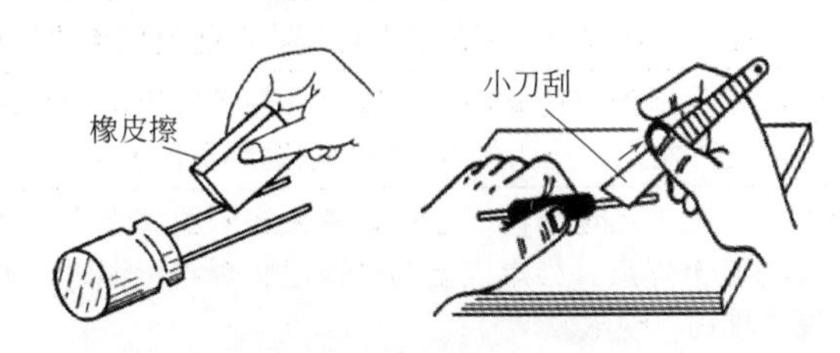

刮引脚就是在焊接前做好焊接部位的表面清洁工作。对于引脚没有氧化或污垢的新元器件可以不做这个处理

一般采用刮的工具是小刀、橡皮或废旧钢锯条(用折断后的断面)等

❸ 镀锡

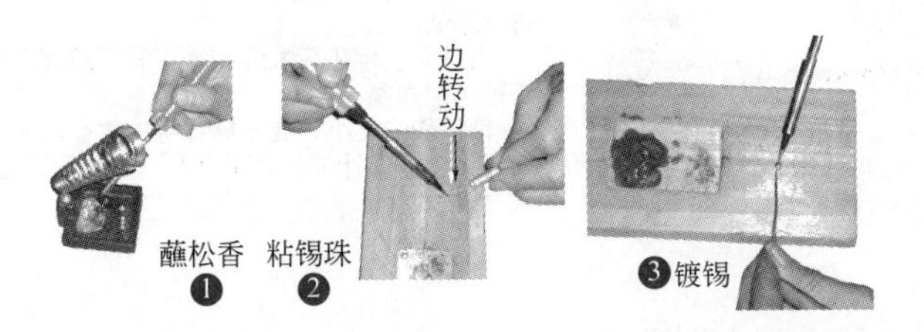

镀锡的具体做法是：用发热的烙铁头蘸取松香少许(或松香酒精溶液涂在镀锡部位)，再迅速从贮锡盒粘取适量的锡珠，快速将带锡的热烙铁头压在元器件上，并转动元器件，使其均匀地镀上一层很薄的锡层

③ 焊接技术

手工焊接方法常有送锡法和带锡法两种。

❶ 送锡焊接法

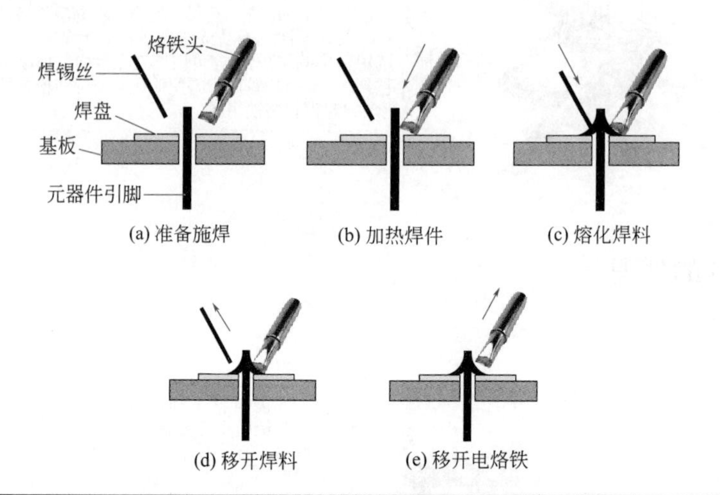

(a) 准备施焊　(b) 加热焊件　(c) 熔化焊料

(d) 移开焊料　(e) 移开电烙铁

<table>
<tr><td colspan="2">送锡焊接法，就是右手握持电烙铁，左手持一段焊锡丝而进行焊接的方法。送锡焊接法的焊接过程通常分成五个步骤，简称“五步法”，具体操作步骤如下</td></tr>
<tr><td>第 1 步：准备施焊</td><td>准备阶段应观察烙铁头吃锡是否良好，是否达到焊接温度，插装元器件是否到位，同时要准备好焊锡丝</td></tr>
<tr><td>第 2 步：加热焊件</td><td>右手握持电烙铁，烙铁头先蘸取少量的松香，将烙铁头对准焊点（焊件）进行加热。加热焊件就是将烙铁头给元器件引脚和焊盘“同时”加热，并要尽可能加大与被焊件的接触面，以提高加热效率、缩短加热时间，在此过程中要保护铜箔不被烫坏</td></tr>
<tr><td>第 3 步：熔化焊料</td><td>当焊件的温度升高到接近烙铁头温度时，左手持焊锡丝快速送到烙铁头的端面或被焊件和铜箔的交界面上，送锡量的多少，根据焊点的大小可灵活掌握</td></tr>
<tr><td>第 4 步：移开焊锡</td><td>适量送锡后，左手迅速撤离，这时烙铁头还未脱离焊点，随后熔化的焊锡从烙铁头上流下，浸润整个焊点。当焊点上的焊锡已将焊点浸湿时，要及时撤离焊锡丝，不要让焊盘出现“堆锡”现象</td></tr>
<tr><td>第 5 步：移开电烙铁</td><td>送锡后，右手的烙铁就要做好撤离的准备。撤离前若锡量少，可再次送锡补焊；若锡量多，撤离时可用烙铁带走少许。烙铁头移开的方向以 45° 为最佳</td></tr>
</table>

❷ 带锡焊接方法

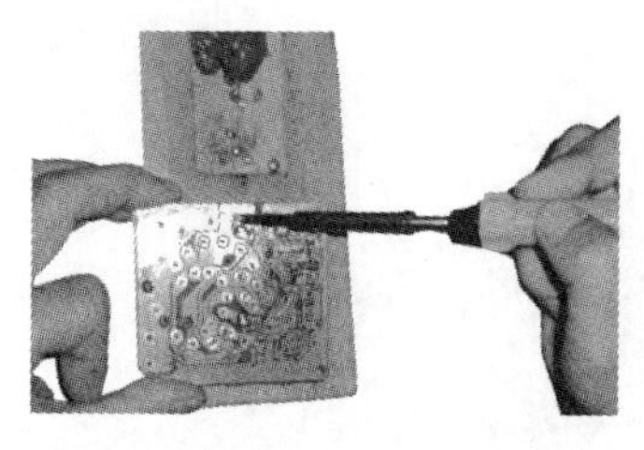

① 烙铁头上先醮适量的锡珠，将烙铁头对准焊点(焊件)进行加热
② 当铁头上熔化后的焊锡流下时，浸润到整个焊点时，烙铁迅速撤离
③ 带锡珠的大小，要根据焊点的大小灵活掌握。焊后若焊点小，再次补焊；若焊点大，用烙铁带走少许

2.1.3 实战 11——拆焊工艺

常见的拆焊工具——吸锡器，有以下几种：医用空心针头、金属编织网、手动吸锡器、电热吸锡器、电动吸锡枪、双用吸锡电烙铁等几种。

① 医用空心针头

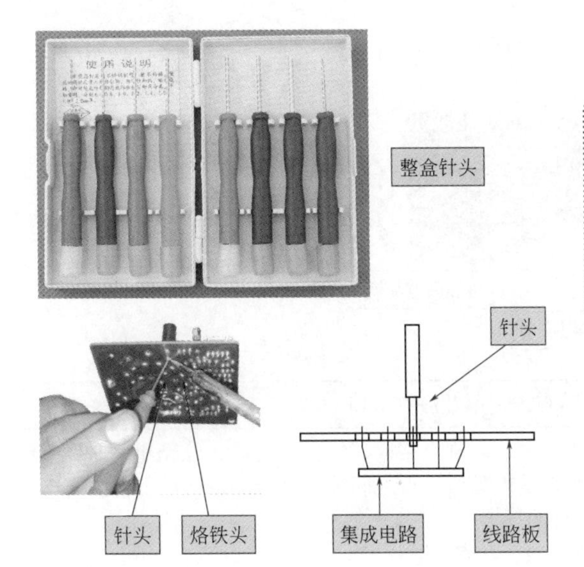

使用时，要根据元器件引脚的粗细选用合适的空心针头，常备有9～24号针头各一只，操作时，右手用烙铁加热元器件的引脚，使元器件引脚上的锡全部熔化，这时左手把空心针头左右旋转刺入引脚孔内，使元器件引脚与铜箔分离，此时针头继续转动，去掉电烙铁，等焊锡固化后，停止针头的转动并拿出针头，就完成了脱焊任务

② 金属编织网

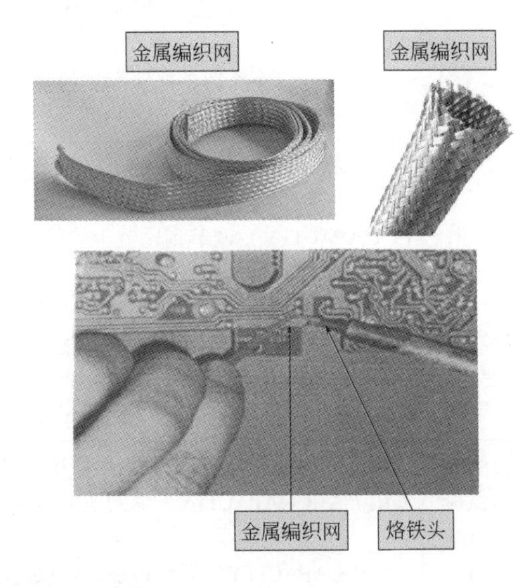

用金属编织线或多股铜线作为吸锡器，先用电烙铁把焊点上的锡熔化，使锡转移到编织网线或多股铜线上，并拽动网线，各脚上的焊锡即被网线吸附，从而使元器件的引脚与线路脱离。当网线吸满锡后，剪去已吸附焊锡的网线。金属编织吸锡网市场有专售，也可自制，自制方法是：取一段钢丝网(如屏蔽网)，拉直后浸上松香即可

③ 手动吸锡器

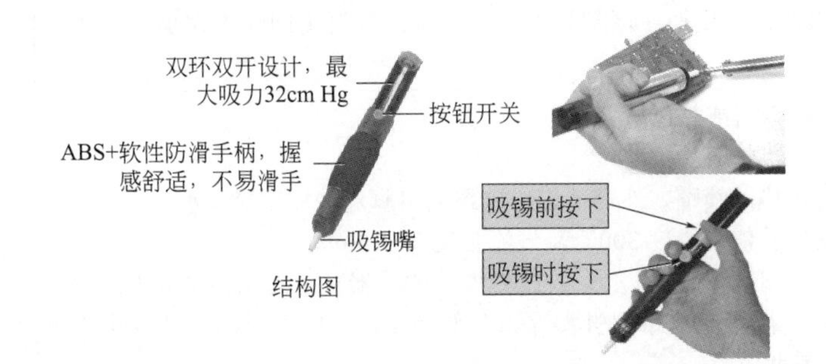

使用时，先把吸锡器末端的滑杆压入，直至听到“咔”声，则表明吸锡器已被锁定，再用烙铁对焊点加热，使焊点上的焊锡熔化，同时将吸锡器靠近焊点，按下吸锡器上面的按钮即可将焊锡吸上。若一次未吸干净，可重复上述步骤。在使用一段时间后必须清理，否则内部活动的部分或头部会被焊锡卡住

2.1.4 实战12——热风拆焊器的使用

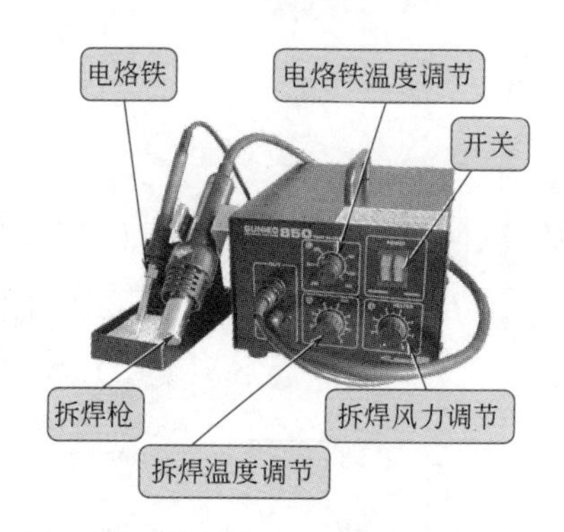

热风拆焊器特点、使用及注意事项	
特点	热风拆焊器是新型锡焊工具，主要由气泵、印刷电路板、气流稳定器、外壳和手柄等部件组成。它用喷出的高热空气将锡熔化，优点是焊具与焊点之间没有硬接触，所以不会损伤焊点与焊件，最适合高密度引脚及微小贴片元件的焊接 ❶瞬间可拆下各类元器件，包括分立、双列及表面贴片 ❷热风头不用接触印制电路板，使印制电路板免受损伤 ❸所拆印制电路板过孔及元器件引脚，干净无锡（所拆处如同新印制电路板）方便第二次使用 ❹热风的温度及风量可调，可应付各类印制电路板 ❺一机多用，热风加热，拆焊多种直插、贴片元器件，热缩管处理、热能测试等多种需要热能的场合
焊接技巧	❶在焊接时，根据具体情况可选用电烙铁或热风枪。通常情况下，元器件引脚少、印制电路板布线疏、引脚粗等选用电烙铁；反之，选用热风枪 ❷在使用热风枪时，一般情况下将风力旋钮（AIR CAPACITY）调节到比较小的位置（2～3挡），将温度调节旋钮（HEATER）调节到刻度盘上5～6挡的位置 ❸以热风枪焊接集成电路（集成块）为例，把集成电路和电路上焊接位置对好，若原焊点不平整（有残留锡点）选用平头烙铁修理平整。先焊四角，以固定集成电路，再用热风焊枪吹焊四周。焊好后应注意冷却，在未冷却前不要去动集成电路，以免其发生位移。冷却后，若有虚焊，应用尖头烙铁进行补焊
热风头使用	电源开关打开后，根据需要选择不同的风嘴和吸锡针，并将热风温度调节按钮“HEATER”调至适当的温度，同时根据需要再调节热风风量调节按钮“AIR CAPACITY”调到所需风量，待预热温度达到所调温度时即可使用 若短时间内不用热风头，应将热风风量调节按钮“AIR CAPACITY”调至最小、热风温度调节按钮“HEATER”调至中间位置，使加热器处在保温状态，再使用时调节热风风量调节按钮和热风温度调节按钮即可 注意：针对不同封装的集成电路，应更换不同型号的专用风嘴；针对不同焊点大小，选择不同温度风量及风嘴距板的距离
拆卸技巧	在拆卸时根据具体情况可选用吸锡器或热风枪。 以热风枪拆卸集成电路为例，步骤如下： ❶根据不同的集成电路选好热风枪的喷嘴，然后往集成电路的引脚周围加注松香水 ❷调好热风温度和风速。通常经验值为温度300℃，气流强度3～4m/s ❸当热风枪的温度达到一定程度时，把热风枪头放在需焊下的元器件上方大概2cm的位置，并且沿所焊接的元器件周围移动。待集成电路的引脚焊锡全部熔化后，用镊子或热风枪配备的专用工具将所集成电路轻轻用力提起

续表

热风拆焊器特点、使用及注意事项	
注意事项	使用前，应将机箱下面最中央的红色螺钉拆下来，否则会引起严重的问题 使用前，必须接好地线，已被泄放静电 禁止在焊枪前端网孔放入金属导体，否则会导致发热体损坏及人体触电 在热风焊枪内部，装有过热自动保护开关，枪嘴过热保护开关自动开启，机器停止工作。必须把热风风量按钮“AIR CAPACITY”调至最大，延迟 2min 左右，加热器才能工作，机器恢复正常 使用后，要注意冷却机身。关电后，发热管会自动短暂喷出冷风，在冷却阶段，不要拔去电源插头 不使用时，请把手柄放在支架上，以防发生意外

2.2 基本元器件的识别与检测

2.2.1 普通电阻的识别

电阻器简称电阻，在电路中起阻碍电流通过的作用。主要作用有降压、分压、限流及向各电子元器件提供必要的工作条件(电压或电流)等

固定、色环电阻

固定、贴片电阻

微调电阻

排阻

电位器

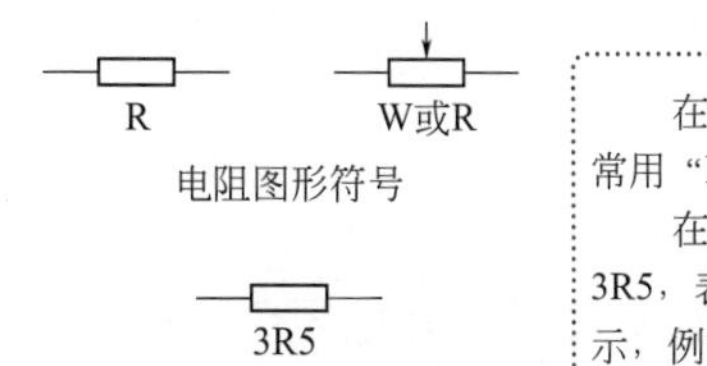

电阻图形符号

电阻的标号

在电路原理图中，固定电阻通常用“R”表示，可变电阻用“W”表示，排阻通常用“RN”表示

在电路原理图和印制电路板图中，电阻的标号形式为：“数字+R+数字”，例如3R5，表示第3单元电路中的第5个电阻。当单元电路较少时，可采取“R+数字”来表示，例如R8,表示第8个电阻

2.2.2 实战13——普通电阻的检测

① 数字式万用表测电阻

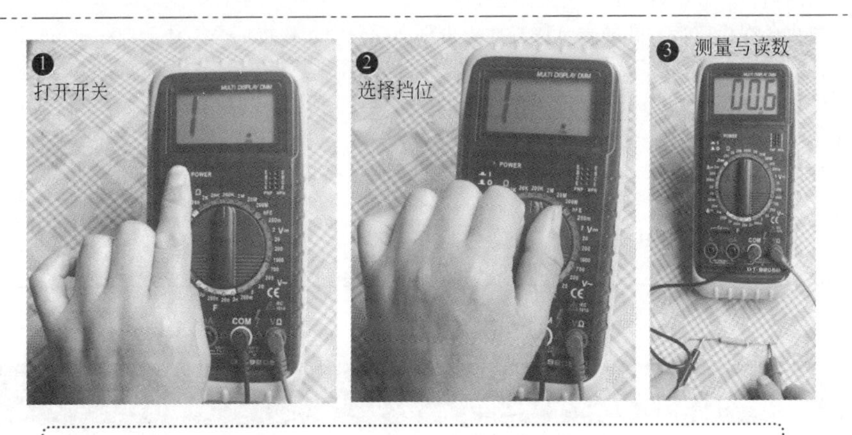

打开万用表电源开关(电源开关调至“ON”位置)，万用表的挡位开关转至相应的电阻挡上，再将两只表笔跨接在被测电阻的两个引脚上，万用表的显示屏即可显示出被测电阻的阻值

数字式万用表测电阻一般无需调零，可直接测量。如果电阻值超过所选挡位值，则万用表显示屏的左端会显示“1”，这时应将开关转至较高挡位上

② 电阻的正确与错误测量方法

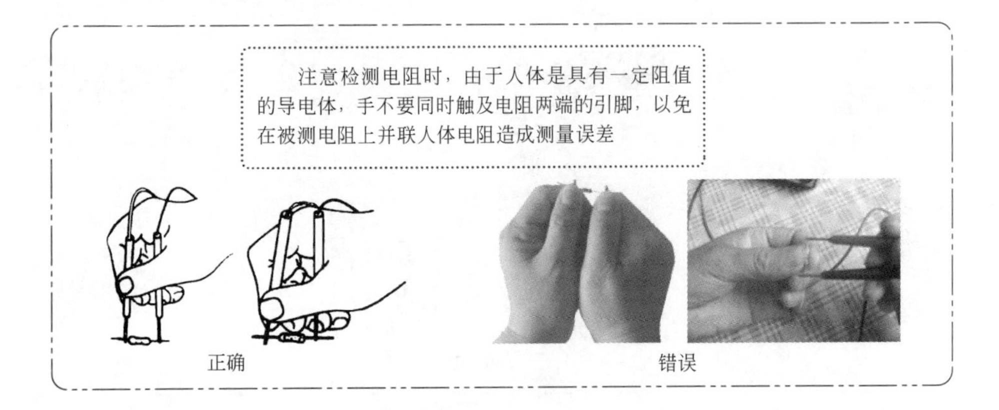

2.2.3 特殊电阻的识别与应用

① 热敏电阻

热敏电阻是利用导体的电阻随温度变化的特性制成的测温元器件。热敏电阻按阻值的温度系数可分为正温度系数热敏电阻和负温度系数热敏电阻两种。

❶ 正温度系数热敏电阻

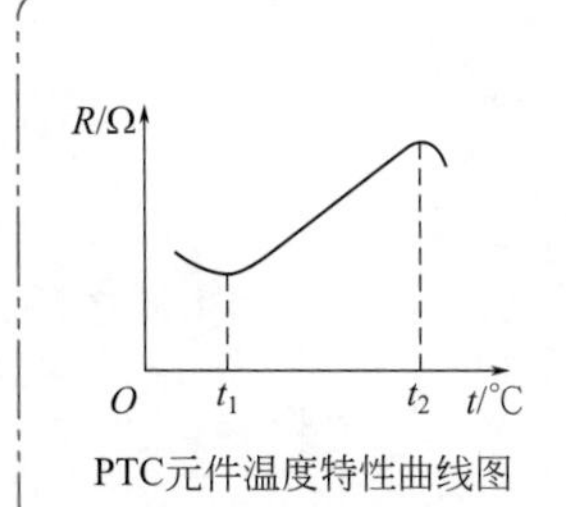

PTC元件温度特性曲线图

正温度系数热敏电阻，是指随着温度的升高，而其阻值明显增大，简称PTC。利用该特性，正温度系数热敏电阻多用于自动控制电路

PTC元件的电阻-温度特性曲线如图所示，从图中可知，PTC元件的电阻在O～t_1之间阻值随温度的升高而减小，t_1温度点称为转折温度，又叫居里点；在t_1～t_2之间，随着温度的升高，电阻值迅速增大，可增至数万倍，呈现出正温度系数特性。此时它可用于控温电路，其控温原理是：温度t升高→电阻R变大→热功率P减小→温度t降低，具体的控制温度与环境有关

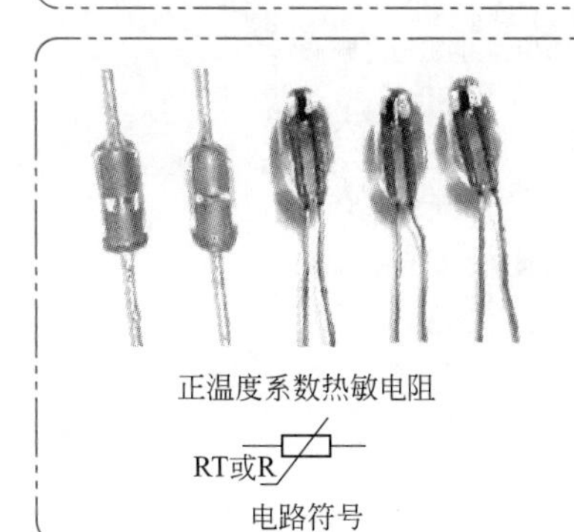

正温度系数热敏电阻

RT或R

电路符号

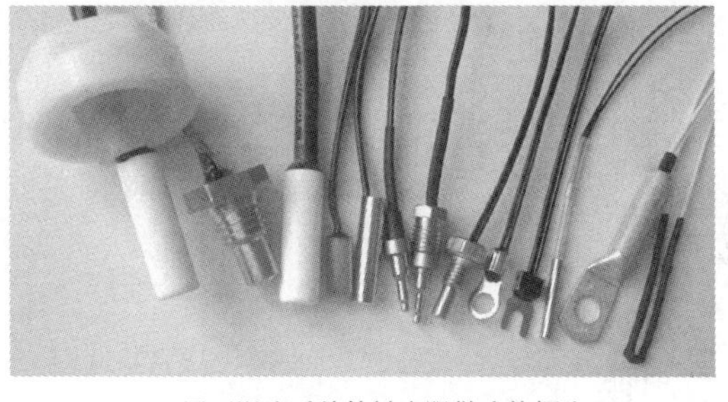

用正温度系数热敏电阻做成的探头

❷ 负温度系数热敏电阻

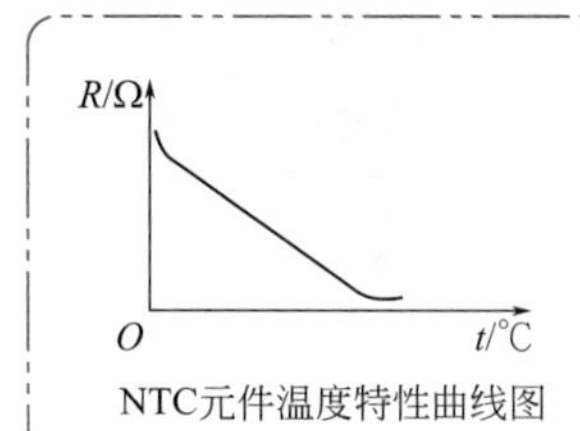

NTC元件温度特性曲线图

负温度系数热敏电阻，是指随着温度的升高，而其阻值明显减小，简称NTC。NTC元件在小家电中常作软启动和自动检测及控制电路中等

NTC元件的电阻-温度特性曲线如图所示，从图中可知，近似为线性关系。在一定电压下，刚通电时NTC电阻较大，通过的电流较小。当电流的热效应使NTC元件温度升高时，其电阻减小，通过的电流又增大

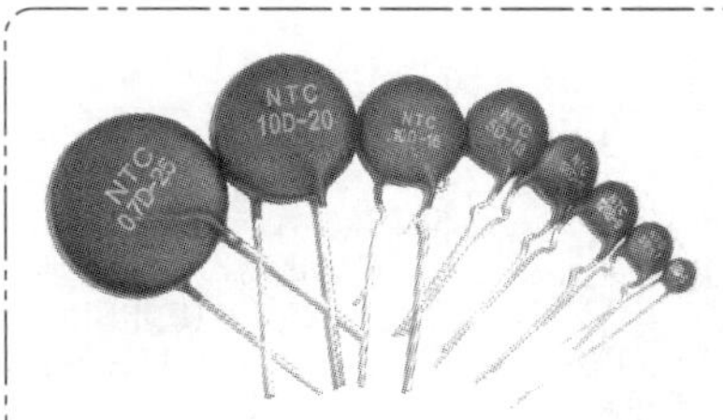

RT或R

电路符号

负温度系数热敏电阻

② 压敏电阻

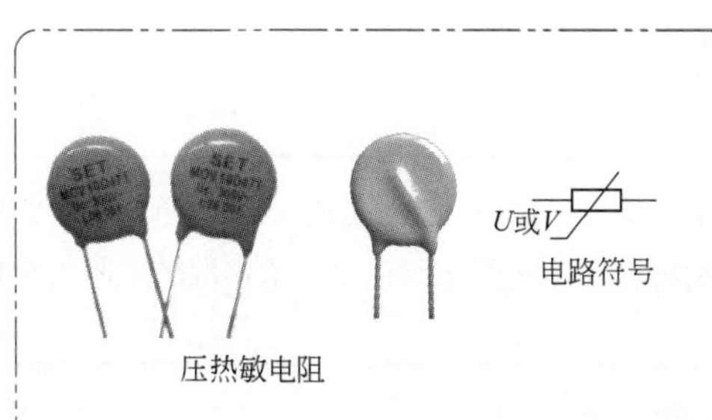

压热敏电阻

U或V

电路符号

压敏电阻是一种在某一特定电压范围内其电导随电压的增加而急剧增大的敏感元器件。主要用于电路的过电压保护，是家用电器中的“安全卫士”。当压敏电阻两端的电压低于其标称电压时，其内部的晶界层几乎是绝缘的，呈高阻抗状态；当压敏电阻两端的电压(遇到浪涌过电压、操作过电压等)高于其标称电压时，其内部的晶界层的阻值急剧下降，呈低阻抗状态，外来的浪涌过电压、操作过电压就通过压敏电阻以放电电流的形式被泄放掉，从而起到过压保护

③ 光敏电阻

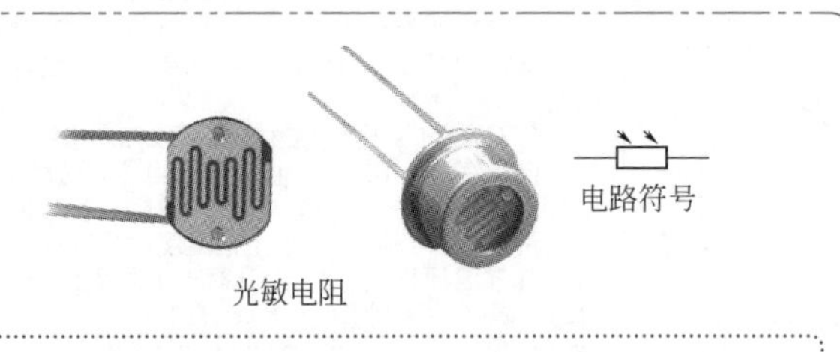

光敏电阻

光敏电阻是用半导体光电导材料制成的，其基本特征如下：

① 光照特性　随着光照强度的增大，光敏电阻的阻值急剧下降，然后逐渐趋于饱和(阻值接近零欧)

② 伏安特性　光敏电阻两端所加电压越高，光电流也越大，且无饱和现象

③ 温度特性　随着温度的增大，有些光敏电阻的阻值增大，有些则减小

根据光敏电阻的上述特性，它多用于与光度有关的自动控制电路

④ 湿敏电阻

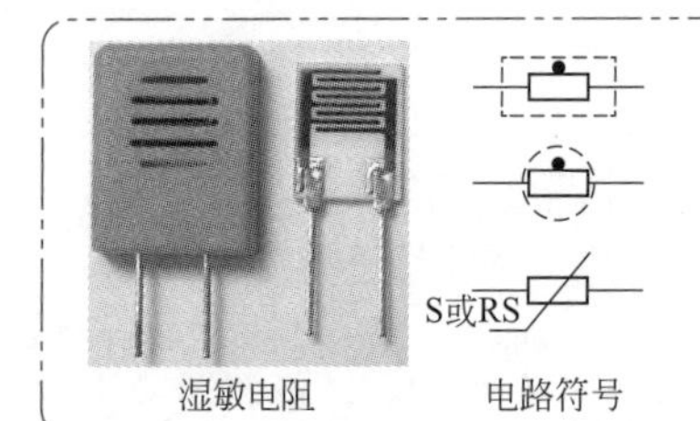

湿敏电阻　电路符号

湿敏电阻是一种能将湿度的变化转换为电信号的电阻型湿敏传感元器件，其符号表示没有统一的规定，常表示为S或RS

湿敏电阻的种类很多，常用的湿敏电阻有MS01型、MSC型和MSK型，这些湿敏电阻均随环境湿度(RH值)的增大而阻值下降，因此属于负特性器件。它主要用于各种湿度自动控制电路和报警电路中

⑤ 气敏电阻

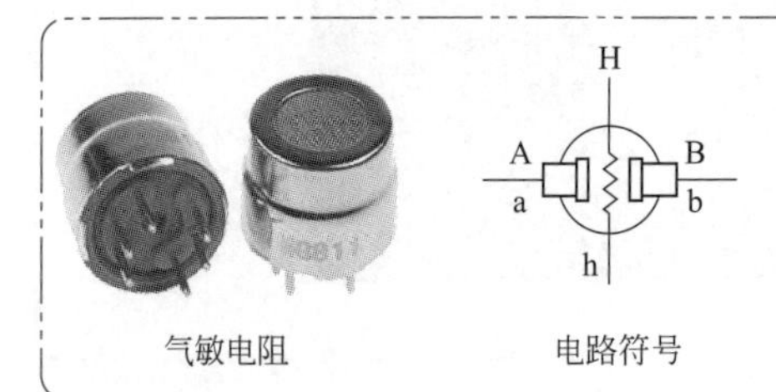

气敏电阻　电路符号

利用某些半导体吸收某种气体后发生氧化还原反应制成，主要成分是金属氧化物，主要类型有：金属氧化物气敏电阻、复合氧化物气敏电阻、陶瓷气敏电阻等。它主要用于各种气体自动控制电路和报警电路中

2.2.4　实战14——特殊电阻的检测

特殊电阻的检测一般分为两个步骤：一是常规情况下的电阻值，二是特性电阻值。热敏电阻的特性电阻是加热时的电阻值；同样道理，光敏电阻的特性电阻是亮暗时的电阻值，湿敏电阻的特性电阻是干湿时的电阻值等

下面以热敏电阻的检测为例介绍特殊电阻的检测方法。

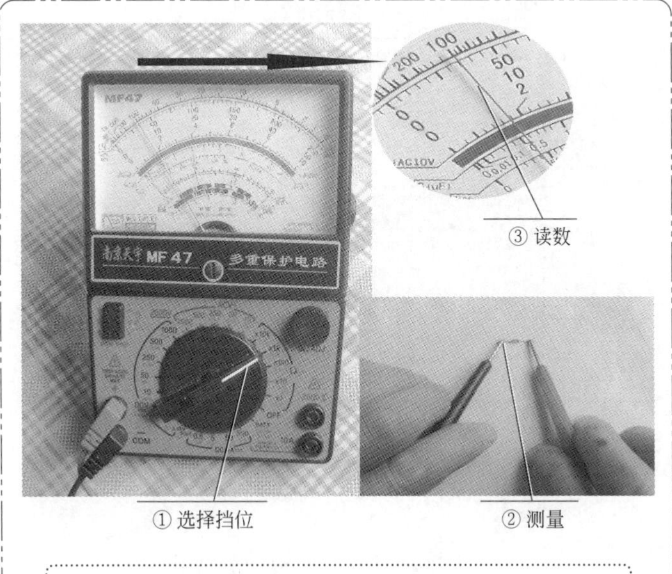

第一步测量常温电阻值。将万用表置于合适的欧姆挡(根据标称电阻值确定挡位)，用两只表笔分别接触热敏电阻的两个引脚测出实际阻值，并与标称阻值相比较，如果二者相差过大，则说明所测热敏电阻性能不良或已损坏

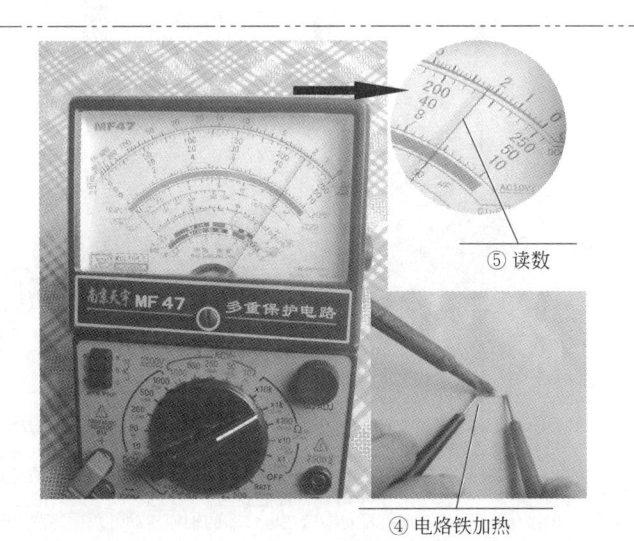

第二步测量温变时(升温或降温)的电阻值。在常温测试正常的基础上，即可进行升温或降温检测。用手捏住热敏电阻测电阻值，观察万用表示数，此时会看到显示的数据随温度的升高而变化(NTC是减小，PTC是增大)，表明电阻值在逐渐变化。当阻值改变到一定数值时，显示数据会逐渐稳定。测量时若环境温度接近体温，可用电烙铁靠近或紧贴热敏电阻进行加热

2.2.5 实战15——电位器的检测

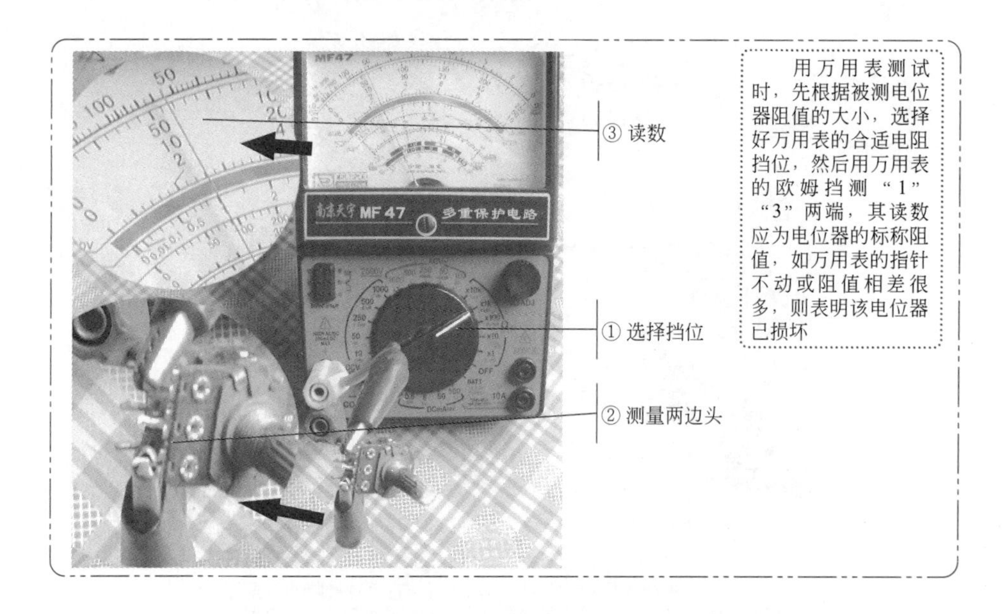

用万用表测试时，先根据被测电位器阻值的大小，选择好万用表的合适电阻挡位，然后用万用表的欧姆挡测“1”“3”两端，其读数应为电位器的标称阻值，如万用表的指针不动或阻值相差很多，则表明该电位器已损坏

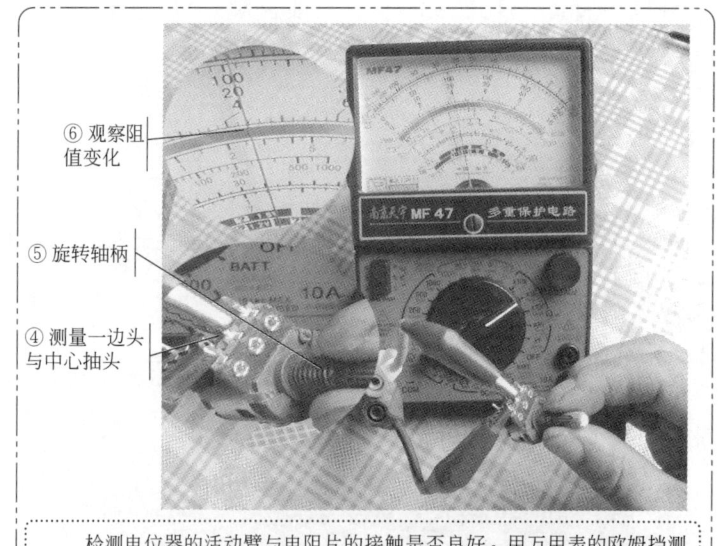

检测电位器的活动臂与电阻片的接触是否良好。用万用表的欧姆挡测“1”“2”(或“2”“3”)两端，将电位器的转轴按逆时针方向旋至接近“关”的位置，这时电阻值越小越好。再顺时针慢慢旋转轴柄，电阻值应逐渐增大，表头中的指针应平稳移动。当轴柄旋至极端位置“3”时，阻值应接近电位器的标称值。如万用表的指针在电位器的轴柄转动过程中有跳动现象，说明活动触点有接触不良的故障

2.2.6 电容的识别

电容器简称电容，电容是衡量导体储存电荷能力的物理量，在电路中，常作为滤波、耦合、振荡、旁路等。电容的主要基本特性如下：通高频、阻低频、通交流、隔直流。

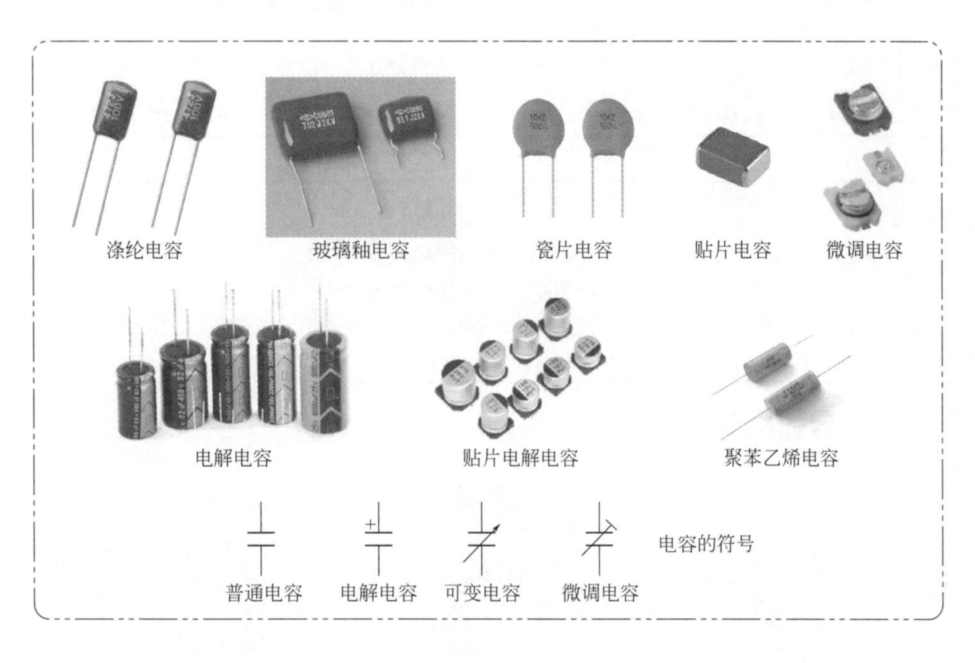

2.2.7 实战16——电容的检测

① 电解电容的检测

首先将转换开关旋至被测电容容量大约范围的挡位上，然后再欧姆调零。被测电容分别接在两只表笔上，表针摆动的最大指示值即为该电容的容量。随后表针将逐步退回，表针停止位置即为该电容的品质因数值。

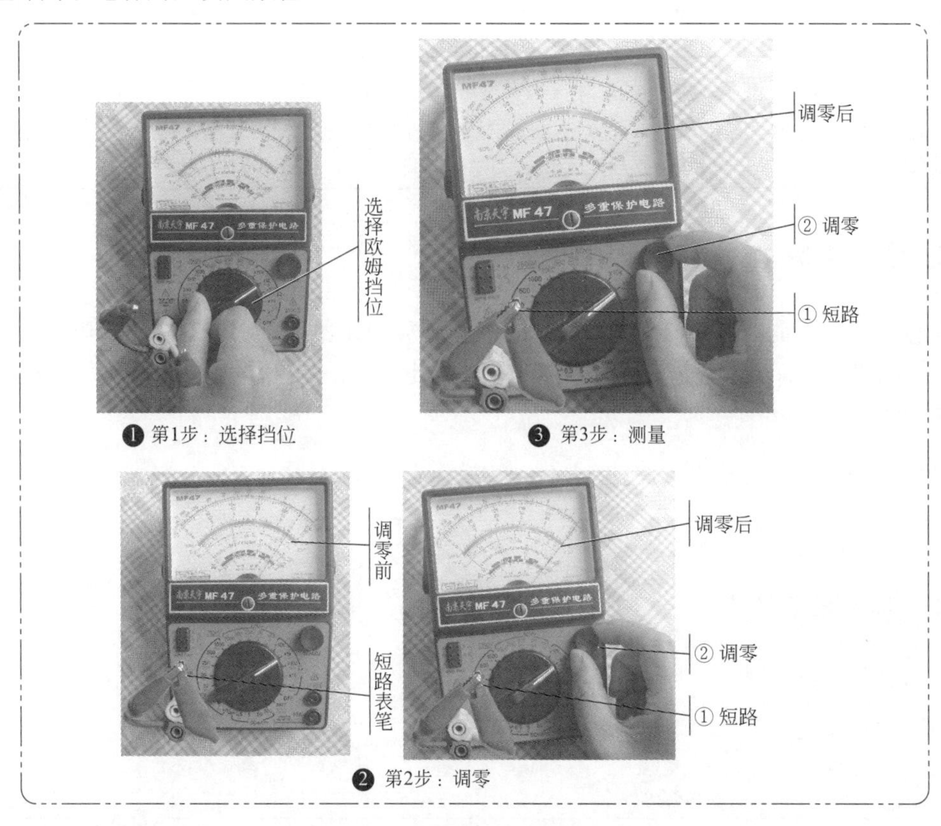

❶ 第1步：选择挡位

❸ 第3步：测量

❷ 第2步：调零

电容挡位	C×0.1	C×1	C×10	C×100	C×1k	C×10k
测量范围	1000pF ～ 1μF	0.01 ～ 10μF	0.1 ～ 100μF	1 ～ 1000μF	10 ～ 10000μF	100 ～ 100000μF

注意：

❶ 每次测量后应将电容彻底放电后再进行测量，否则测量误差将增大

❷ 有极性电容应按正确极性接入，否则测量误差及损耗电阻将增大

❸ 本人多次测量多个电解电容，与 MF47 型万用表提供的使用说明书所示的内容相差较大，容量偏差也较大。因此，MF47 型万用表提供的 C 挡位刻度仅作为参考

② 无极性电容的检测

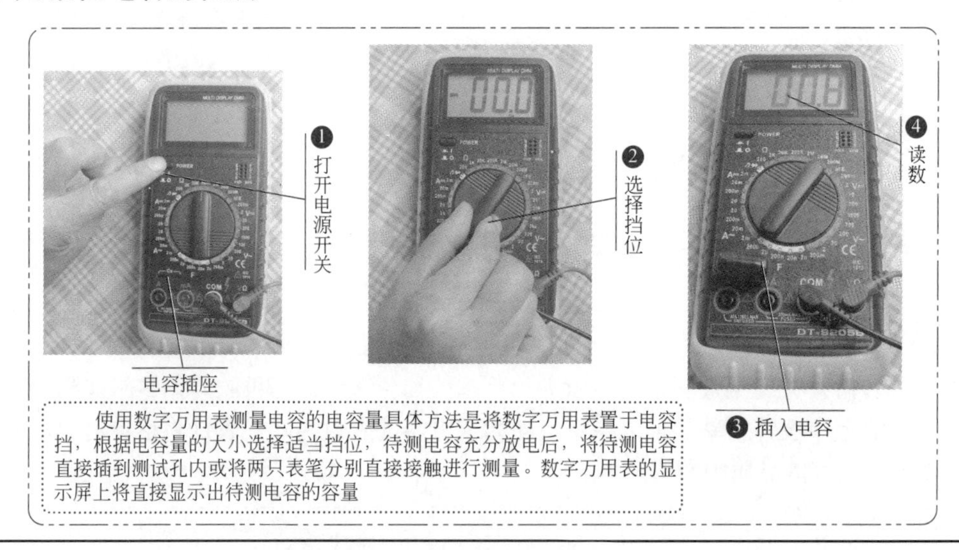

指针式万用表只能检测电容的好坏（小容量电容的断路性故障不宜判断）以及大致估测电容的大小，不能准确测量电容容量的大小，测量电容的电容量通常需要电容表、数字万用表以及专用的电容测量仪器来测量

2.2.8 电感、变压器的识别

电感器件主要是指电感器（线圈）和变压器一类的元器件，它们都是磁—电、电—磁转换元件。电感器具有“通直阻交”和“阻碍变化的电流”的特性，变压器具有改变交流电压、电流的特性。

① 电感的识别

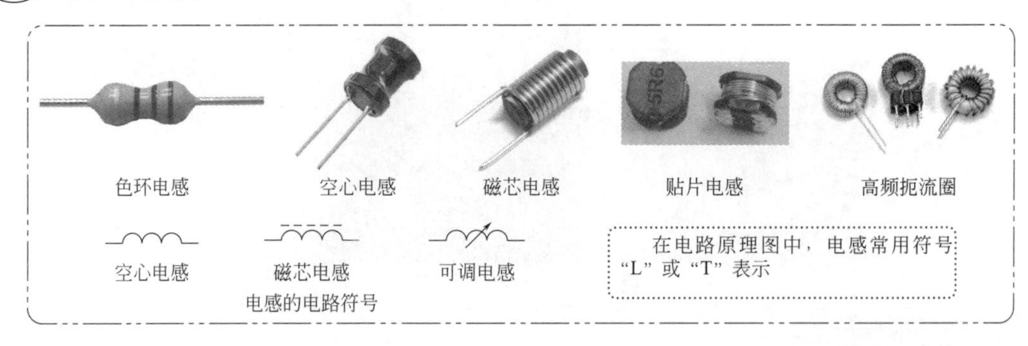

2 变压器的识别

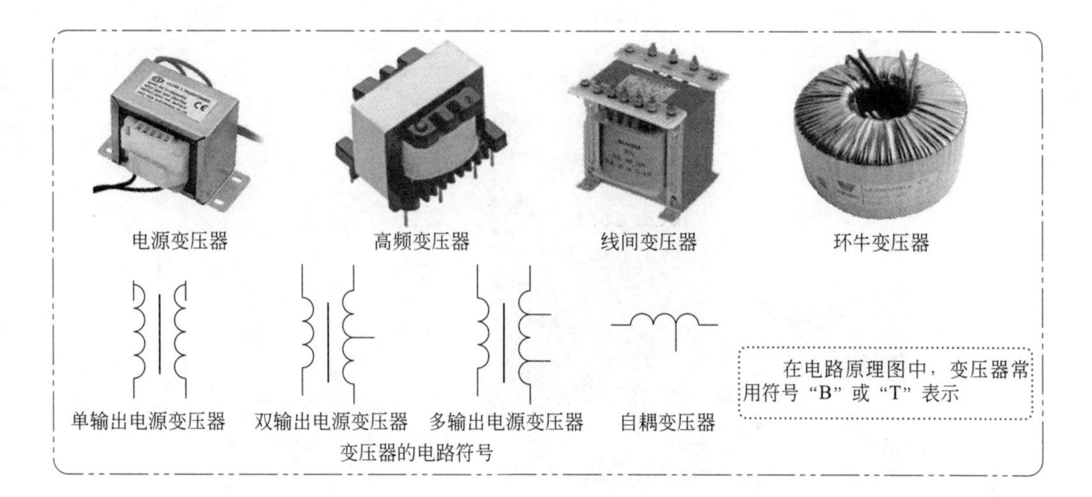

2.2.9 实战17——电感、变压器的检测

1 电感的检测

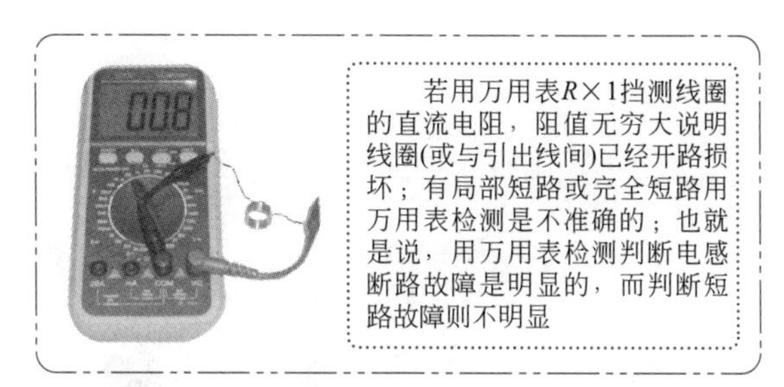

准确测量电感线圈的电感量L和品质因数Q，可以使用万能电桥或Q表。采用具有电感挡的数字万用表来检测电感很方便。电感是否开路或局部短路，以及电感量的相对大小可以用万用表做出粗略检测和判断

2 变压器的检测

❶ 变压器绕组直流电阻的测量

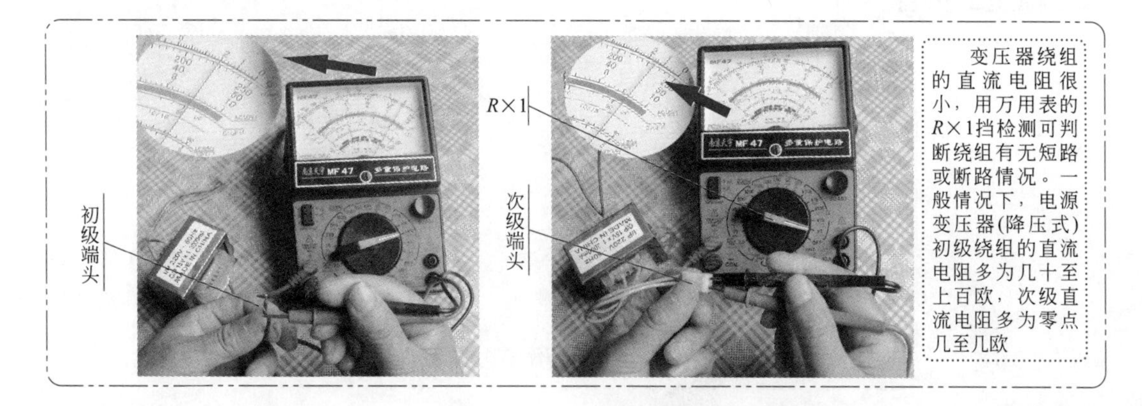

❷ 电压法检测变压器

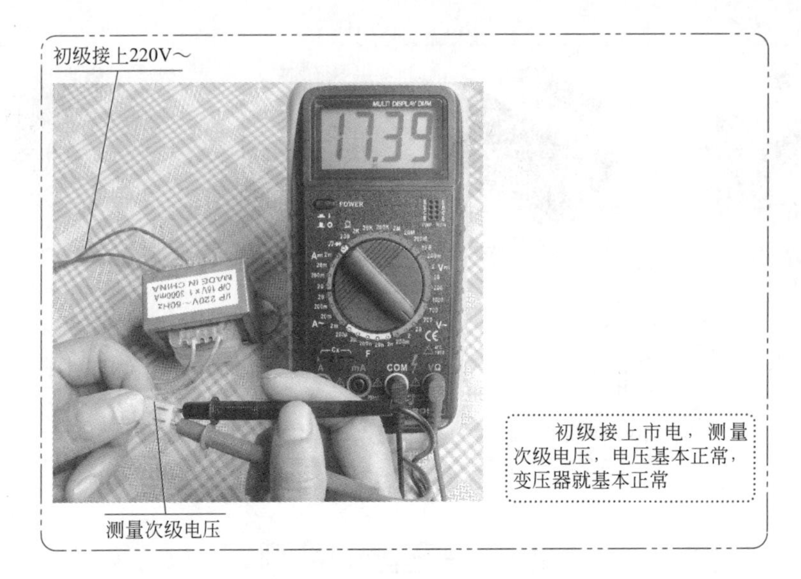

2.2.10 二极管的识别

① 整流二极管

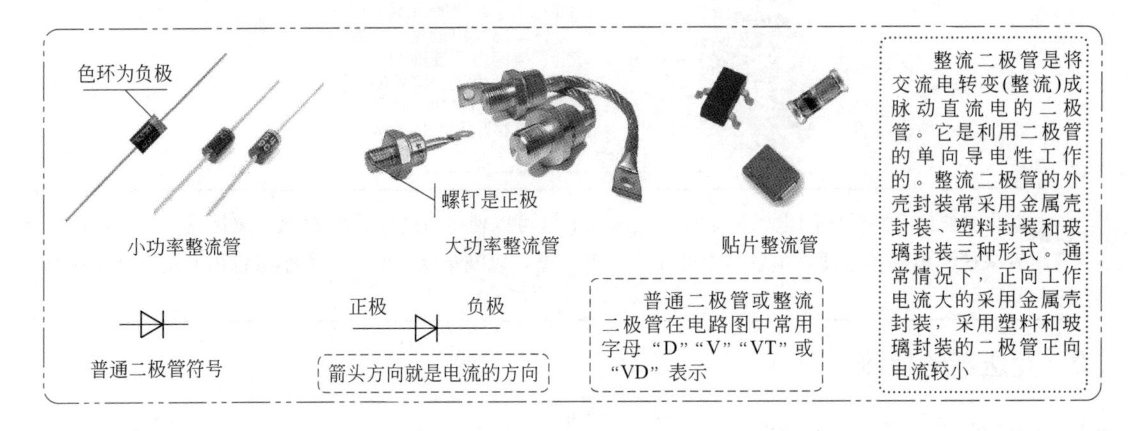

② 稳压二极管

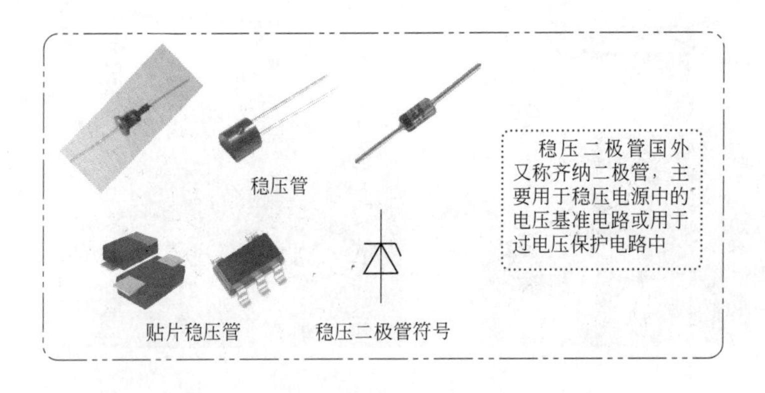

③ 双向触发二极管

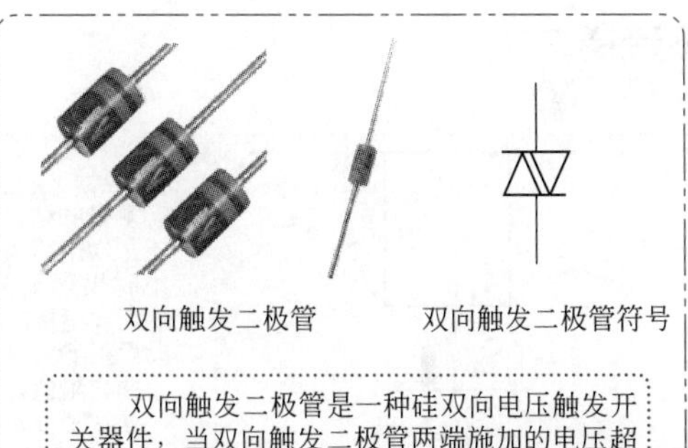

双向触发二极管是一种硅双向电压触发开关器件，当双向触发二极管两端施加的电压超过其击穿电压时，两端即导通，导通将持续到电流中断或降到器件的最小保持电流后会再次关断

④ 整流桥

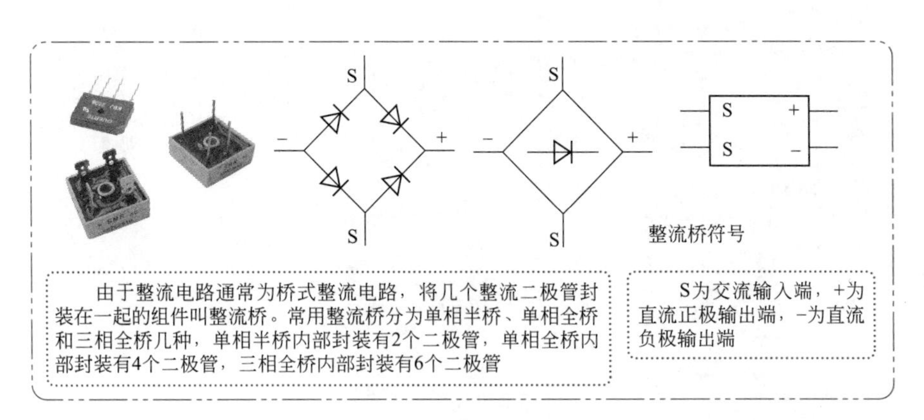

由于整流电路通常为桥式整流电路，将几个整流二极管封装在一起的组件叫整流桥。常用整流桥分为单相半桥、单相全桥和三相全桥几种，单相半桥内部封装有2个二极管，单相全桥内部封装有4个二极管，三相全桥内部封装有6个二极管

S为交流输入端，+为直流正极输出端，−为直流负极输出端

⑤ 发光二极管

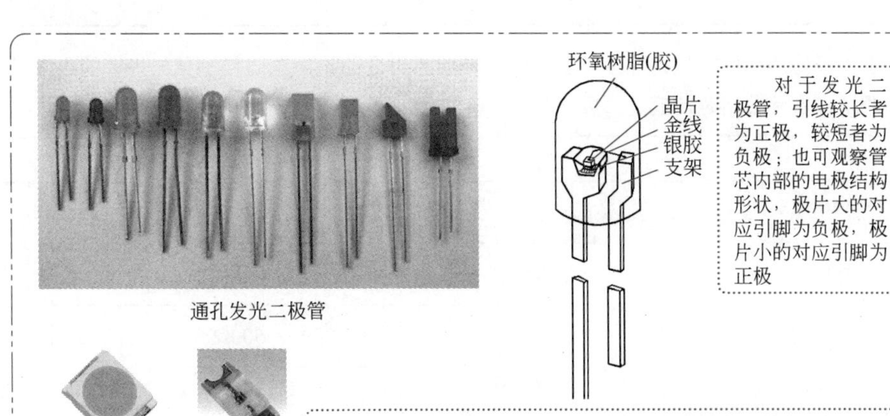

对于发光二极管，引线较长者为正极，较短者为负极；也可观察管芯内部的电极结构形状，极片大的对应引脚为负极，极片小的对应引脚为正极

普通发光二极管(LED)是一种把电能变成光能的半导体器件，当它通过一定电流时就会发光，因此，常用作电源指示或工作状态指示等

在实际应用中，一般在发光二极管电路中串联一个限流电阻，以防止大电流将发光二极管损坏。发光二极管只能工作在正偏状态，且正向电压在1.5～3V之间

2.2.11 实战18——二极管的检测

① 指针式万用表检测普通二极管

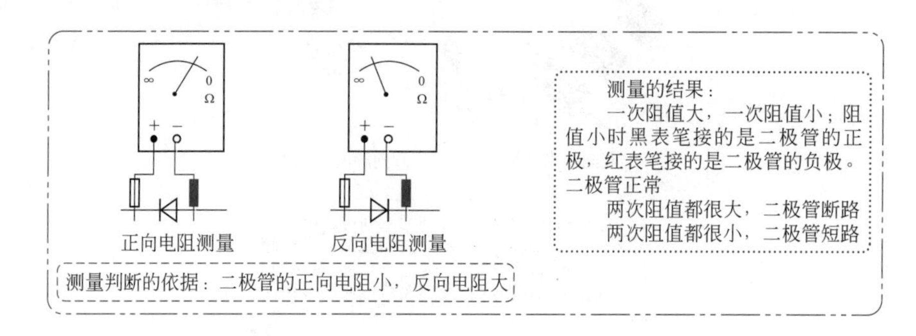

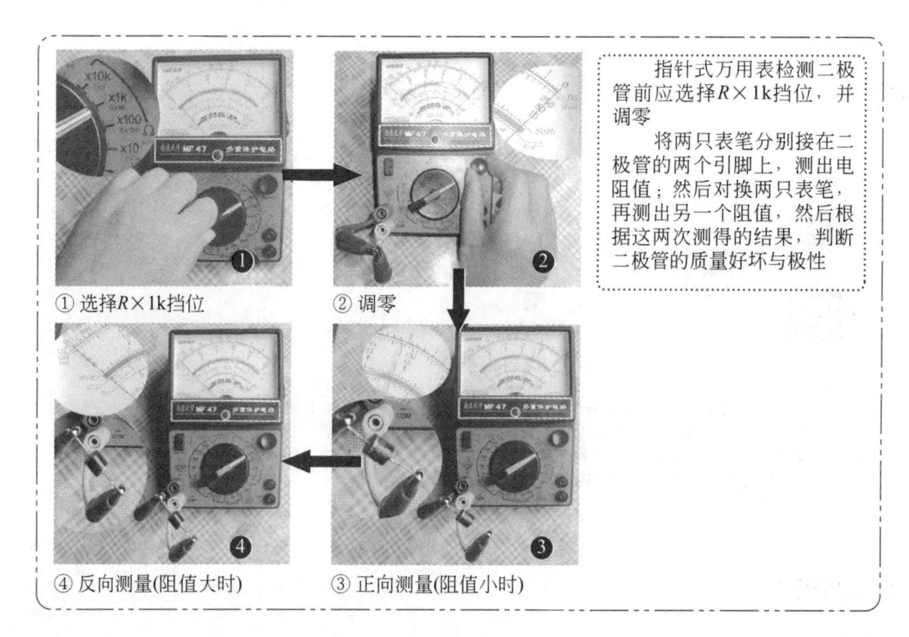

由于二极管的伏安特性是非线性的，因此使用万用表的不同电阻挡测量二极管的电阻时，会得出不同的电阻值；实际使用时，流过二极管的电流会较大，因此二极管呈现的电阻值会更小些

正常二极管正反向电阻值				
类型		量程选择	正向电阻	反向电阻
普通	锗二极管	$R\times100$ 或 $R\times1\text{k}$	300～500Ω	几十千欧
	硅二极管		5kΩ	∞
发光二极管		$R\times1\text{k}$	20kΩ	∞

② 数字万用表专用的测二极管挡检测普通二极管

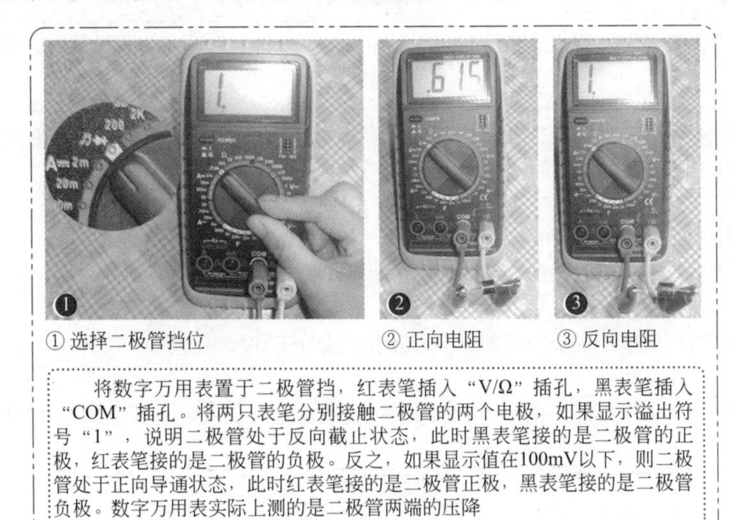

① 选择二极管挡位　② 正向电阻　③ 反向电阻

将数字万用表置于二极管挡，红表笔插入“V/Ω”插孔，黑表笔插入“COM”插孔。将两只表笔分别接触二极管的两个电极，如果显示溢出符号“1”，说明二极管处于反向截止状态，此时黑表笔接的是二极管的正极，红表笔接的是二极管的负极。反之，如果显示值在100mV以下，则二极管处于正向导通状态，此时红表笔接的是二极管正极，黑表笔接的是二极管负极。数字万用表实际上测的是二极管两端的压降

数字万用表的红表笔接内部电池的正极，黑表笔接内部电池的负极，和指针万用表刚好相反

另外，开关二极管、阻尼二极管、隔离二极管、钳位二极管、快恢复二极管等，可参考整流二极管的识别与判断

③ 稳压二极管的检测

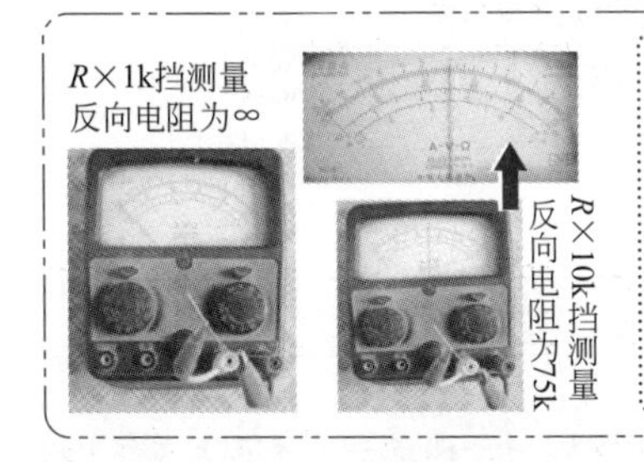

稳压二极管其极性与性能好坏的测量与普通二极管的测量方法相似，不同之处在于：当使用指针式万用表的R×1k挡测量二极管时，测得其反向电阻是很大的，此时，将万用表转换到R×10k挡，如果出现万用表指针向右偏转较大角度，即反向电阻值减小很多的情况，则该二极管为稳压二极管；如果反向电阻基本不变，说明该二极管是普通二极管，而不是稳压二极管

若测得稳压二极管的正、反向电阻均很小或均为无穷大，则说明该二极管已击穿或开路损坏

2.2.12　三极管的识别

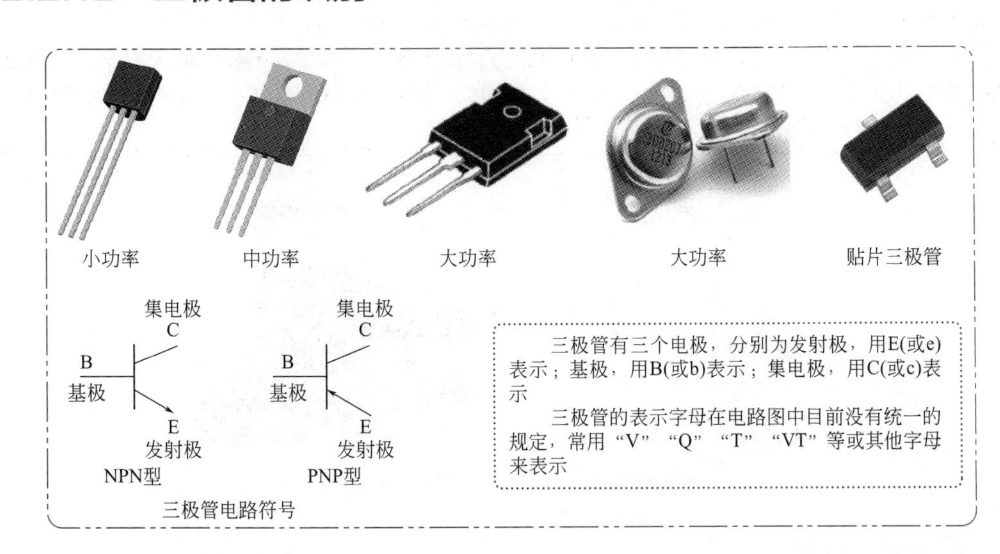

三极管有三个电极，分别为发射极，用E(或e)表示；基极，用B(或b)表示；集电极，用C(或c)表示

三极管的表示字母在电路图中目前没有统一的规定，常用“V”“Q”“T”“VT”等或其他字母来表示

三极管的特点
三极管的最大特点就是具有放大和开关作用，由于这一特性，使三极管在电子电路中得到了广泛的应用
必须给三极管加上合适的外部条件，三极管才能实现放大和开关作用。这个外部条件就是给三极管适当的偏压——即给三电极加上合适的工作电压
三极管的偏压常有如下三种： ❶ 三极管的发射结正偏、集电结反偏，即 PNP 型管 $V_e>V_b>V_c$，NPN 型管 $V_c>V_b>V_e$，此时三极管处于放大状态 ❷ 三极管的发射结、集电结都反偏，即 U_{be} 的值小于或等于 0V，三极管无工作电流，此时三极管处于关（截止）状态 ❸ 三极管的发射结、集电结都正偏，即 U_{be} 的绝对值锗管远大 0.3V、硅管远大于 0.7V，此时三极管处于开（饱和）状态

2.2.13 实战 19——三极管的检测

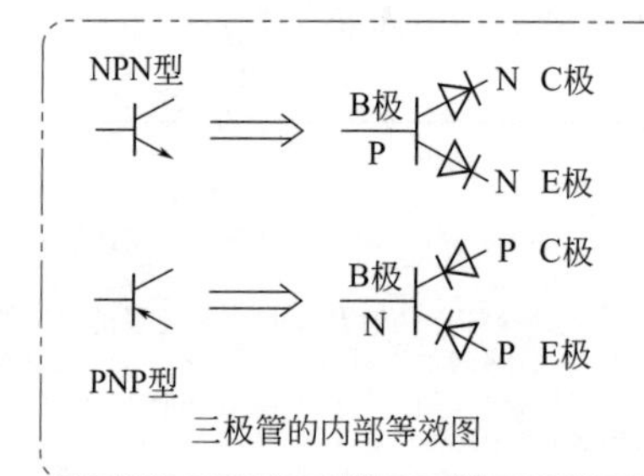

三极管的内部等效图

指针式万用表判断普通三极管的三个电极、极性及好坏时，选择 $R\times100$ 或 $R\times1\text{k}$ 挡位，常分两步进行测量判断：第1步找基极、定极型；第2步判断发射极和集电极

测量前的预备工作：测量时要时刻想着三极管的内部等效图，从而达到熟能生巧

用指针式万用表检测三极管的方法
第 1 步：三颠倒，找基极；PN 结，定极型 三颠倒，找基极。任取一个电极，把它定为基极（如这个电极为 2），任意一只表笔接这个电极，另一只表笔去测量剩下的两只电极（如电极 1、3），记下两次测量的数据；然后，对调表笔，再按上述方法测量一次，记下两次数据。在这三次颠倒测量中（不一定必须测三次），直到测量结果为两次阻值都很小（正向电阻），或两次阻值都很大（反向电阻），那么假定的基极正确 PN 结，定管型。找出三极管的基极后，我们就可以根据基极与另外两个电极之间 PN 结的方向来确定三极管的导电类型。在上述测量过程中，黑表笔接基极，测量结果阻值都很小，则该管为 NPN 型；反之，红表笔接基极，测量结果阻值都很小，则该管为 PNP 型

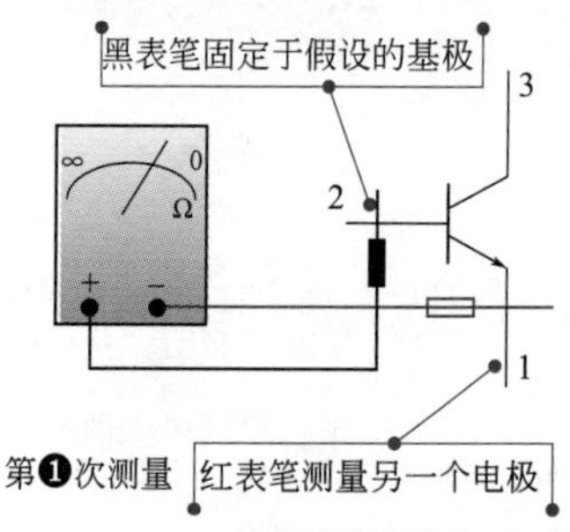

黑表笔固定不动，红表笔测量第1次正向电阻

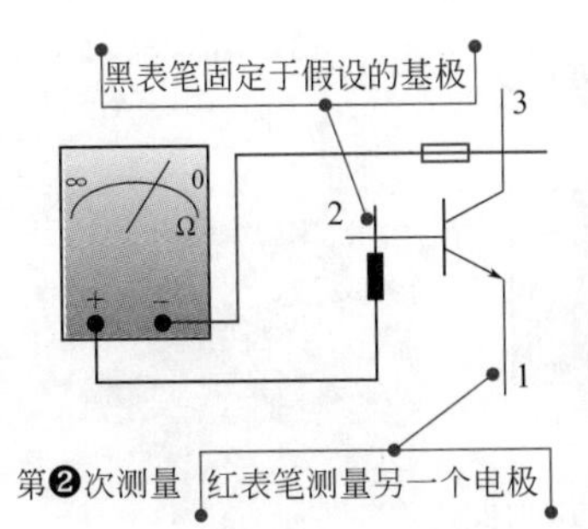

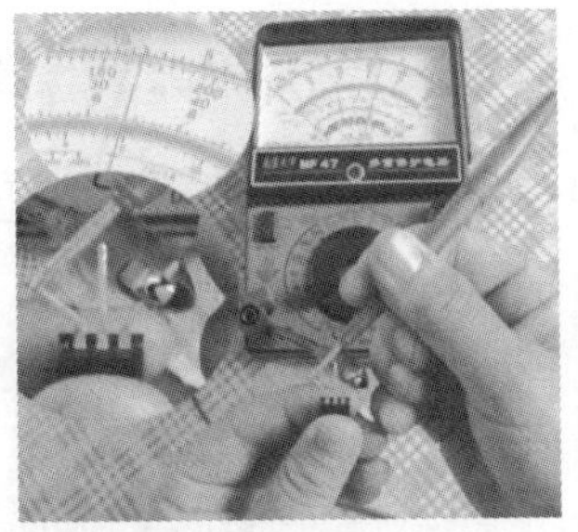

黑表笔固定不动，红表笔测量第2次正向电阻

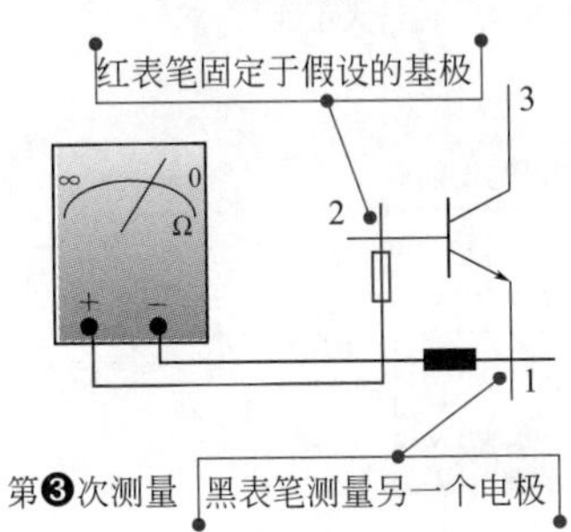

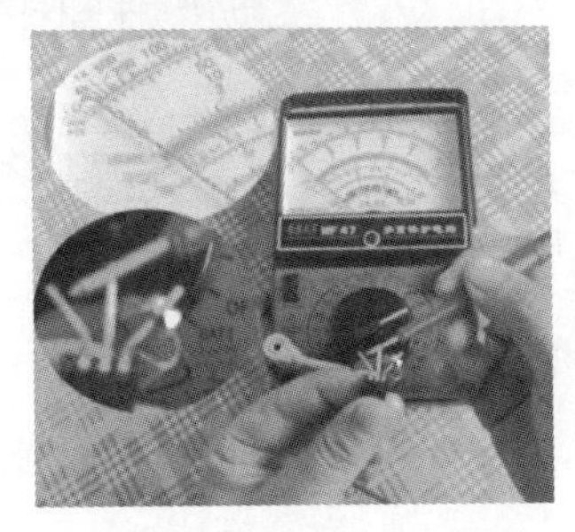

红表笔固定不动，黑表笔测量第3次反向电阻

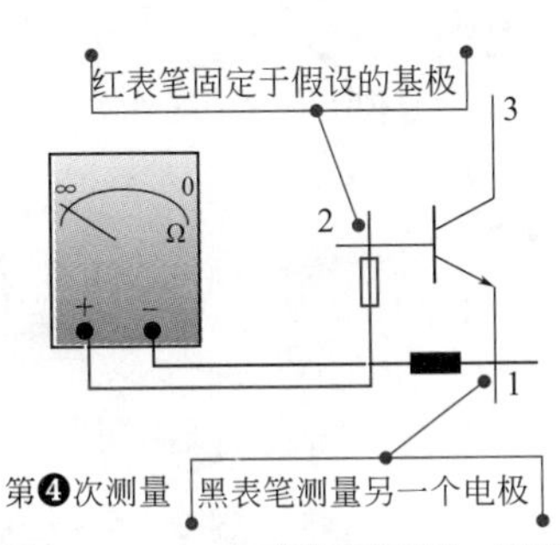

红表笔固定不动，黑表笔测量第4次反向电阻

用指针式万用表检测三极管的方法

第 2 步：判断发射极和集电极

基极找到之后，判断出 PNP 型或 NPN 型，再找发射极和集电极。若为 NPN 型，黑表笔接假设的集电极，红表笔接假设的发射极，加合适电阻（50 ～ 100kΩ 电阻或湿手指）在黑表笔与基极之间，记住此时的阻值，然后对调两只表笔，电阻仍跨接在黑表笔与基极之间（电阻随着黑表笔走），万用表又指出一个阻值，比较两次所测数值的大小，哪次阻值小（偏转大），假设成立

PNP 型与 NPN 型正好相反，移动红表笔接假设的基极，电阻（手指）随着红表笔走

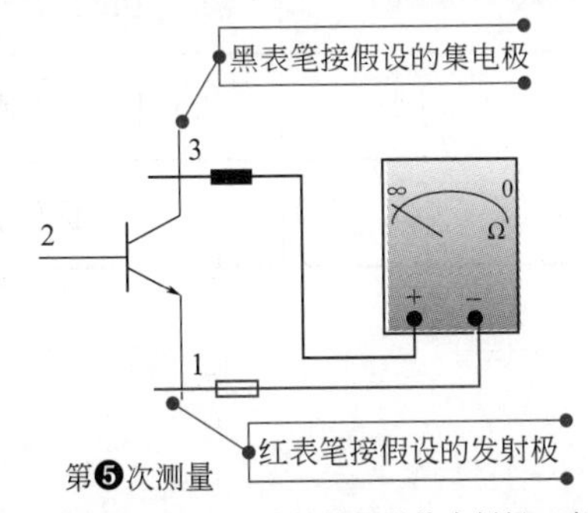

黑表笔接假设的集电极，红表笔接假设的发射极，表针应不动

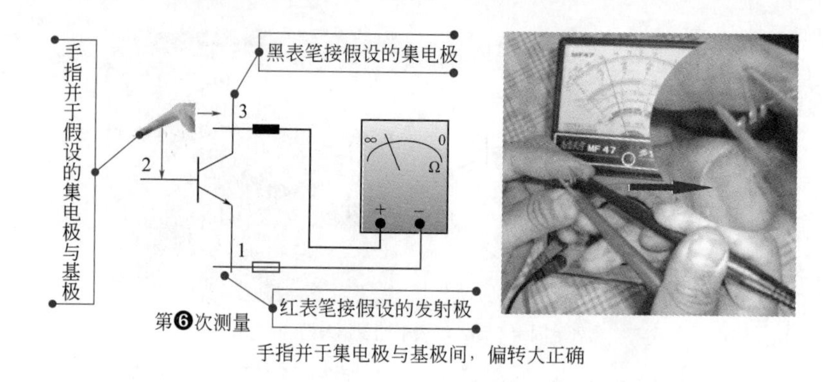

手指并于集电极与基极间，偏转大正确

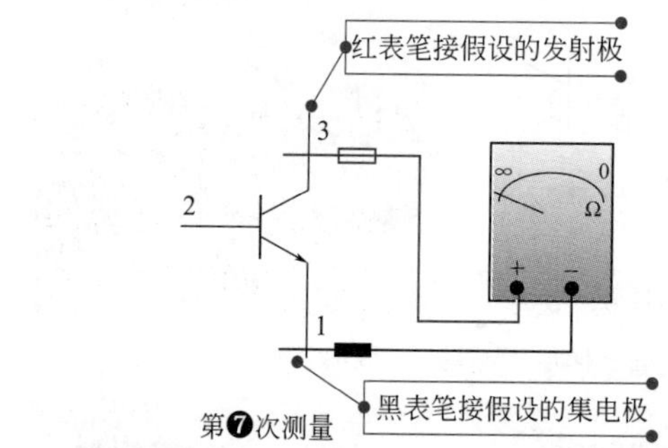

黑表笔接假设的集电极，红表笔接假设的发射极，表针应不动

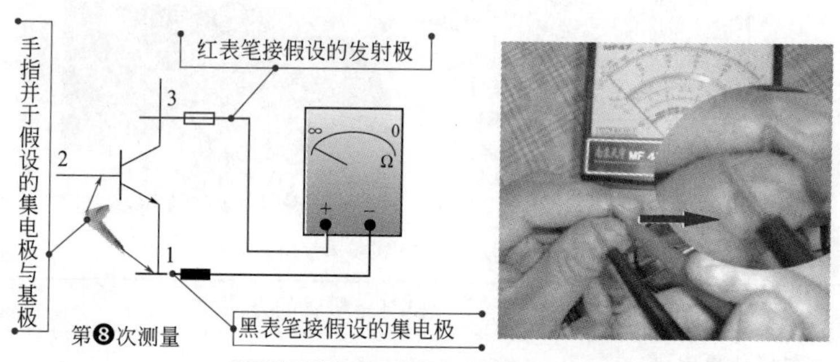

手指并于集电极与基极间，偏转小不正确

正常三极管极间正反向电阻值			
所测电极	正向电阻	反向电阻	用 $R\times100$ 或 $R\times1\text{k}$ 挡位测量
BE	几百欧至几千欧	几十千欧至几百千欧	
BC	几百欧至几千欧	几十千欧至几百千欧	
CE	≥几十千欧	≥几百千欧	

2.2.14 实战20——掌握集成电路引脚的排列规律

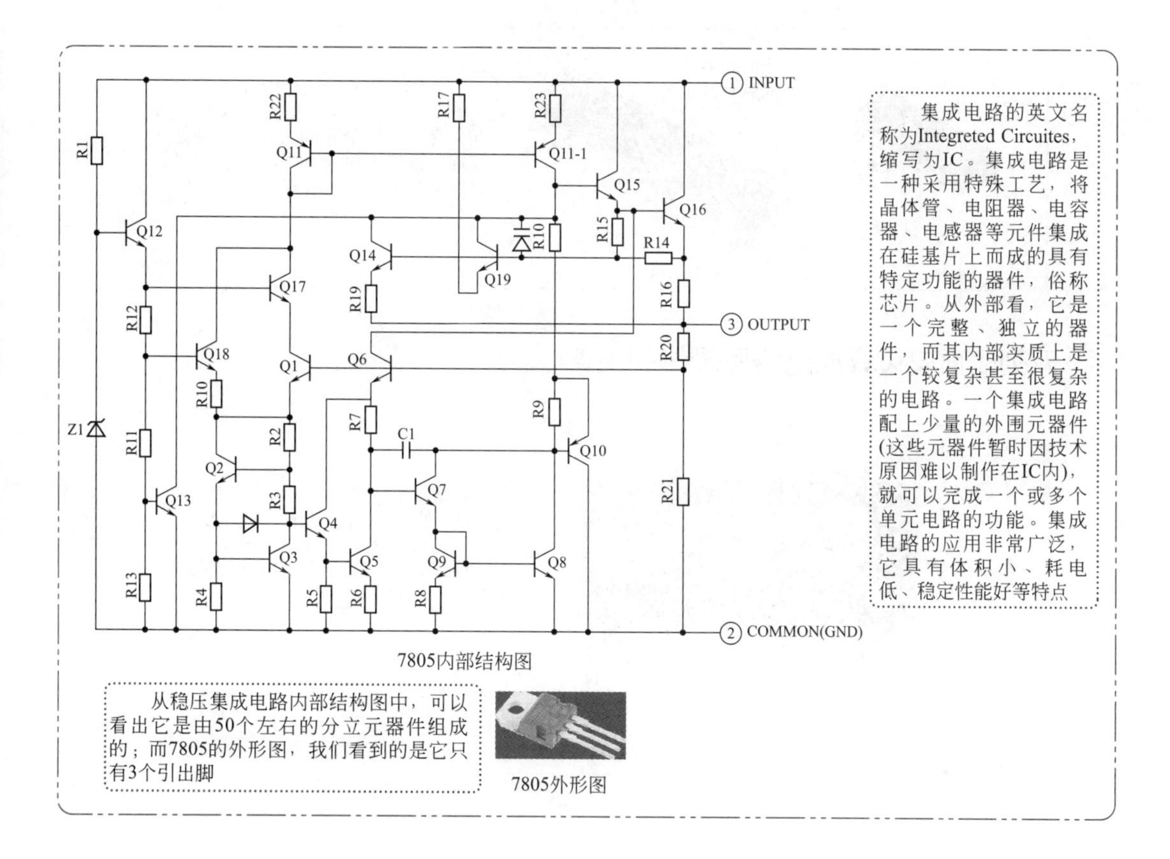

7805内部结构图

集成电路的英文名称为Integreted Circuites，缩写为IC。集成电路是一种采用特殊工艺，将晶体管、电阻器、电容器、电感器等元件集成在硅基片上而成的具有特定功能的器件，俗称芯片。从外部看，它是一个完整、独立的器件，而其内部实质上是一个较复杂甚至很复杂的电路。一个集成电路配上少量的外围元器件(这些元器件暂时因技术原因难以制作在IC内)，就可以完成一个或多个单元电路的功能。集成电路的应用非常广泛，它具有体积小、耗电低、稳定性能好等特点

从稳压集成电路内部结构图中，可以看出它是由50个左右的分立元器件组成的；而7805的外形图，我们看到的是它只有3个引出脚

7805外形图

① 单列直插式集成电路引脚排列规律

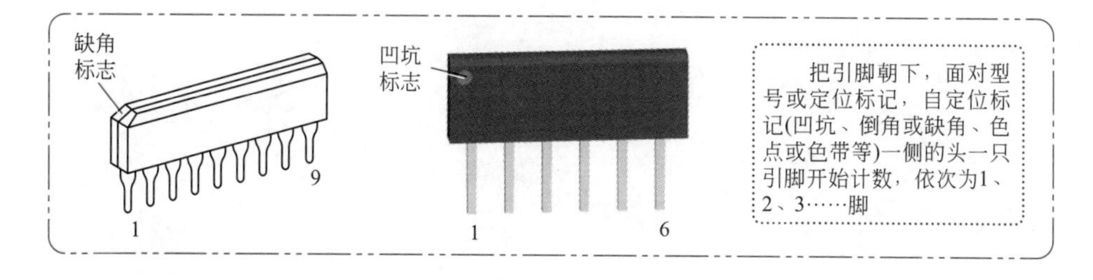

把引脚朝下，面对型号或定位标记，自定位标记(凹坑、倒角或缺角、色点或色带等)一侧的头一只引脚开始计数，依次为1、2、3……脚

② 单列曲插式集成电路引脚排列规律

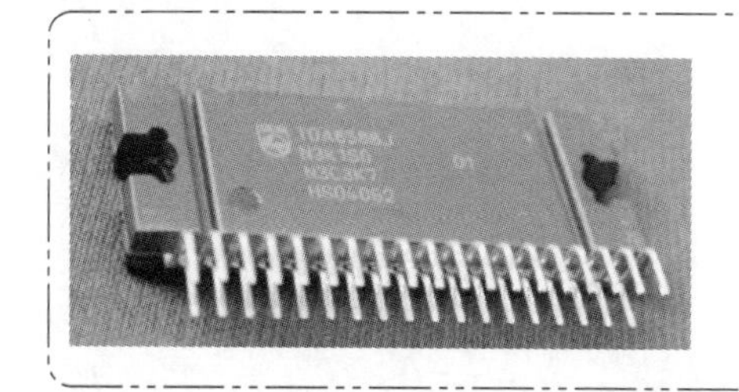

单列曲插式集成电路的引脚也是呈一列排列的，但引脚不是直的，而是弯曲的，即相邻两根引脚弯曲的方向不同。将集成电路的正面对着自己，引脚朝下，一般情况下集成电路的左边是第一个引脚。从图中可以看出，1、3、5单数引脚在弯曲一侧，2、4、6双数引脚在弯曲的另一侧

③ 双列直插式集成电路引脚排列规律

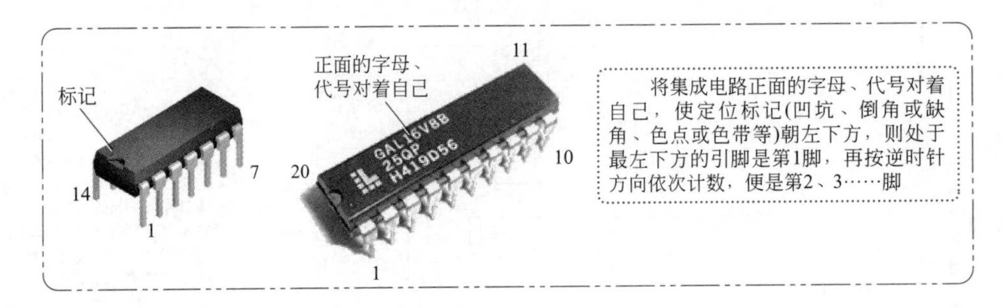

④ 双列表面安装集成电路引脚排列规律

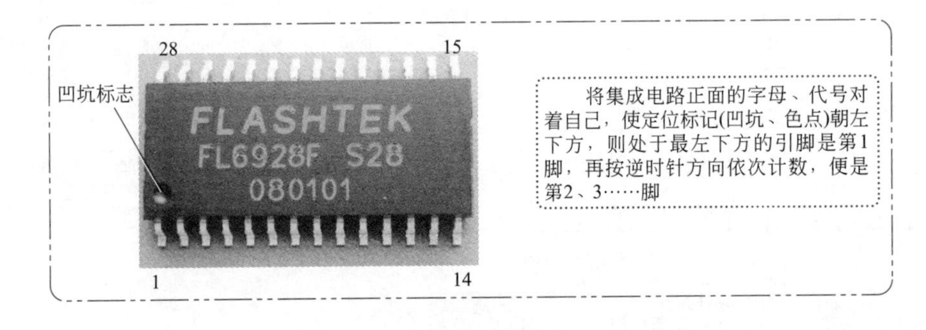

实战篇

小家电的工作原理是理论知识，而对它们的维修和调试是一项专业技能，维修人员不但要有扎实的理论知识，而且还需具备丰富的实际操作经验，因此，要求维修人员在安全的前提下，熟练掌握规范的操作技能和各种维修手段。通过本篇的学习，读者可以对小家电的故障“对症下药”，快速地排除各种疑难故障，使具体的维修操作更加顺利。

第3章

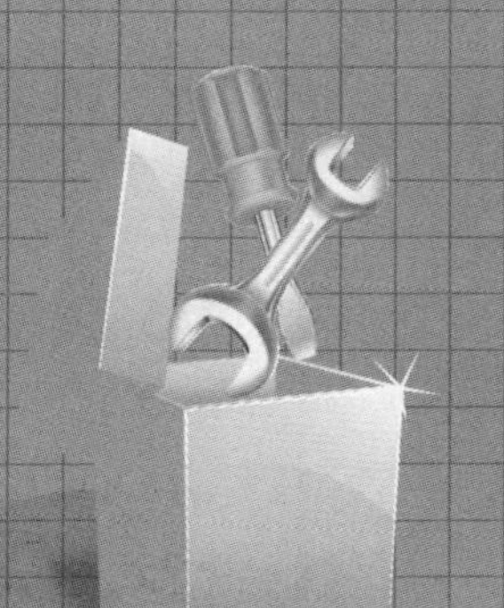

小家电特有元器件的识别与检测

3.1 三端稳压器

① 78、79系列

78、79系列三端稳压器	
78系列（输出正电压）	输出正电压系列（78××）的集成稳压器其电压共分为5～24V七个挡。例如：7805、7806、7808、7809、7812、7815、7818、7824等其中字头“78”表示输出电压为正值，后面数字表示输出电压的稳压值。输出电流为1.5A（带散热器）
79系列（输出负电压）	输出负电压系列（79××）的集成稳压器其电压分为-5～-24V七个挡。例如：7905、7906、7912等其中字头“79”表示输出电压为负值，后面数字表示输出电压的稳压值。输出电流为1.5A（带散热器）
电流特点	三端集成稳压器的输出电流有大、中、小之分，并分别有不同符号表示 在输出小电流时，代号为“L”。例如，78L××，最大输出电流为0.1A 在输出中电流时，代号为“M”。例如，78M××，最大输出电流为0.5A 在输出大电流时，代号为“S”。例如，78S××，最大输出电流为2A

78、79 系列三端稳压器型号与输出电压对照				
型号	输出电压 /V	输入电压 /V	最大输入电压 /V	最小输入电压 /V
7805/7905	+5/−5	+10/−10	+35/−35	+7/−7
7806/7906	+6/−6	+11/−11	+35/−35	+8/−8
7809/7909	+9/−9	+14/−14	+35/−35	+11/−11
7812/7912	+12/−12	+19/−19	+35/−35	+14/−14
7815/7915	+15/−15	+23/−23	+35/−35	+18/−18
7818/7918	+18/−18	+26/−26	+35/−35	+21/−21
7824/7924	+24/−24	+33/−33	+40/−40	+27/−27

② 78、79 系列引脚功能及符号

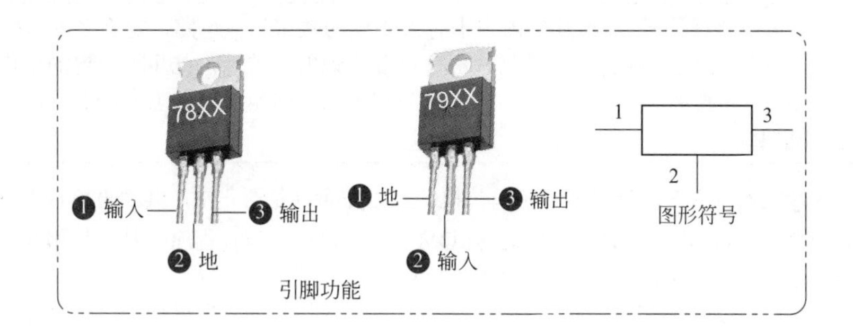

③ 78×× 基本电路的接法

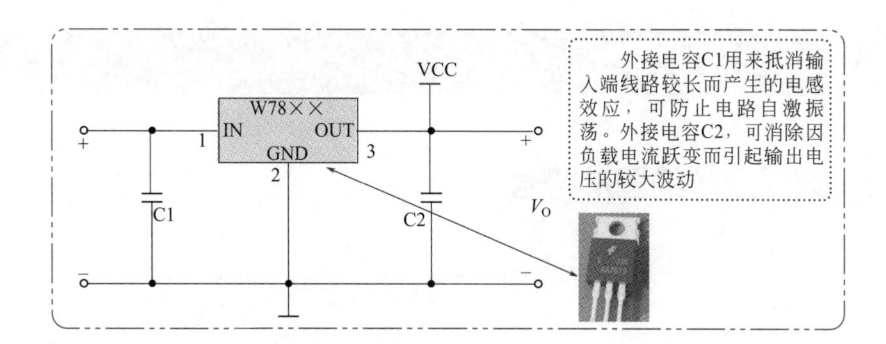

④ 78、79 系列三端稳压器的代换

国产 78/79 系列市电稳压器用字母 CW 或 W 表示。如 CW7812L、W7812L 等。C 是英文 CHINA（中国）的缩写，W 是稳压器中稳字的第一个汉语拼音字母。进口 78/79 三端稳压器用字母 AN、LM、TA、MC、RC、KA、NJM、μPC 等表示，如 TA7812、AN7805 等。不同厂家的 78/79 系列三端稳压器，只要其输出电压和输出电流参数相同，就可以直接代换

3.2 单片机

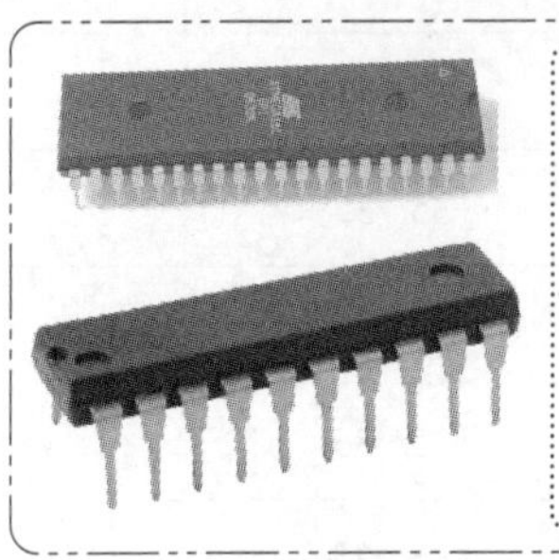

单片机，就是把中央处理器CPU、随机存储器RAM、只读存储器ROM、定时器/计数器以及输入/输出(I/O)接口电路等主要计算机部件，集成在一块集成电路芯片上的微型计算机，因此称为单片微控制器，简称单片机(MCU)

在小家电电路中，单片机是整个电路的控制中心，用于实现人机对话、监测工作电流、电网电压及操作、报警、显示当前状态等功能。小家电中通常采用8位单片机系统，且无需外接存储器，时钟频率多为4～8MHz

单片机工作的三个基本条件
❶ 必须有合适的工作电压。即 V_{DD} 电源正极和 V_{SS} 电源负极（地）两个引脚
❷ 必须有复位（清零）电压。单片机由于电路较多，在开始工作时必须在一个预备状态，这个进入状态的过程叫复位（清零），外电路应给单片机提供一个复位信号，使微处理器中的程序计数器等电路清零复位，从而保证微处理器从初始程序开始工作
❸ 必须有时钟振荡电路（信号）。单片机内由于有大规模的数字集成电路，这么多的数字电路组合对某一信号进行系统处理，就必须保持一定的处理顺序以及步调的一致性，此步调一致的工作由“时钟脉冲”控制。单片机的外部通常外接晶体振荡器（晶振）和内部电路组成时钟振荡电路，产生的振荡信号作为微处理器工作的脉冲
当怀疑单片机有问题时，首先应检查单片机的三工作条件是否正常，其次再检查单片机本身。由于每种小家电机型中单片机内部的只读存储器（ROM）中的数据（运行程序）是不尽相同的，而且各厂家对各个 I/O 端口的定义各不相同，因此，它的代换性很小 若确认单片机损坏，只能向售后维修单位或厂家索取，有条件的可以自己烧录，也可找同型号、同软件版本的产品废件进行拆解维修

3.3 集成运放电路

3.3.1 集成运放的图形符号

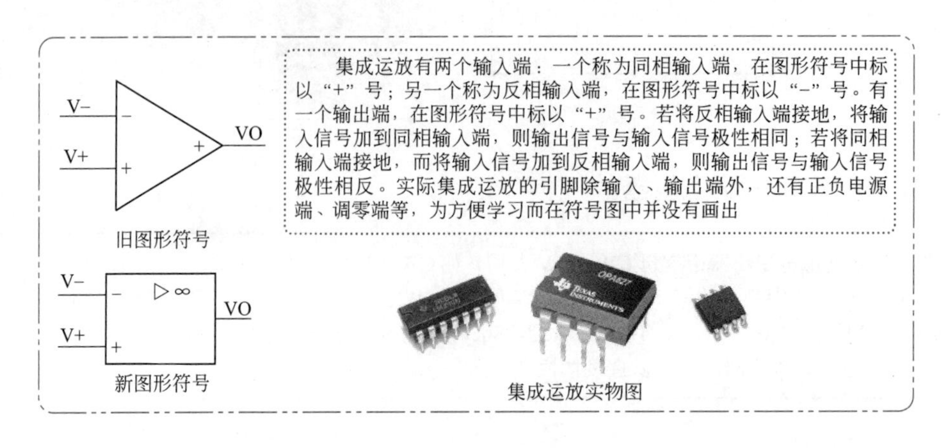

集成运放有两个输入端：一个称为同相输入端，在图形符号中标以“+”号；另一个称为反相输入端，在图形符号中标以“−”号。有一个输出端，在图形符号中标以“+”号。若将反相输入端接地，将输入信号加到同相输入端，则输出信号与输入信号极性相同；若将同相输入端接地，而将输入信号加到反相输入端，则输出信号与输入信号极性相反。实际集成运放的引脚除输入、输出端外，还有正负电源端、调零端等，为方便学习而在符号图中并没有画出

3.3.2 运放集成电路的工作原理

① 运放工作在线性区

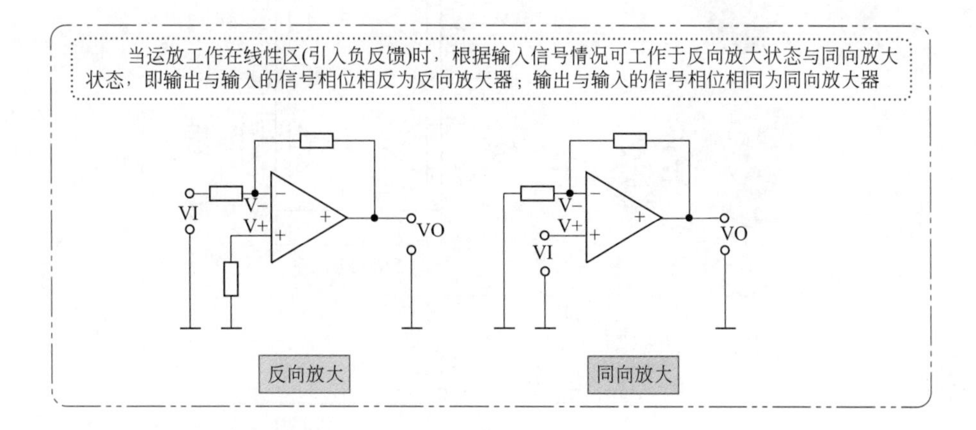

② 运放工作在非线性区

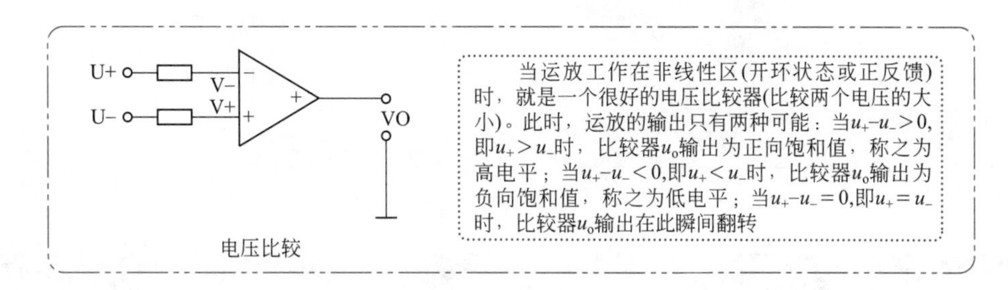

电压比较

③ 常用的运放

实际的运放不止一个放大器，通常是多个运放集成在一个集成电路中。小家电电路中，常用的运放有 LM339、LM324、LM393 等。

❶ LM339 的结构外形和引脚功能图

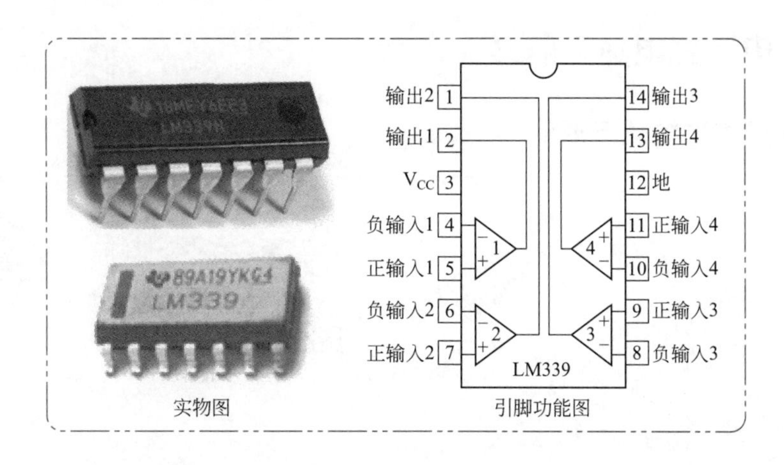

实物图　　引脚功能图

❷ LM324 的结构外形和引脚功能图

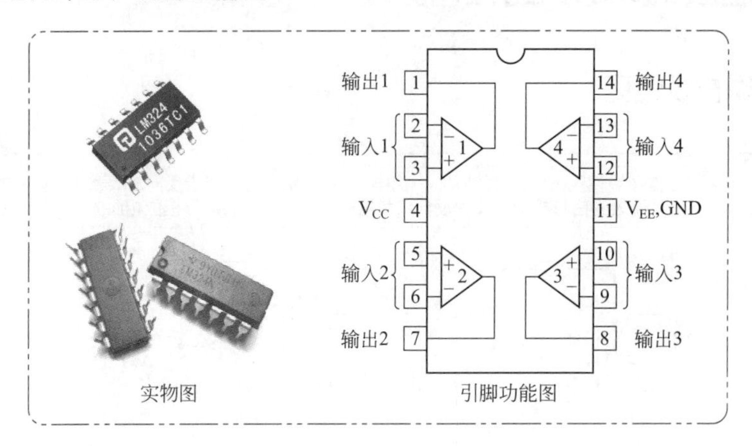

❸ LM393 的结构外形和引脚功能图

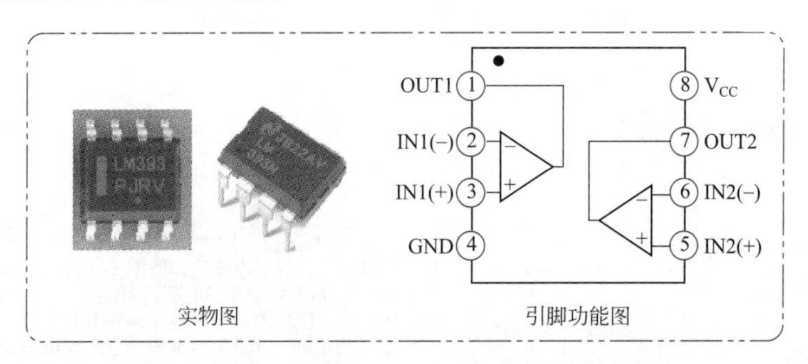

3.4 电热器件

在小家电中能将电能转换成热能的元部件称为电热元器件。它是电热器具的核心，小家电中常见的电热元器件有：电阻式电热元器件、红外线电热元器件、感应式电热元器件、微波式电热元器件和 PTC 电热元器件等几种。

3.4.1 电阻式电热元器件

① 开启式螺旋形电热元器件

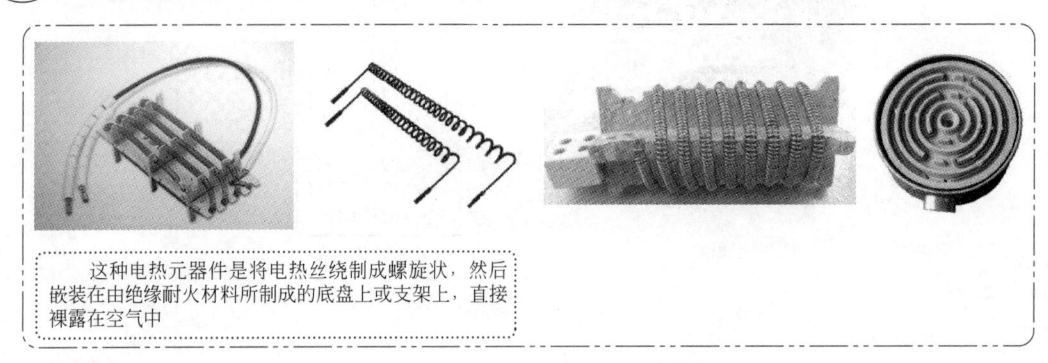

② 云母片式电热元器件

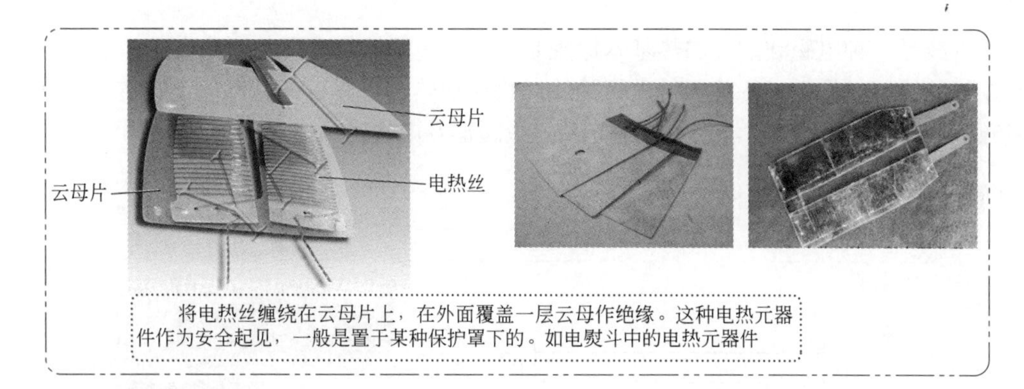

将电热丝缠绕在云母片上，在外面覆盖一层云母作绝缘。这种电热元器件作为安全起见，一般是置于某种保护罩下的。如电熨斗中的电热元器件

③ 封闭式电热元器件

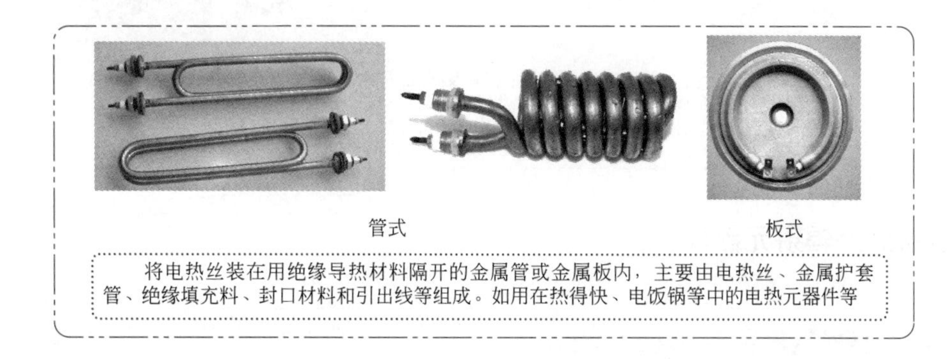

管式　　板式

将电热丝装在用绝缘导热材料隔开的金属管或金属板内，主要由电热丝、金属护套管、绝缘填充料、封口材料和引出线等组成。如用在热得快、电饭锅等中的电热元器件等

④ 线状电热元器件

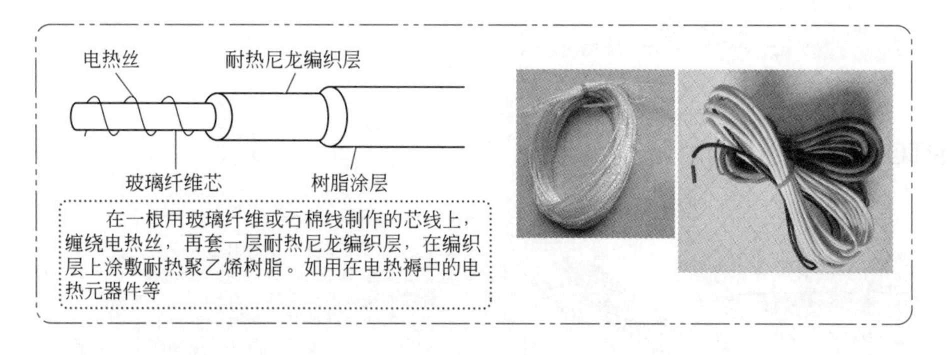

在一根用玻璃纤维或石棉线制作的芯线上，缠绕电热丝，再套一层耐热尼龙编织层，在编织层上涂敷耐热聚乙烯树脂。如用在电热褥中的电热元器件等

⑤ 薄膜形电热元器件

这是一种以康铜或康铜丝作为电热材料，聚酰亚胺薄膜作为绝缘材料的薄膜型新型电热元件，它可以制成片状或带状。它具有以下特点：厚度小、柔性好、耐老化、性能稳定、可以进行精确的恒温控制等

3.4.2 远红外线电热元器件

红外线是一种电磁波，其加热基本原理是：先使电阻发热元器件通电发热，利用此热能来激发红外线辐射物质，使其辐射出红外线对物体加热。它具有升温迅速、穿透能力强、节省能源、无污染等优点，广泛应用于电烤箱、取暖器及电吹风等。

① 管状红外辐射元器件

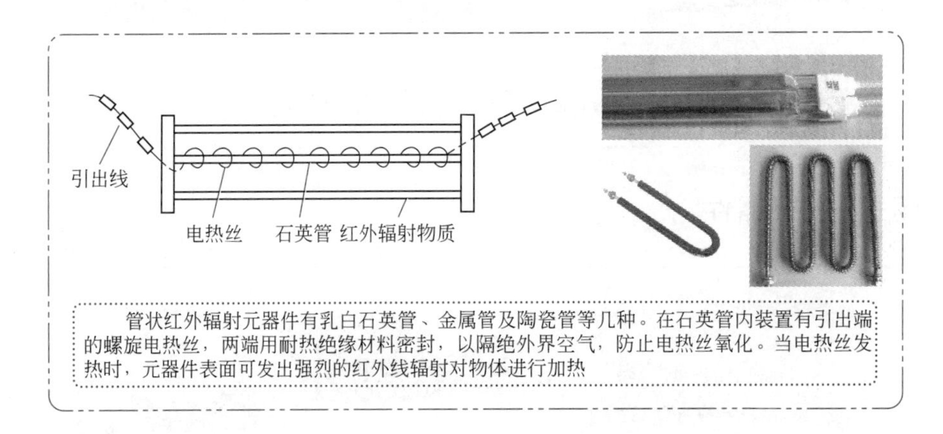

管状红外辐射元器件有乳白石英管、金属管及陶瓷管等几种。在石英管内装置有引出端的螺旋电热丝，两端用耐热绝缘材料密封，以隔绝外界空气，防止电热丝氧化。当电热丝发热时，元器件表面可发出强烈的红外线辐射对物体进行加热

② 板状红外辐射元器件

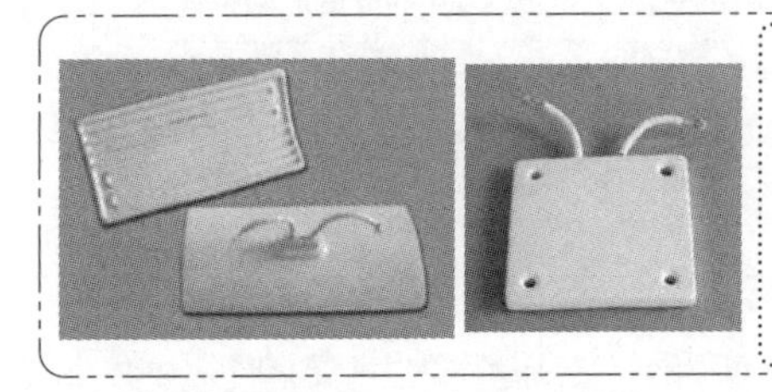

板状红外辐射元器件一般有红外辐射板、电热丝及壳体组成。

烧结式红外辐射元器件，是将电热丝放在生陶瓷器中，经高温烧结成型后在陶瓷表面涂上红外辐射涂料而制成的元器件

黏结式红外辐射元器件，是在发热丝的表面涂以耐热黏结剂，再将红外辐射陶瓷黏附在电阻发热丝上，通电后用自身加热法黏结在一起而制成的元器件

③ PTC 电热元器件

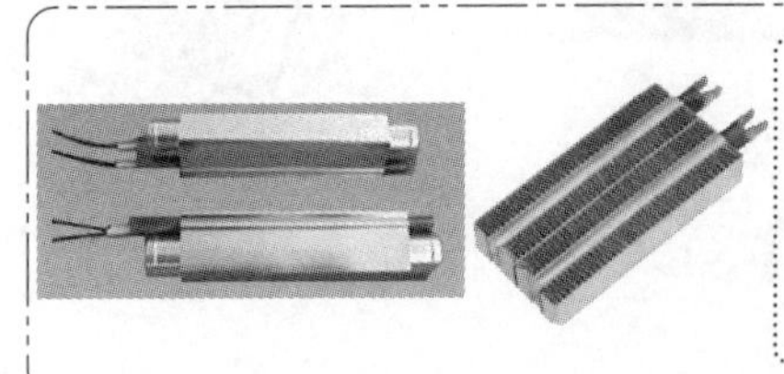

PTC电热元器件是具有正电阻温度系数的新型发热元器件。通常是以钛酸钡为基料，掺入微量稀土元素，经陶瓷工艺烧烤而制成的烧结体。在PTC电热元器件上加直流或交流电源，便可获得某一范围内恒定的温度

利用陶瓷工艺，PTC电热器件可以制成不同的形状、结构及外形尺寸，并可以根据需要确定器件的数量和排列方式，通常有圆盘形、蜂窝式、口琴式和带式等结构

3.5 电动器件

在小家电中，将电能转换为机械能而做功的器件，称为电动器件。电动器件最常用的是

各种电动机及其调速装置，它是家用电动器具的核心部件。

家用电动器具所使用的电动机，一般都是微型电机，功率多在 20 ～ 750W 之间。这些电动机体积较小，若一旦损坏，目前在维修行业大都是整体代换，因此对它的结构不做过多详细的介绍，重点放在工作原理及结构特点等方面。

3.5.1 永磁式直流电动机

① 结构

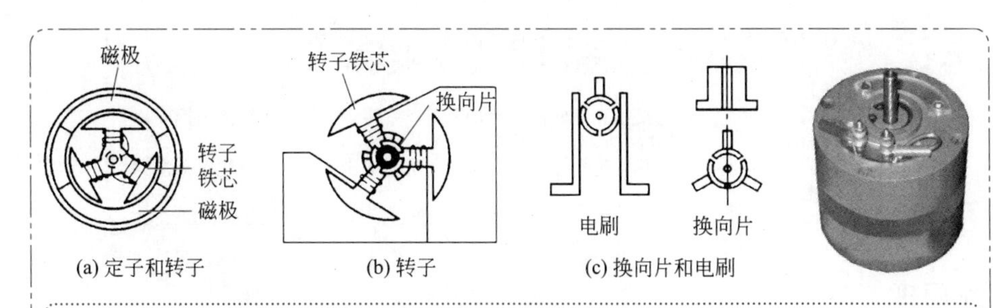

(a) 定子和转子　(b) 转子　(c) 换向片和电刷

永磁式直流电动机主要由定子、转子、换向片、电刷等组成

定子是由永久磁铁制成，定子磁场是由永久磁铁产生的

转子又称为电枢，由转子铁芯和电枢绕组共同组成，是直流电动机的转动部件。换向片是相互绝缘的弧形铜片，它和转子上的绕组线圈的一端相连

电刷一般用石墨和磷铜片制成。两个电刷平行地安装在换向片两侧，依靠电刷的弹性与换向片保持良好的接触，而电刷的另一端与电源相连接

② 工作原理

永磁式直流电动机的工作原理
电源接通后，直流电流经电刷、换向片流入电枢绕组。因通电线圈（电枢）在磁场中（定子）会受到磁场力的作用，该磁场力会产生合力矩，使电枢开始转动，也即达到转子的转动

③ 特点

永磁式直流电动机的特点
❶ 易于实现正反转，只要改变转子电流的方向就能改变旋转的方向，即只要将连接电源的两根引线互换便可实现反转 ❷ 结构简单，体积小，转速稳定 ❸ 只适用于低压直流电源，功率较小

3.5.2 交直流通用电动机

交直流通用电动机又称为单相串励电动机。由于它具有体积小、转速高（可达到 20000r/min 以上）、启动力矩大、速度可调等优点，因而在小家电中得到了广泛的应用。

① 结构

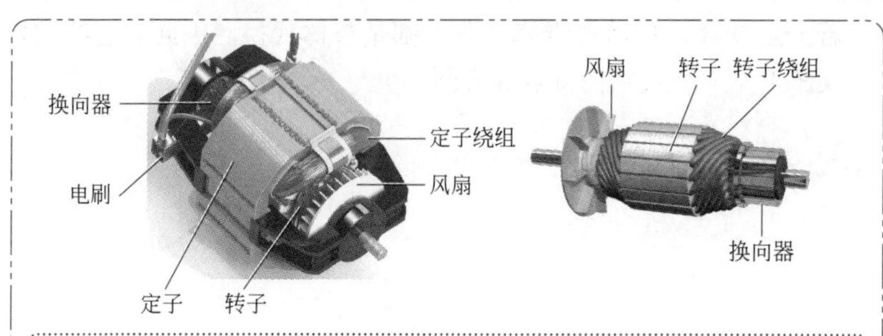

交直流通用电动机主要由定子、转子(电枢)、换向器及电刷等组成

定子由定子铁芯和定子绕组(励磁绕组)组成。铁芯由硅钢片叠压而成，定子绕组安装在铁芯上

转子由电枢铁芯、电枢绕组和换向器、转轴等组成。转子上的每个线圈与换向片通过有规律的连接，使电枢绕组形成一个闭合回路

换向器由换向片、云母片、塑料等组成。其作用是将电刷输入的电流轮流分配到相应的绕组上

② 工作原理

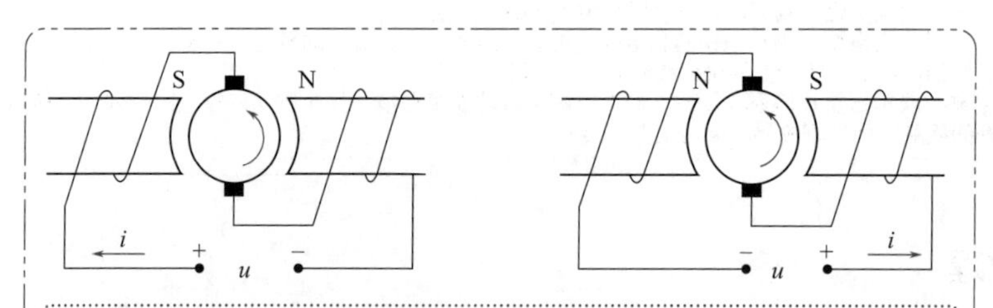

由于励磁绕组与电枢绕组相串联，电动机一旦通电后，励磁绕组产生磁场，而电枢绕组可看成是磁场中的通电导体，因此，通电导体在磁场中受到合力矩，从而转子转动起来

当电流方向改变时，励磁绕组和电枢绕组的电流方向同时改变，因此，电枢绕组受到的转矩方向不变，所以，无论是接入交流电，还是直流电，转子的旋转方向始终不变

③ 特点

交直流通用电动机的特点
❶交直流两用，使用交流电源与使用对应直流电源能产生同样大小的转矩 ❷转速高，调速方便，其转速可达到20000r/min以上，调速方法有多种形式，最简单的调速是通过调整电源电压，即可方便达到调整它的转速 ❸结构较复杂，运转噪声大，会产生无线电干扰等

3.5.3 单相交流感应式异步电动机

单相交流感应式异步电动机简称单相异步电动，它只需单相220V交流电源，故使用方便，是小家电中使用最多的电动机，如洗衣机、电风扇、吸尘器、抽油烟机等。

① 结构

单相交流感应式异步电动机的结构	
组成	单相异步电动机的结构主要由定子和转子两大部分组成
定子	定子是单相异步电动机的静止部分，它由定子铁芯和定子绕组两部分组成。定子铁芯是用硅钢片叠压而成，而定子绕组一般都有两组：一组称为主绕组，也称工作绕组或运行绕组；另一组称为副绕组，也称为启动绕组。定子绕组的引出线一般有三根：一根称为公共端，常用C表示；一根是主绕组的引出端，常用M表示，一根是副绕组的引出端，常用S表示
转子	转子是单向异步电动机的转动部分，它由铁芯和绕组两部分组成。转子铁芯由多片硅钢片叠合而成，而转子绕组通常采用压铸的方法制成

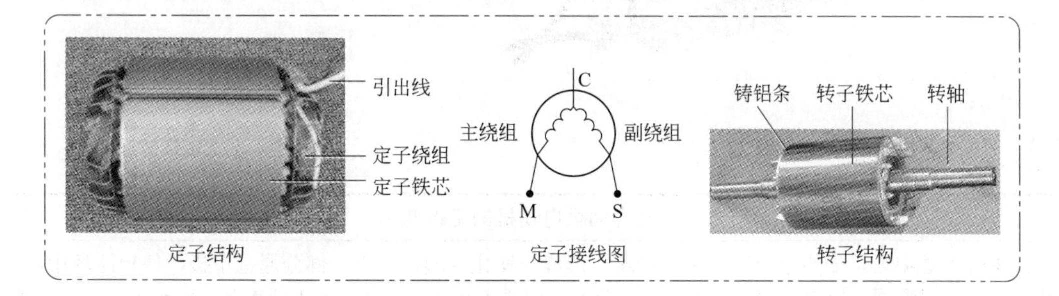

定子结构　　定子接线图　　转子结构

② 工作原理

单相交流感应式异步电动机的工作原理
单相异步电动机的定子的两组主、副绕组，空间互成90°相位角，在这两个绕组中必须通入相位不同的电流，才能产生旋转磁场，即必须用分相元件让同一个交流电源产生两个相位不同的电流 当电动机的两个绕组接在同一个交流电源上，由于分相元件的作用，使副绕组中的电流超前于主绕组。这两个相位不同的交流电流产生的合成磁场会在定子铁芯的气隙内旋转，转子便处于旋转磁场中而转动起来

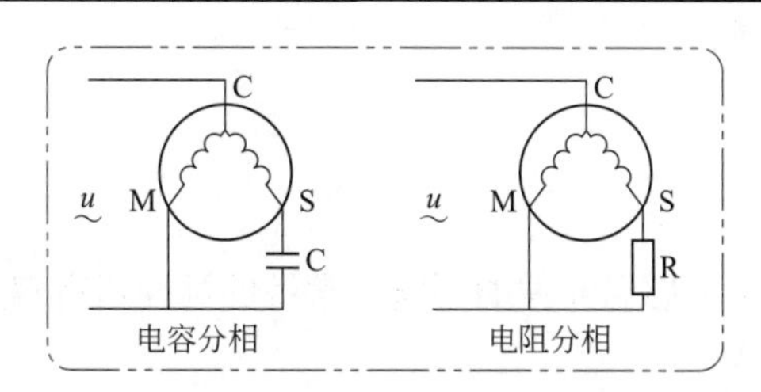

电容分相　　电阻分相

③ 启动装置

单相交流感应式异步电动机的启动装置
由于分相的需要，单相异步电动机必须要设置启动元件。启动元件串联在启动绕组线路中，它的作用是在电动机启动完毕后，切断启动绕组的电流。目前常见的分相式电动机的启动装置有离心开关式、启动继电器式、PTC启动式和电容式等几种

3.5.4 罩极电动机

① 结构

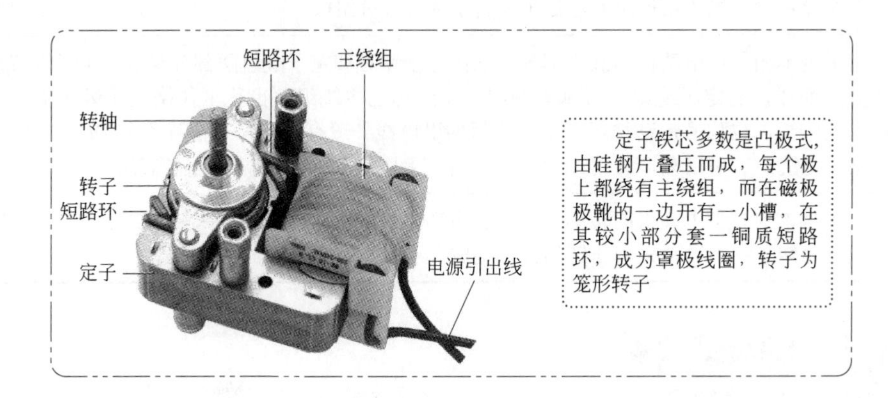

② 工作原理

罩极电动机电动机的工作原理
当主绕组通电后，磁极中便产生交变磁场，形成一变化磁通，其中一部分通过罩极，使短路环中产生感应电流。根据楞次定律可知，磁极被罩部分的交变磁场在相位上滞后于未罩部分，即两者存在相位差。因此，形成一个旋转磁场，在旋钮磁场的作用下，转子启动并正常运转

3.6 自动控制元器件

小家电中的控制系统常有启停控制、温度控制、功率控制、调速控制等。控制元件因此也较繁多，除前面介绍过的开关电位器、二极管、三极管、晶闸管和单片机外，下面主要介绍温控器、继电器和定时器。

3.6.1 温控器

在小家电中，根据采用的感温元件的不同，常用的温控器有双金属温控器、磁性温控器、热电偶温控器及电子温控器等。

① 双金属温控器

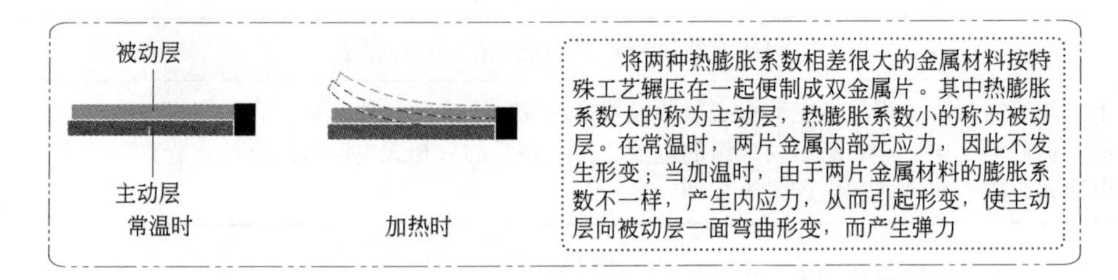

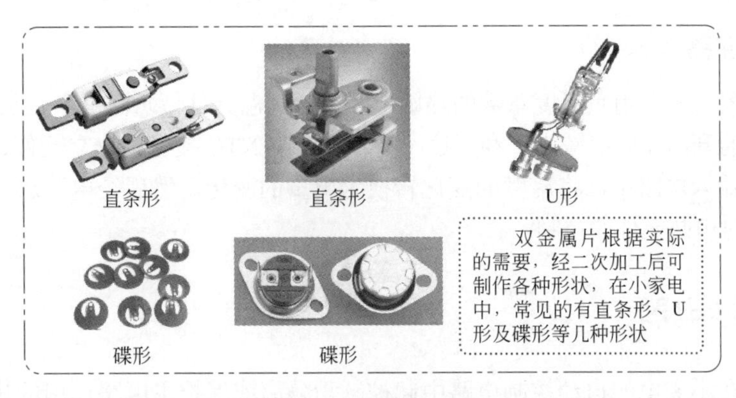

双金属温控器热源的方式	
环境传热	指双金属片周围介质（如空气）经热辐射方式传给双金属片热量
热源加热	将一个电热元件设置在双金属片的周围，它所产生的热量以对流和辐射的方式传给双金属片
自身发热	让工作电流直接地或部分地流过双金属片，利用双金属片本身的电阻发热

② 磁性温控器

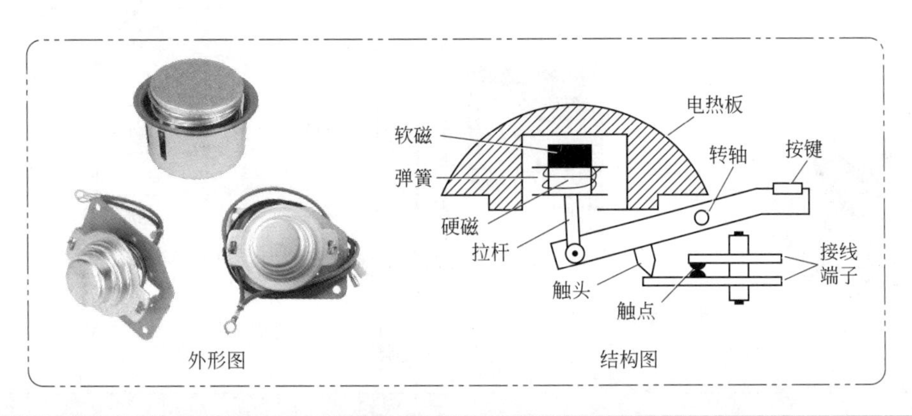

外形图　　结构图

磁性温控器的工作原理	
居里温度点	磁性温控器是利用磁性材料的磁性随温度变化的特性制成的。铁、镍等一些铁磁材料在常温下可以被磁化而与磁铁相吸，当温度升高到某一数值时，导磁性能会急剧下降，最终会完全消失磁性而变成一般的非磁性物质，该温度称为居里温度点 不同铁磁性物质的居里温度点是不相同的，以目前的技术，可制造出居里温度点在30～150℃的感温磁性材料。利用这些感温磁性材料，可以制成多种规格、动作的磁性温控器
磁性温控器组成	磁性温控器主要由永久磁钢和感温材料（软磁）组成
磁性温控器工作原理	磁性温控器置于电热板的中部，在位置固定的感温软磁下有一个永久磁钢（硬磁），硬磁和软磁之间有一个弹簧。在常温下，弹簧的弹力小于磁力与硬磁重力之和 常温时，当按下操作按键，软磁吸住硬磁，使得它们所带动的两个触点闭合，电热元件通电而发热。当电热板的温度升高到接近居里温度点时，软磁的磁性突然消失；此时，弹簧的弹力大于硬磁的重力，迫使硬磁下落，与其相连的杠杆连动使触点断开，切断电源

③ 电子温控器

电子温控器大多采用负温度系数的热敏电阻作为感温元件。负温度系数热敏电阻（NTC）的阻值随温度的升高而明显减小，利用这一特性，常将NTC接在由分立元件、集成电路或单片微处理器的输入电路中，将温度的变化转换为电量的变化，然后经电路放大，驱动执行机构动作，实现对电热元件的控制。

3.6.2 继电器

继电器是在小家电的自动控制电路中起控制与隔离或保护主电路作用的执行部件，它实际上是一种可以用低电压、小电流来控制大电流、高电压的自动开关。

小家电中常用的继电器主要有电磁继电器、干簧管继电器和固态继电器等。电磁式继电器按所采用的电源来分，又可分为交流电磁继电器和直流电磁继电器。

① 电磁式继电器

❶ 外形、结构及图形符号

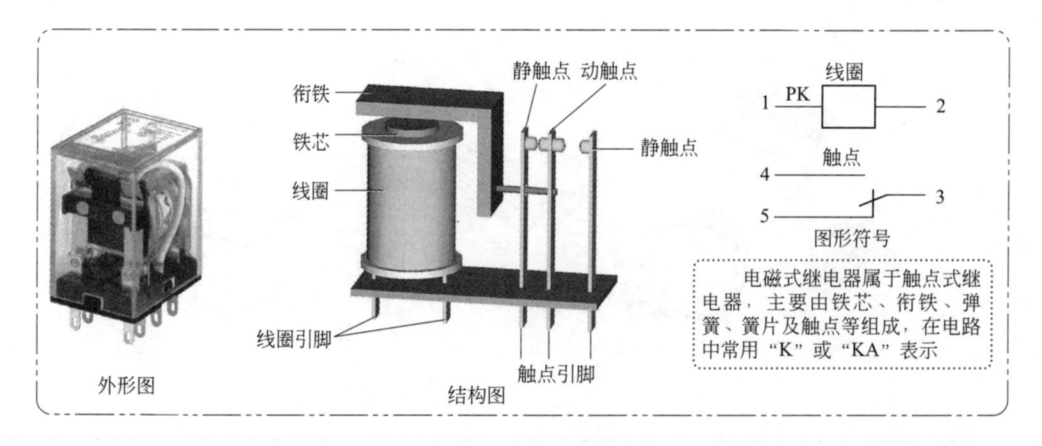

❷ 工作原理

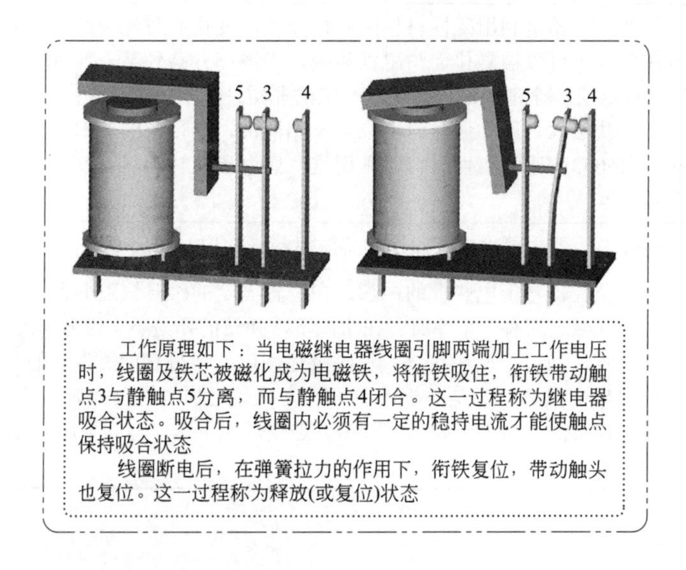

❸ 触点形式

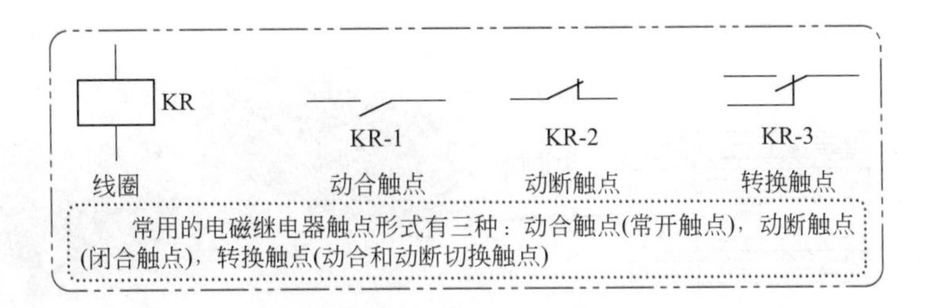

常用的电磁继电器触点形式有三种：动合触点(常开触点)，动断触点(闭合触点)，转换触点(动合和动断切换触点)

❹ 继电器的检测

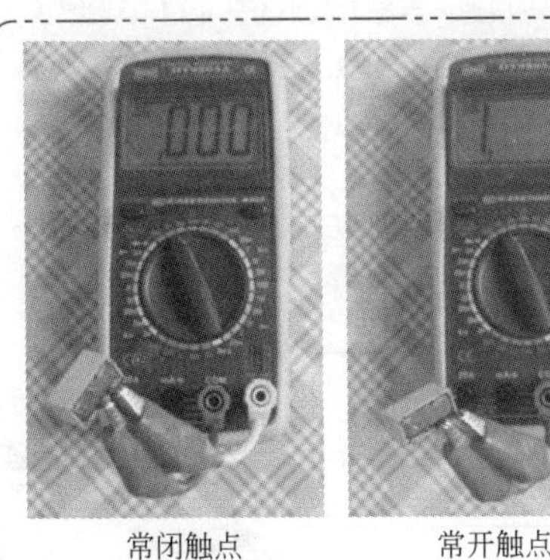

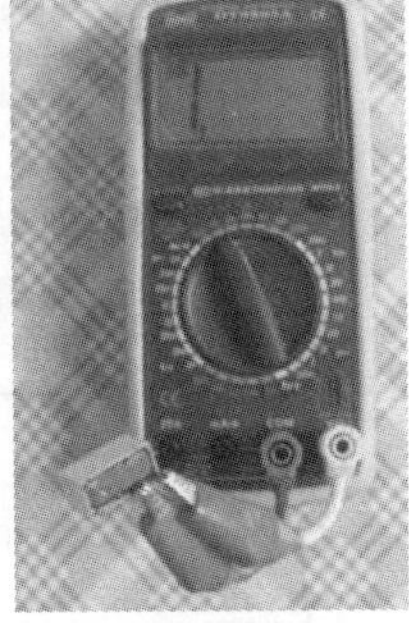

常闭触点　　常开触点

检测触点电阻：

用万用表的电阻挡，测量常闭触点与动点电阻，其阻值应为0；而常开触点与动点的阻值就为无穷大。由此可以区别出哪个是常闭触点，哪个是常开触点。用万用表的$R\times1$挡测量常闭触点的电阻值，正常为0Ω；将衔铁按下，此时常闭触点的阻值应为无穷大。若在没有按下衔铁时，测出常闭某一组触点有一定的阻值或无穷大，则说明该组触点已烧坏或氧化

检测线圈电阻：

电磁式继电器线圈的阻值一般为25Ω～2kΩ。额定电压低的电磁继电器线圈的阻值较低，额定电压高的电磁继电器线圈的阻值较高。可用万用表$R\times10$挡测量继电器线圈的阻值，从而判断该线圈是否存在开路现象。若测得其阻值为无穷大,则线圈已断路损坏；若测得其阻值低于正常值很多，则是线圈内部有短路故障。如果线圈有局部短路，用此方法，不易发现

② 干簧管继电器

❶ 干簧管结构

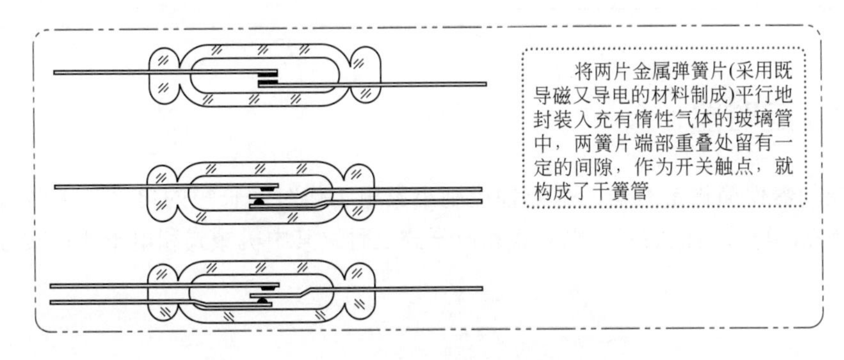

将两片金属弹簧片(采用既导磁又导电的材料制成)平行地封装入充有惰性气体的玻璃管中，两簧片端部重叠处留有一定的间隙，作为开关触点，就构成了干簧管

❷干簧管继电器

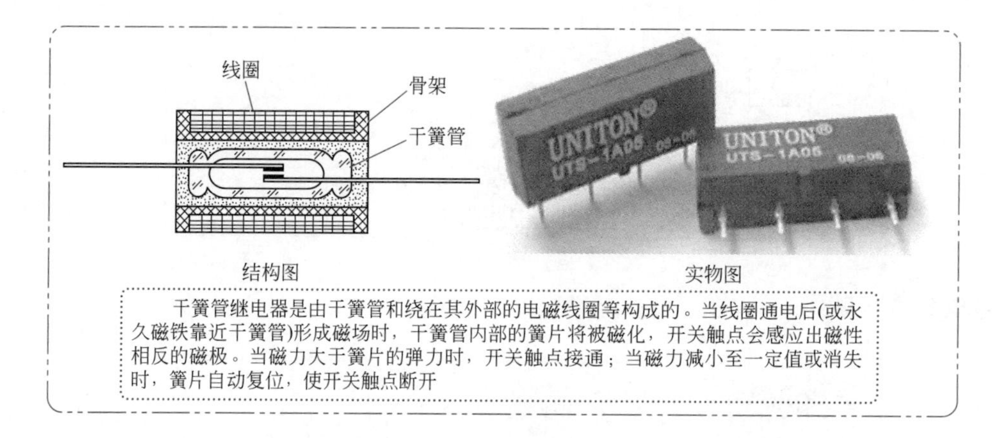

干簧管继电器是由干簧管和绕在其外部的电磁线圈等构成的。当线圈通电后(或永久磁铁靠近干簧管)形成磁场时，干簧管内部的簧片将被磁化，开关触点会感应出磁性相反的磁极。当磁力大于簧片的弹力时，开关触点接通；当磁力减小至一定值或消失时，簧片自动复位，使开关触点断开

❸干簧管继电器检测

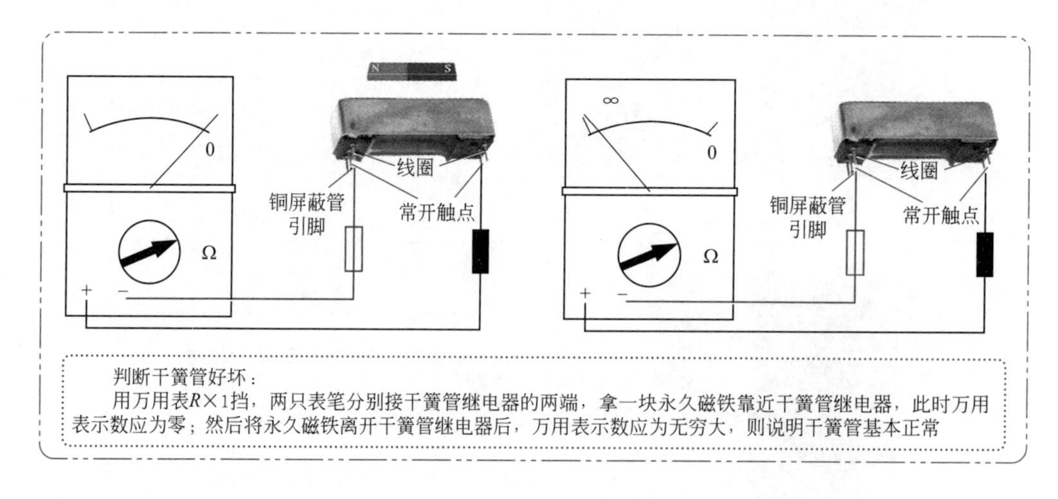

判断干簧管好坏：

用万用表$R\times1$挡，两只表笔分别接干簧管继电器的两端，拿一块永久磁铁靠近干簧管继电器，此时万用表示数应为零；然后将永久磁铁离开干簧管继电器后，万用表示数应为无穷大，则说明干簧管基本正常

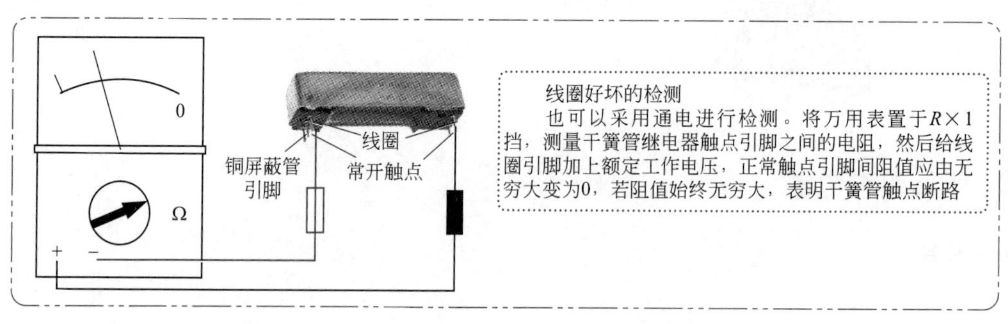

线圈好坏的检测

也可以采用通电进行检测。将万用表置于$R\times1$挡，测量干簧管继电器触点引脚之间的电阻，然后给线圈引脚加上额定工作电压，正常触点引脚间阻值应由无穷大变为0，若阻值始终无穷大，表明干簧管触点断路

3.6.3 定时器

时间控制器件简称定时器，是一种控制小家电工作时间长短的自动开关装置。定时器按其结构特点，可分为机械式、电动式和电子式三种。其中机械式和电子式在实际应用中较广泛。

① 机械式定时器

机械式定时器的内部实际上是一个机械钟表机构，它主要由能源系、传动轮系、擒纵调速系和凸轮控制系四大系统组成

能源系主要有条盒轮组件和止退爪组成。发条是定时器的动力源，S形地装在条盒轮内，当定时旋动调节钮时，盒内发条就被卷紧，机械能就转换成弹力势能

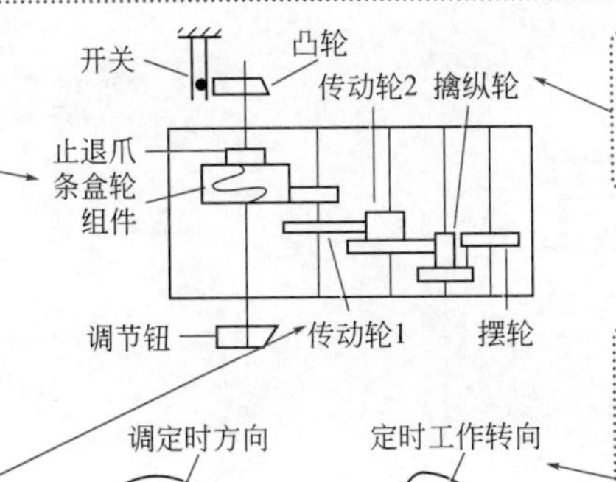

擒纵调速系主要由擒纵轮和摆轮等组成。其主要作用是精确确定振荡系统的振荡周期，即准确计时

传动轮系由传动轮1、传动轮2组成。定时后，发条的弹力势能进行转换，由条盒轮带动传动轮系进行转动。设置传动轮的目的是因为发条的圈数不是太多，以此来延长定时器一次上紧发条的持续工作时间

凸轮系主要有凸轮和开关触点组成。当定时时，凸轮推动簧片使触点闭合，电路接通；定时后，凸轮也随发条的驱动而转动，当凸轮上的凹口转到对准簧片头时，在弹簧片弹力作用下，带动触点断开，自动切断电源

② 电子式定时器

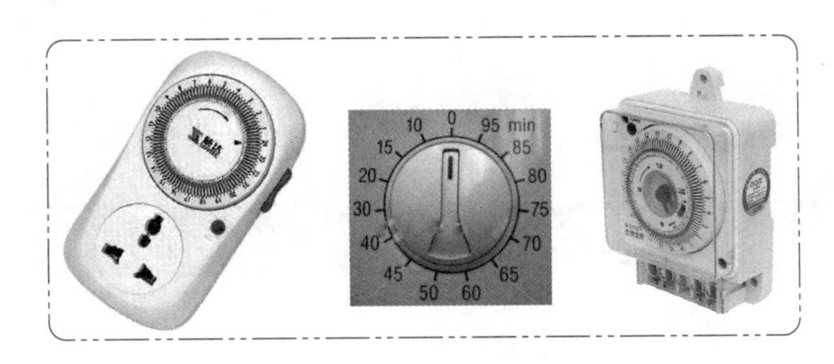

第4章

电饭锅

4.1 电饭锅的分类和结构

① 电饭锅的分类

电饭锅的分类	
按加热方式分	按加热方式分有直热式和间热式两种 直热式电饭锅，是指锅底电热板直接对锅体加热。因此，其效率高，省时省电，缺点是做出的饭容易上下软硬不一致 间热式电饭锅的结构分为内锅、外锅和锅体三层。其中电热板装在外锅底部，外锅装水，而内锅装食物，由外锅的热水或蒸气对内锅进行加热或蒸煮。最外层是锅体，起着安全防护和装饰的双重作用。这种电饭锅的优点是：食物加热均匀，做出的饭上下软硬一致，内锅可取下，清洗方便；缺点是：结构较复杂，费时间，耗电多
按结构形式分	按结构形式分有整体式和组合式 整体式电饭锅的发热板和锅体是一个整体，电热元件直接固定在锅体的底部。整体式电饭锅由于锅体的结构不同，又可分为单层电饭锅、双层电饭锅和三层电饭锅三种。但双层、三层整体式的内锅可以取出 组合式电饭锅的发热板和锅体是可以分开的，锅体和发热板之间没有紧固连接，锅体放在电热座上，可以方便地取下，既便于清洗，又可以放到其他发热体上或餐桌上

续表

电饭锅的分类	
按控制电路的形式分	按控制电路的形式分有机械式和电子式两种 机械式主要是由磁性温控器和双金属温控器作为主要的控制与检测部件；电子式主要是由单片机和热敏电阻作为主要的控制与检测部件
按锅内压力分	按锅内压力分有常压式、低压式、中压式及高压式四种；按控制方式分有自动保温式、定时启动保温式及电脑控制式三种

② 机械式电饭锅的结构

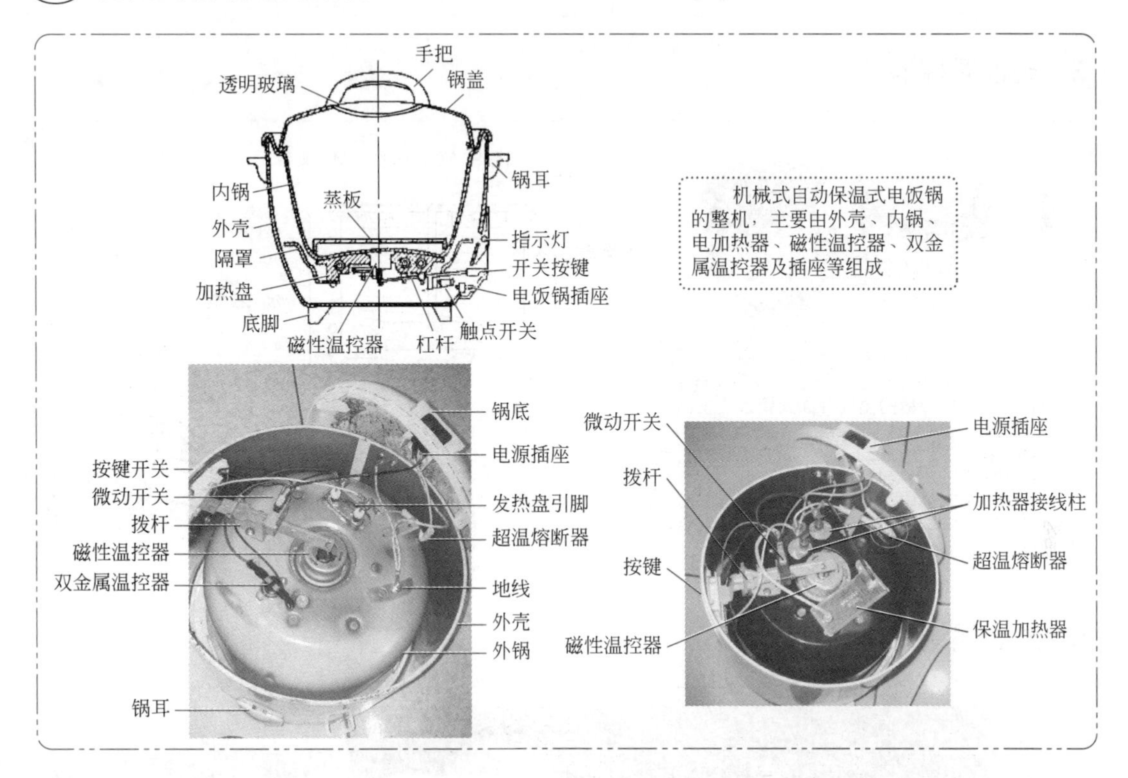

4.2 机械式电饭锅的主要元器件详解

① 电加热器

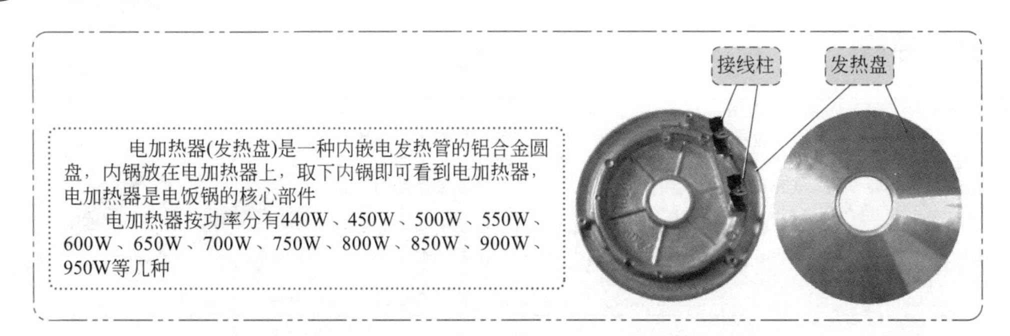

② 保温加热器

有些电饭锅保温时不用主电加热器，而是由保温加热器工作。凡是有保温加热器的电饭锅，没有双金属温控器

保温加热器一般由2个云母片中间夹着电热丝(电热丝缠绕在1个云母片上)，功率一般为40～50W，电压为220V

③ 磁性温控器

常温时，当按下操作按键，软磁吸住硬磁，使得它们所带动的两个触点闭合，电热元器件通电而发热。当电热板的温度升高到接近居里温度点时，软磁的磁性突然消失；此时，弹簧的弹力大于硬磁的重力，迫使硬磁下落，与其相连的杠杆连动使触点断开，切断电源

电饭锅上的磁性温控器居里温度点一般设定在103℃左右，当锅内温度升到103℃时，磁性温控器自动动作而切断电源

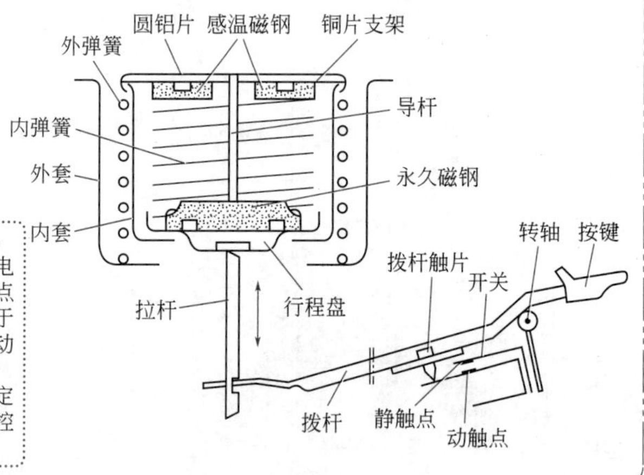

④ 双金属温控器

双金属温控器的主要作用是在饭煮熟后，磁性温控器触点断开，降温至70℃以下时自动接通电源，使锅内的温度保持在70℃左右

⑤ 热熔断器

热熔断器又称超温保险器、温度保险丝等。呈圆柱形，体积大小各异，外壳有铝管和瓷管两类，表面标注熔断温度(℃)、额定工作电压(V)及额定工作电流(A)等主要参数。正常的热熔断器的电阻值为零，当热熔断器熔断后，其表面颜色变为深褐色，其阻值为无穷大

热熔断器是一种不可复位的一次性保护元器件，以串联的方式接在电器电源输入端，其主要作用为过热保护。在电饭锅中有120℃/10A、142℃/10A、185℃/10A等几种

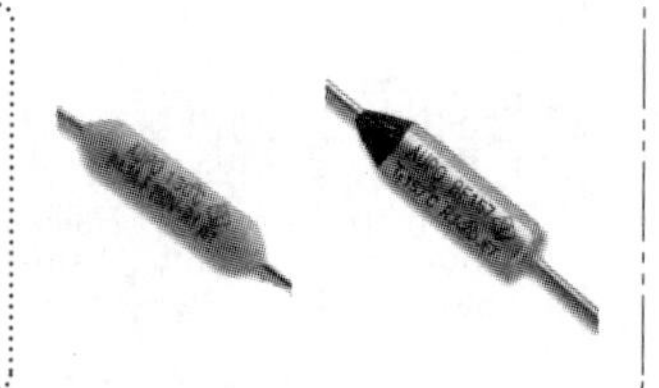

4.3 机械式电饭锅的工作原理与维修

4.3.1 双温控器单加热盘电饭锅的工作原理

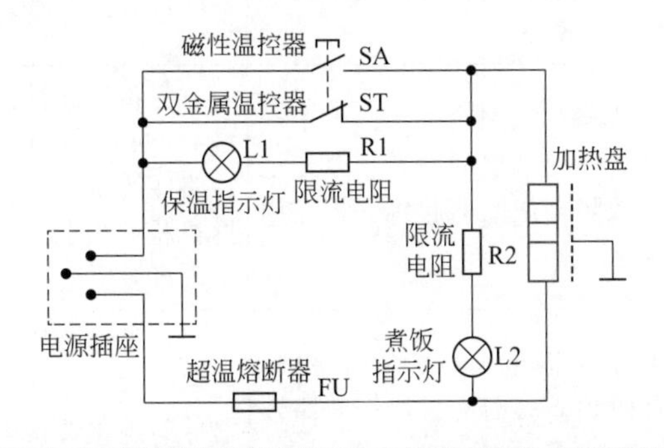

双温控器单加热盘电饭锅的工作原理
常温下，双金属温控器的触点是闭合的，而磁性温控器的触点是断开的。插好电源线未按按键开关时，发热器即能通电，L1点亮，电饭锅处于保温状态，温度只能升高到80℃，ST的触点便会断开，切断电热板的电源。如要煮饭，必须按下操作按键，SA动作，按键开关闭合。此时SA、ST并联，加热盘得电发热，且L2点亮，锅内温度逐渐上升。当温度升到（70±10）℃时，ST动作，常闭触点断开，但SA的常开触点仍闭合，电路仍导通，加热盘继续发热。等饭煮熟，温度升高到（103±2）℃时，SA的触点断开，加热盘断电，停止加热，L2熄灭。随着时间的延长，当温度降至70℃以下时，ST触点闭合，电路又接通，L1点亮，加热盘发热，温度逐渐上升。此后，通过双金属温控器触点的重复动作，能使熟饭的温度保持在70℃左右

4.3.2 实战21——双温控器单加热盘电饭锅的维修

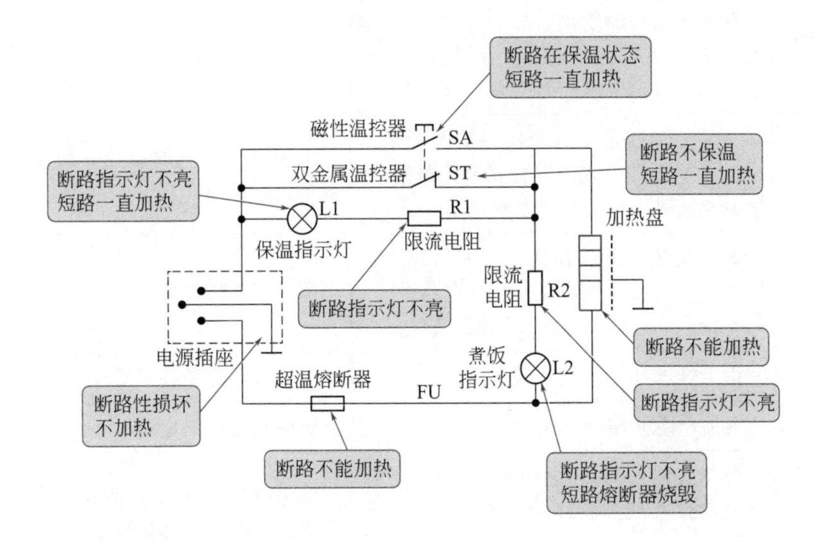

常见故障现象	故障分析	排除方法
刚一插入电源插头，供电保险立即烧断，表明电饭锅出现严重的短路故障	使用过程中，水或饭溢出后流入电源连接器或电饭锅的电源插座内，导致短路 电饭锅使用时间较长，电源连接器或电饭锅的电源插座存在油污或水分，导致通电后两个电极放电拉弧，胶木烧焦炭化，最终造成短路	在断电的情况下，对上述部分进行抹干或用电吹风干燥，确认绝缘性能良好后便可继续使用 炭化程度较轻时，可做绝缘处理；炭化程度严重时，更换新配件
机内超温熔断器烧毁	造成这种故障的原因有两个：一个是久用性能变差，自然烧断；另一个是电路出现短路故障，熔断器起到保护作用而烧断	首先按下磁性温控器，用电阻法测量电源线L、N两点的阻值，判断电路中是否存在短路性故障。若阻值为零，表明有短路故障，拆机检查并排除后再换熔断器；若无短路，则可直接更换
发热器不热	拆机察看熔断器是否烧毁，若烧毁，按短路性故障检查；若完好，按断路性故障排查	断路性故障原因：磁性温控器和双金属温控器触点全不闭合；发热元器件烧断；各元器件与连接线接触不良或断开。用电阻法逐一检查
煮不熟饭	内锅与发热器之间有饭粒或异物等引起传热不良；内锅底或发热器变形，两者的接触面积小于40%，导致热效率明显下降	首先排出异物，内锅有无变形确认的方法是：在内锅底用粉笔均匀涂一层粉，放入内锅左右转动两三下，拿出内锅观察粉层，未被磨去粉层的部位说明与发热器未接触。若变形，应予以整形
	磁性温控器的永久磁钢磁性减弱，与感温磁钢之间的吸力下降，磁性温控器低于103℃就起跳	更换磁性温控器
	按键开关动静触点上下位置没有对正，按下开关键后不能接通电源；或按键开关动静触点接触不良导致断续通电	需调整、修复或更换按键开关
饭烧焦，说明煮饭温度过高	双金属温控器的动、静触点熔结粘死；或其上的支撑瓷米脱落，导致动、静触点压死。双金属温控器的动作温度偏高	需调整、修复或更换双金属温控器
不能保温	这种故障通常由双金属温控器不工作或工作不正常引起。双金属温控器的动、静触点接触不良、脏污及锈蚀	重新调整双金属温控器的调节螺钉或更换双金属温控器
指示灯不亮	如果发热器的工作正常，而只是指示灯不亮，故障范围应在指示灯电路中 与指示灯连接的引线断路或螺钉松动	需检查补焊、修理
	指示灯本身老化失效或损坏	需代换、更换指示灯
	限流电阻断路等	更换同规格的电阻
外壳漏电	电热元器件封口熔化引起短路；导线或元器件与底盘相碰；电源插座绝缘不良等	检查并接上可靠的地线；排查碰壳短路处及进行干燥、绝缘处理

4.3.3 单温控器双加热盘电饭锅的工作原理

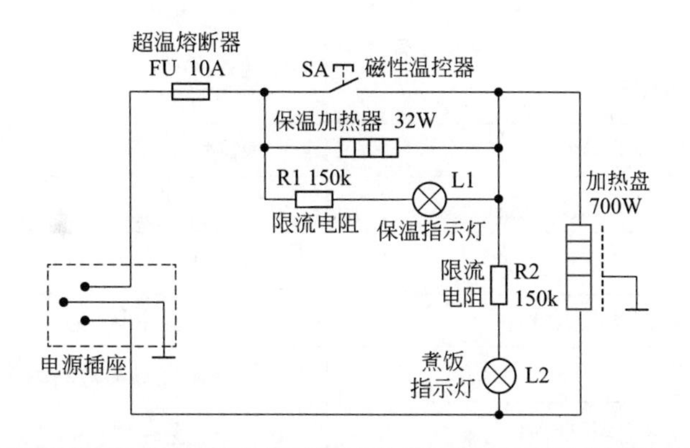

单温控器双加热盘电饭锅的工作原理
放入内锅后，将电源插头接入市电插座，按下开关按键，磁性温控器SA内的永久磁铁与感温磁铁吸合，使开关触点闭合。此时，220V电压不仅给加热盘供电，使加热盘开始加热煮饭，而且通过限流电阻R2使煮饭指示灯L2点亮，表明电饭锅工作在煮饭状态。当煮饭的温度升至103℃时，饭已煮熟，磁性温控器触点断开，此时市电电压通过保温加热器降压后，为加热盘供电，电饭锅进入保温状态。同时，市电电压通过限流电阻R1为保温指示灯L1供电，使之点亮，表明电饭锅工作在保温状态

4.3.4 实战22——单温控器双加热盘电饭锅的维修

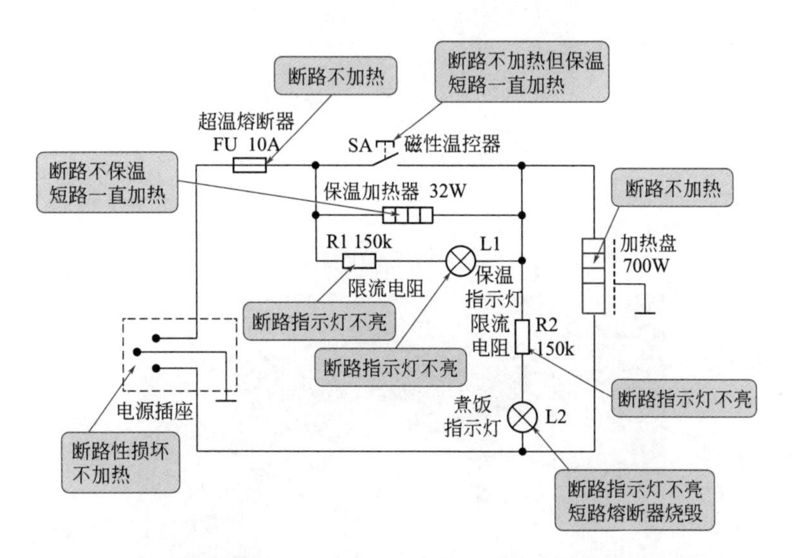

常见故障现象	故障分析	排除方法
不加热、指示灯不亮	如果两个指示灯都不亮，则说明供电线路、超温熔断器或加热盘断路	首先，检查电源线和电源插座是否正常，若不正常，检修或更换；若正常，打开电饭锅底盖，用电阻法检查确认是否为熔断器或加热盘断路。如果线路或加热盘断路，更换即可排除 如果熔断器烧毁断路，除了需要检查温控器的触点是否粘连，还应检查加热盘和内锅是否变形

续表

常见故障现象	故障分析	排除方法
始终是保温状态	磁性温控器总成开关触点没有闭合或断路性损坏	检查更换磁性温控器或总成
煮饭夹生	磁性温控器异常	更换磁性温控器
	加热盘变形	更换加热盘
	内锅变形	对内锅进行校正或更换
饭烧焦	磁性温控器触点粘连	更换磁性温控器
	保温加热器短路	排除保温加热器短路或更换之
	磁性温控器本身损坏	更换磁性温控器

4.3.5 实战23——机械式电饭锅的拆卸

❶ 用螺丝刀松开底面的4只螺钉，取下底部盖板

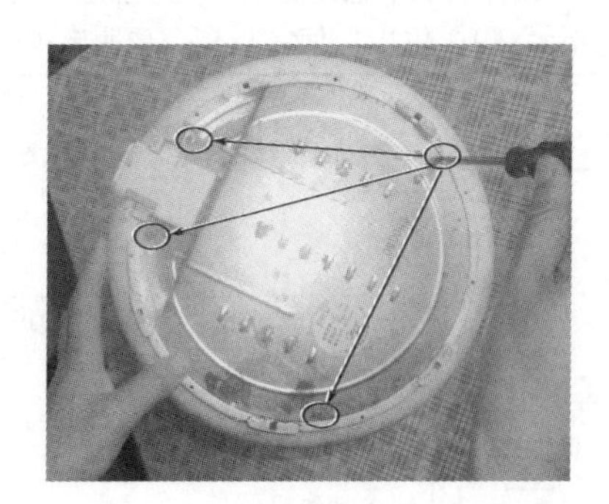

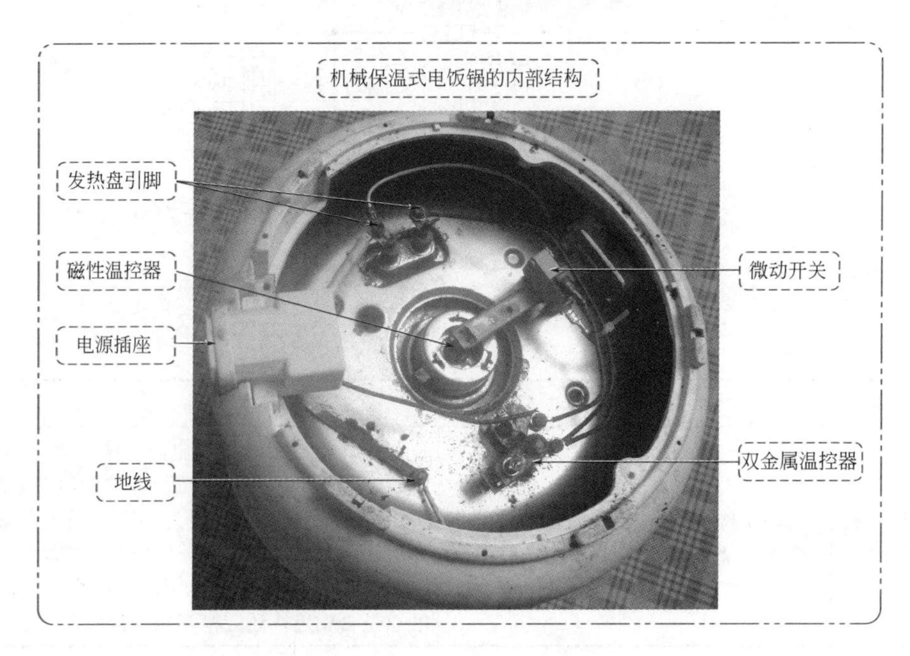

❷拆卸与检测双金属温控器

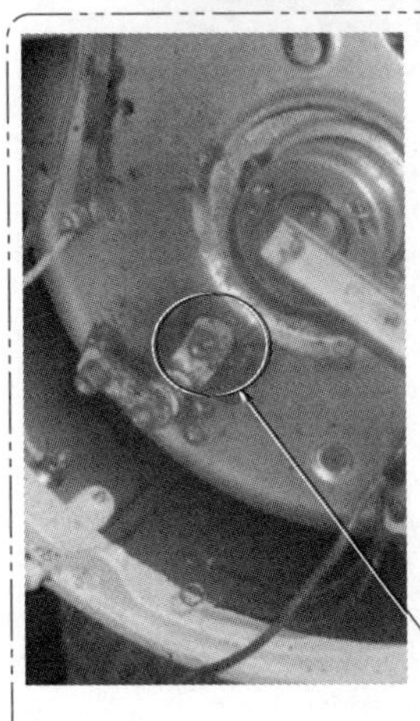

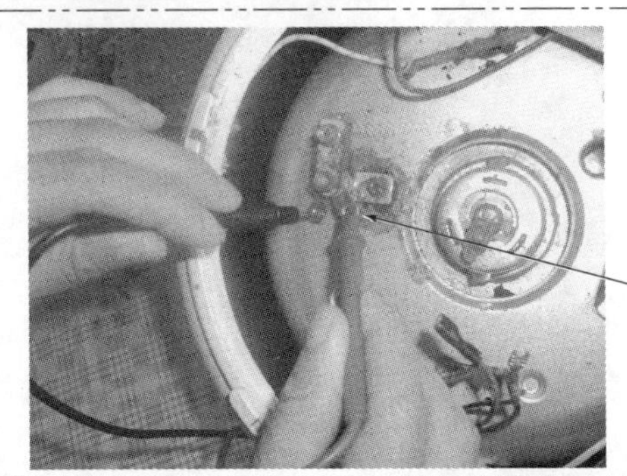

用万用表检测双金属温控器触点接触的好坏。图中动静触点之间的电阻为11.9Ω

双金属温控器与底盘只有1个螺钉固定，松开该螺钉即可拆卸下双金属温控器。检查时发现双金属温控器接触不良、或触点烧焦、或机械性损坏、或严重变形等，就需要拆卸下该部件进行更换

❸拆卸按键及微动开关

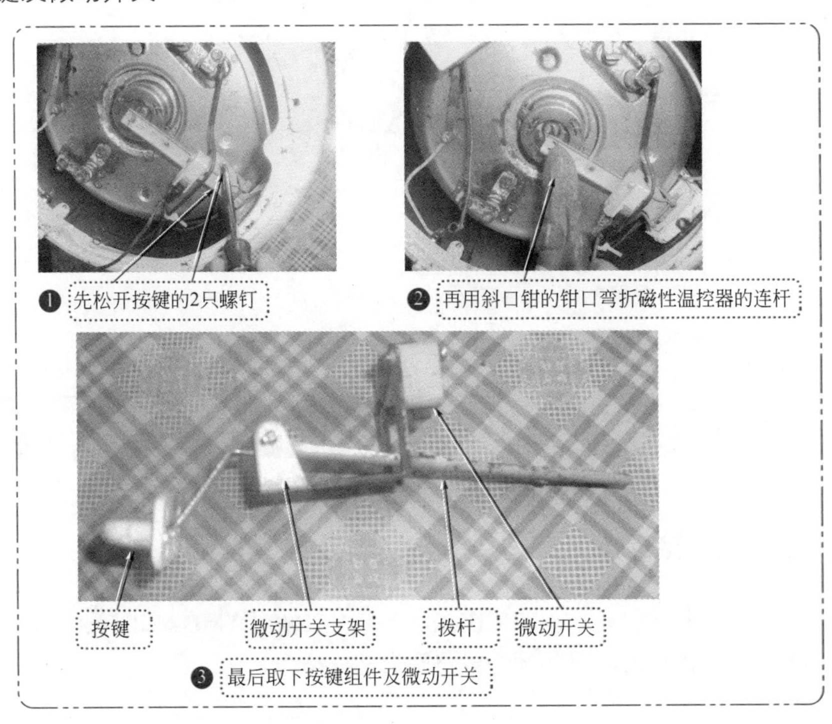

❹ 拆卸磁性温控器

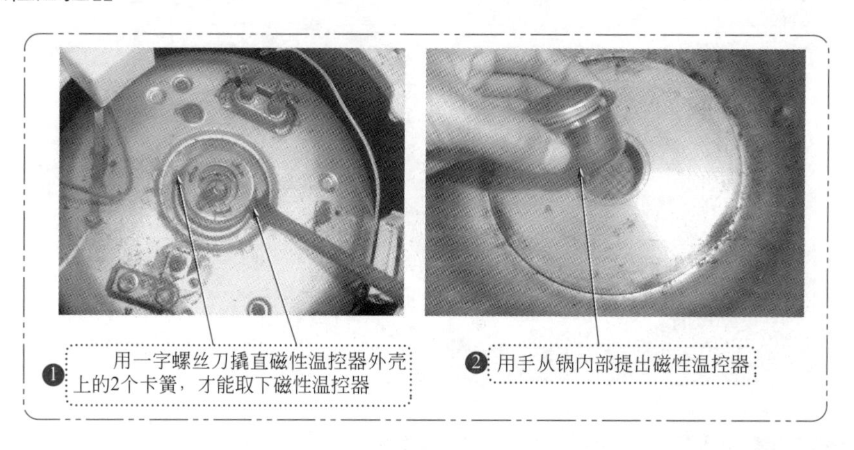
❶ 用一字螺丝刀撬直磁性温控器外壳上的2个卡簧，才能取下磁性温控器
❷ 用手从锅内部提出磁性温控器

❺ 检测、拆卸发热盘

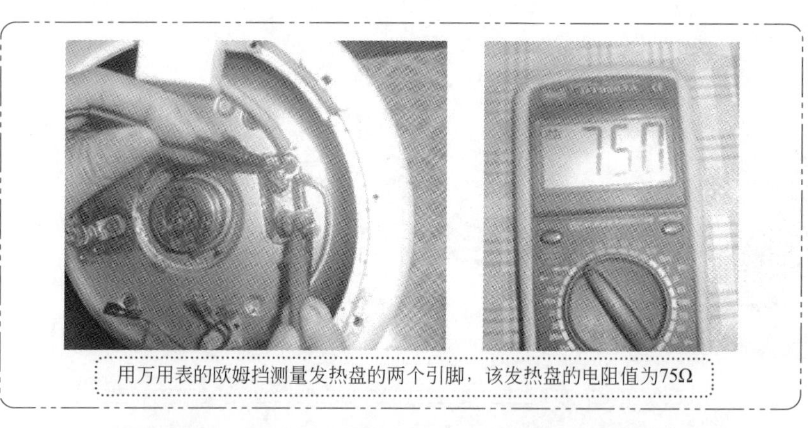
用万用表的欧姆挡测量发热盘的两个引脚，该发热盘的电阻值为75Ω

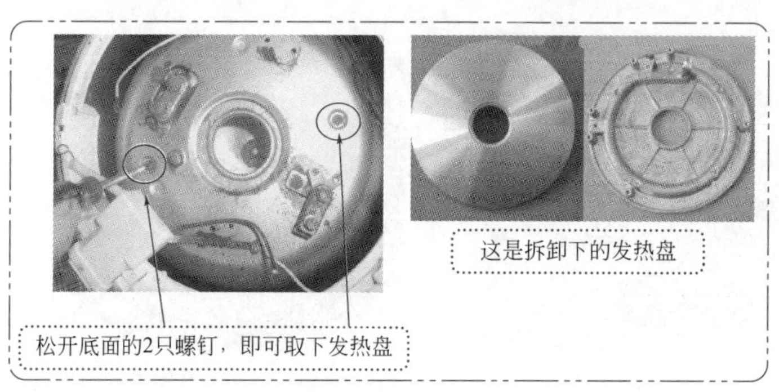
松开底面的2只螺钉，即可取下发热盘
这是拆卸下的发热盘

4.4 电子式电饭锅的工作原理与维修

4.4.1 美的MB-YCB系列电饭锅的工作原理

美的MB-YCB系列电饭锅有MB-YCB30B、MB-YCB40B、MB-YCB50B三种型号，它们的电路构成相同，都是由电源电路和控制电路两大部分构成。

① 电源电路及控制电路

该机的加热、保温电路主要由单片机U2、温度传感器RT1、RT2，继电器K、三极管Q1、加热盘等构成

未加热之前，负温度系数热敏电阻RT1、RT2的阻值较大，通过取样后此时的电压也就较低，送至单片机U2的4、5脚后，U2将电源数据与内部存储器固化的不同电压数据对应的温度值比较后，确认锅内温度低，并且无水蒸气，电饭锅可以接受煮饭功能操作。此时，通过功能键选择煮饭功能，并按下开始键，被单片机识别后，单片机控制快煮和开始指示灯点亮，表明电饭锅进入煮饭状态，同时从U2的26脚输出高电平信号

单片机26脚→插排CN2的3脚→电阻R1→放大三极管Q1基极→继电器K线圈得电→K触点吸合→加热盘并联于电源上→电饭锅进入煮饭状态。当水温达到100℃时→传感器RT1阻值↓→U1的5脚↑到设定值→U2的26脚输出间歇性电平，电饭锅维持沸腾状态→保沸20min左右→U2的26脚输出低电平，电饭锅停止加热，开始焖饭。焖饭过程中，U2的26脚再次输出高电平，使加热盘继续加热，吸取米粒上多余的水分，当水分减少到无时，RT2的阻值减小到设定值，为单片机4脚通过电压最大值，单片机判断饭已经煮好了，同时蜂鸣器报警，单片机的26脚输出低电平，使加热盘失电而停止加热，同时煮饭指示灯也熄灭

若未进行操作，自动进入保温状态，保温期间，单片机控制保温指示灯LED17点亮，同时加热盘在RT1、RT2、Q1、K的控制下，保温保持在65℃左右

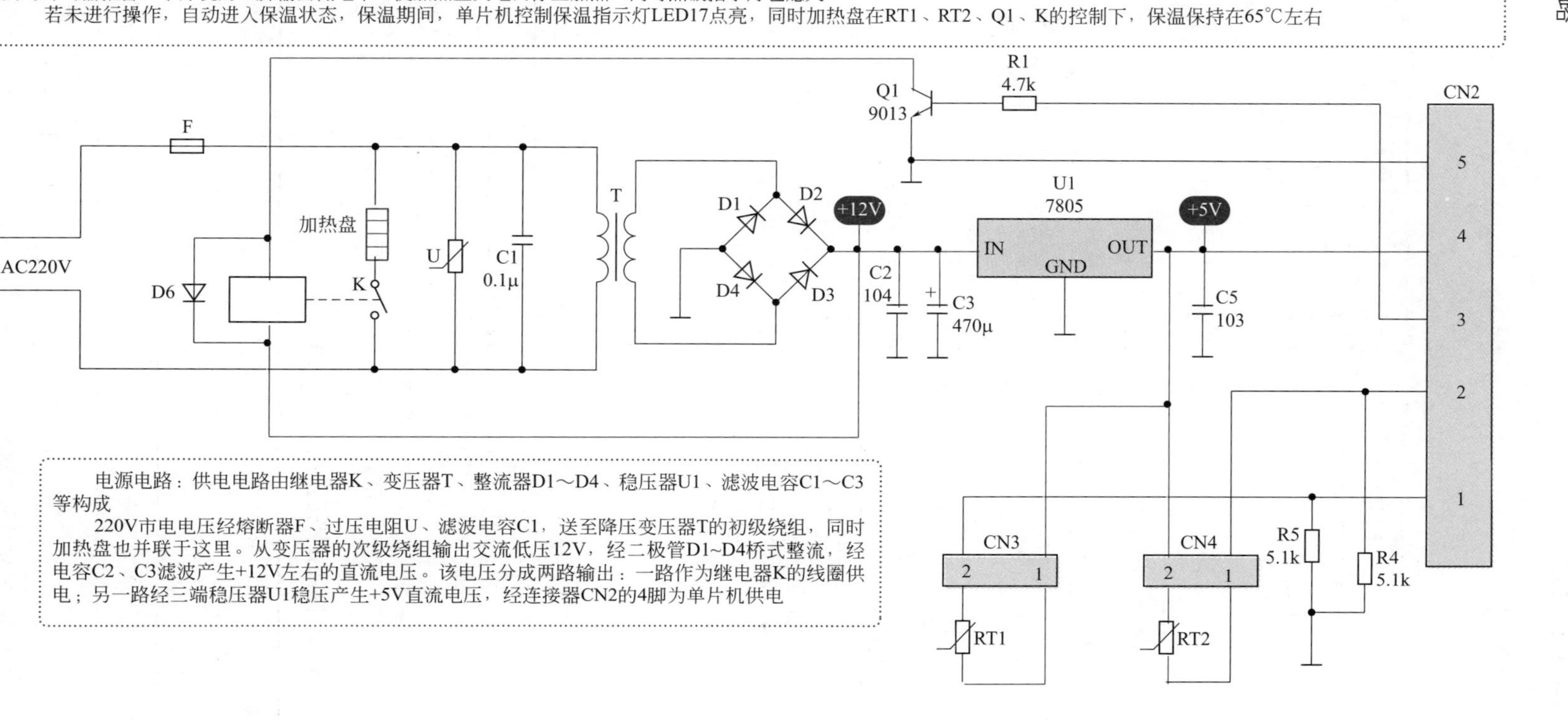

电源电路：供电电路由继电器K、变压器T、整流器D1～D4、稳压器U1、滤波电容C1～C3等构成

220V市电电压经熔断器F、过压电阻U、滤波电容C1，送至降压变压器T的初级绕组，同时加热盘也并联于这里。从变压器的次级绕组输出交流低压12V，经二极管D1~D4桥式整流，经电容C2、C3滤波产生+12V左右的直流电压。该电压分成两路输出：一路作为继电器K的线圈供电；另一路经三端稳压器U1稳压产生+5V直流电压，经连接器CN2的4脚为单片机供电

② 单片机电路

❶ 电路原理图

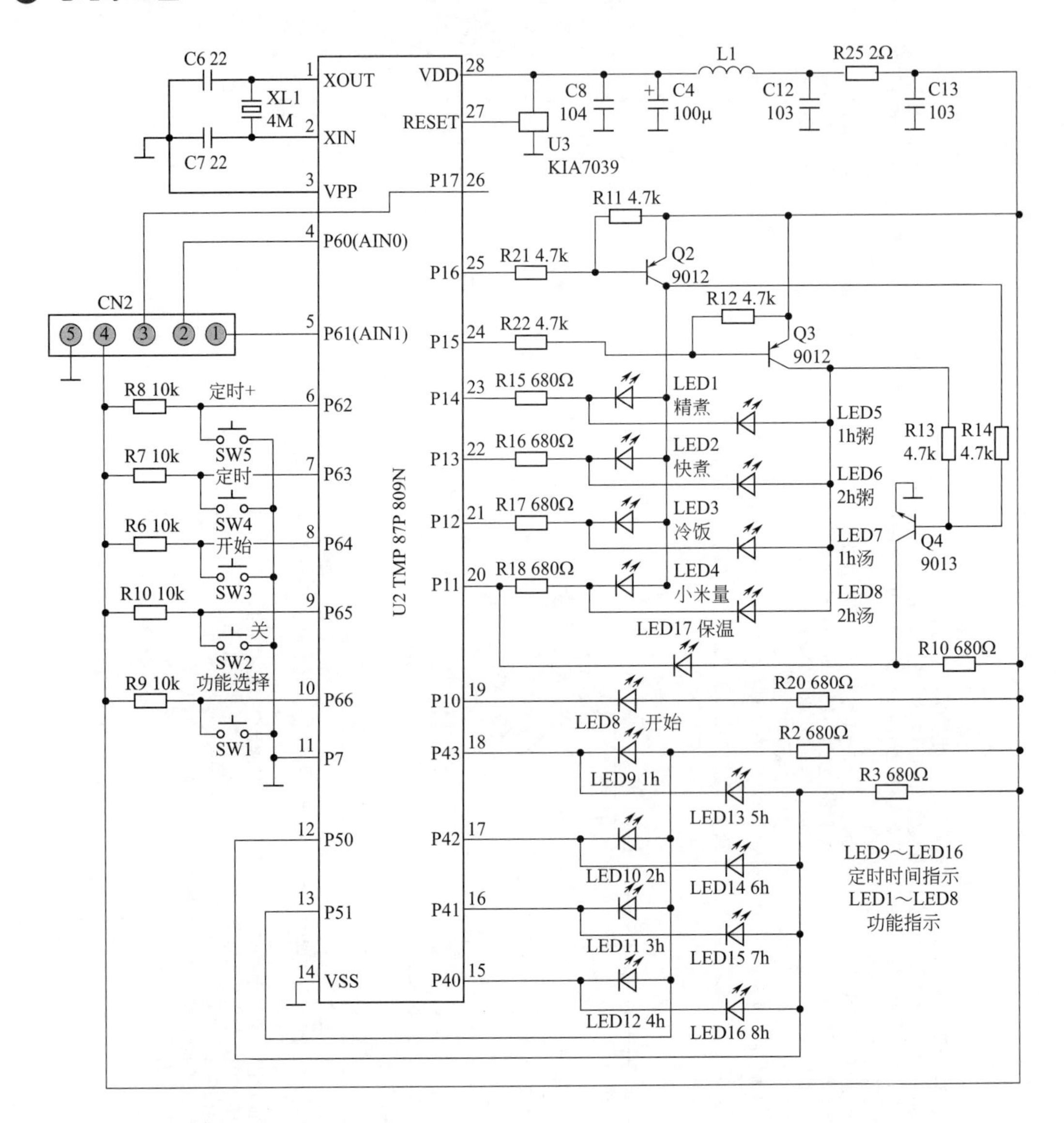

❷ 单片机（TMP87P809N）引脚功能

脚号	功能	电压 /V	脚号	功能	电压 /V
1	振荡器输出	2.7	5	温度检测信号 1 输入	0.5
2	振荡器输入	2.5	6 ～ 10	键控信号输入	5.0
3	地	0	11	地	0
4	温度检测信号 2 输入	0.5	12 ～ 13	发光二极管供电检测	4.0

续表

脚号	功能	电压 /V	脚号	功能	电压 /V
14	地	0	22	快煮 /2h 粥指示灯控制信号输出	5
15	4h 指示灯控制信号输出	4.2	23	精煮 /1h 粥指示灯控制信号输出	0.3
16	3h 指示灯控制信号输出	4.2	24	指示灯供电控制信号输出	5
17	2h 指示灯控制信号输出	4.1	25	指示灯供电控制信号输出	0
18	1h 指示灯控制信号输出	4.2	26	电热盘供电控制信号输出	0
19	开始指示灯控制信号输出	0.25～5	27	低电平复位信号输入	5
20	小米量 / 保温指示灯控制信号输出	5	28	+5V 供电	5
21	冷饭 /1h 汤指示灯控制信号输出	5			

❸ 单片机工作条件

电源供电	三端稳压器 U1（7805）→抗干扰电容 C5 →插排 CN2（4 脚）→ π 型滤波器（C13、R25、C12）→ L 滤波器（L1、C4）→单片机 28 脚
复位	专用模块 KIA7039 →单片机 27 脚
时钟振荡	晶振 XL1（4MH$_Z$），谐振电容 C6、C7，单片机的 1、2 脚

4.4.2 实战 24——美的 MB-YCB 系列电饭锅的检修

故障现象	不能加热，指示灯也不能点亮
故障分析	首先要判断是机外故障，还是机内故障。机外故障主要是电源线和插座，电源线可用电阻法或电压法检测判断 若是机内故障，可初步判断一下是断路性还是短路性故障，检测关键点是电源输入插座。测量这两点的输入电阻，若有阻值可能为断路故障；若阻值为无穷大，看熔断器是否烧毁，若烧毁，可能为短路性故障。对于断路性故障，可以加电采用电压法进行继续检查
故障维修方法	对于熔断器烧毁，先不要直接更换，要先判断一下是否是因内部电路短路而引起的。主要应检测如下几个元器件或电路关键点：压敏电阻 U 是否短路；变压器 T 初级及次级是否短路；整流二极管 D1 ～ D4 是否短路；可以在机用正反电阻法进行测量判断 上述元件没有短路，更换熔断器后再次烧毁，就需要进一步判断稳压器、滤波电容、单片机是否存在短路现象 电压法在测量中的关键点：变压器初级交流 220V，次级交流 12V，整流后直流 +12V，稳压后 +5V，插排 CN2 4 脚 +5V，单片机 28 脚 +5V。那一级没有电压，故障一般在该级之前的电路 其次，考虑单片机的另外两个工作条件，更换晶振、复位模块一试 在单片机工作条件正常的情况下，可以检测按键是否有粘连、短路现象存在。如果按键正常，就需要进一步判断单片机本身是否损坏

续表

故障检修逻辑图：

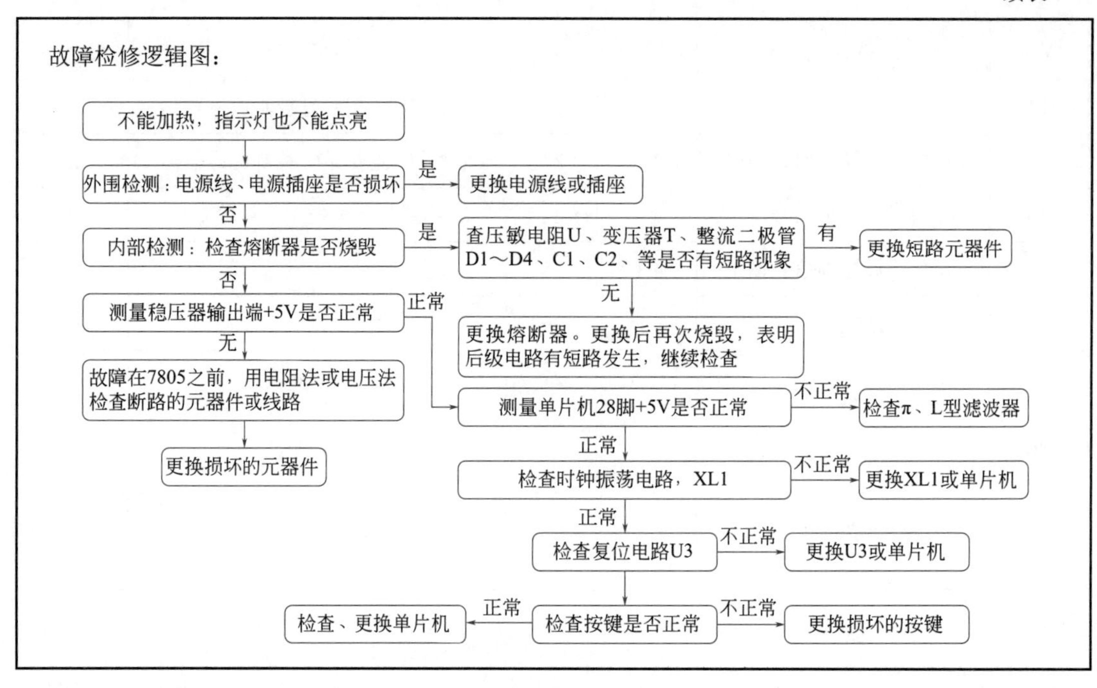

故障现象	不能加热，指示灯能正常点亮
故障分析	指示能正常点亮，表明电饭锅的电源电路是正常的，单片机的工作条件也是正常的。不能加热的可能原因主要有：加热盘损坏、继电器损坏、驱动电路Q1异常、单片机输出信号异常、单片机输入电路异常等
故障维修方法	参看下面故障检修逻辑图

故障检修逻辑图：

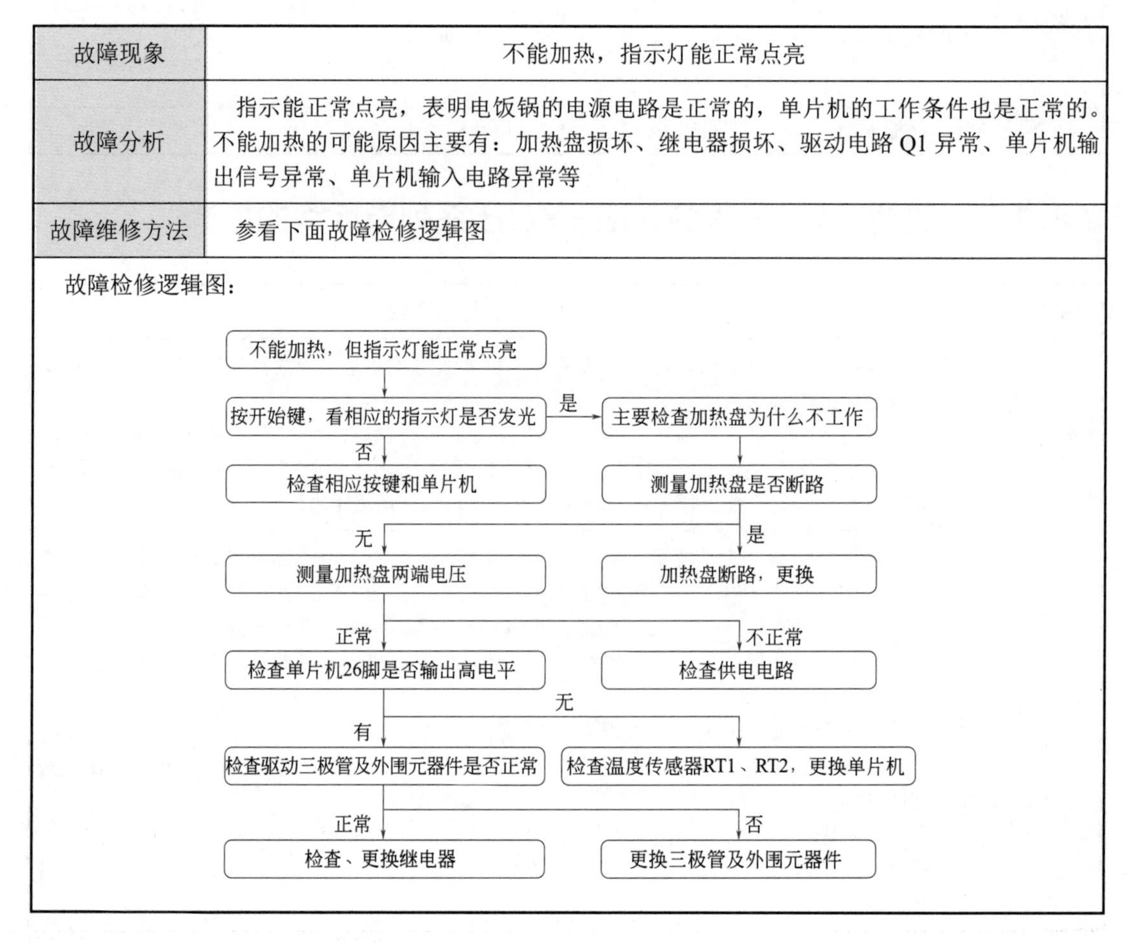

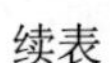

故障现象	操作显示正常，但米饭煮不熟
故障分析	米饭煮不熟最根本原因是加热温度过低或煮饭时间太短。该故障可能损坏的电路或部件为，一是温度传感器 RT1、RT2 阻值变值或 R4、R5 阻值变大；二是加热盘或内锅变形；三是驱动三极管 Q1 的热稳定性差 首先，检查内锅是否变形；其次，检查 RT1、RT2、R4、R5 的阻值是否正常；再检查驱动三极管 Q1；最后，考虑加热盘是否变形
故障维修方法	参看下面故障检修逻辑图

故障检修逻辑图：

操作显示正常，但米饭煮不熟
检查内锅是否变形
是
更换或整形内锅
否
检查RT1、RT2、R4、R5的阻值是否正常
否
更换损坏的电阻
正常
检查或更换驱动三极管Q1
检查或更换加热盘

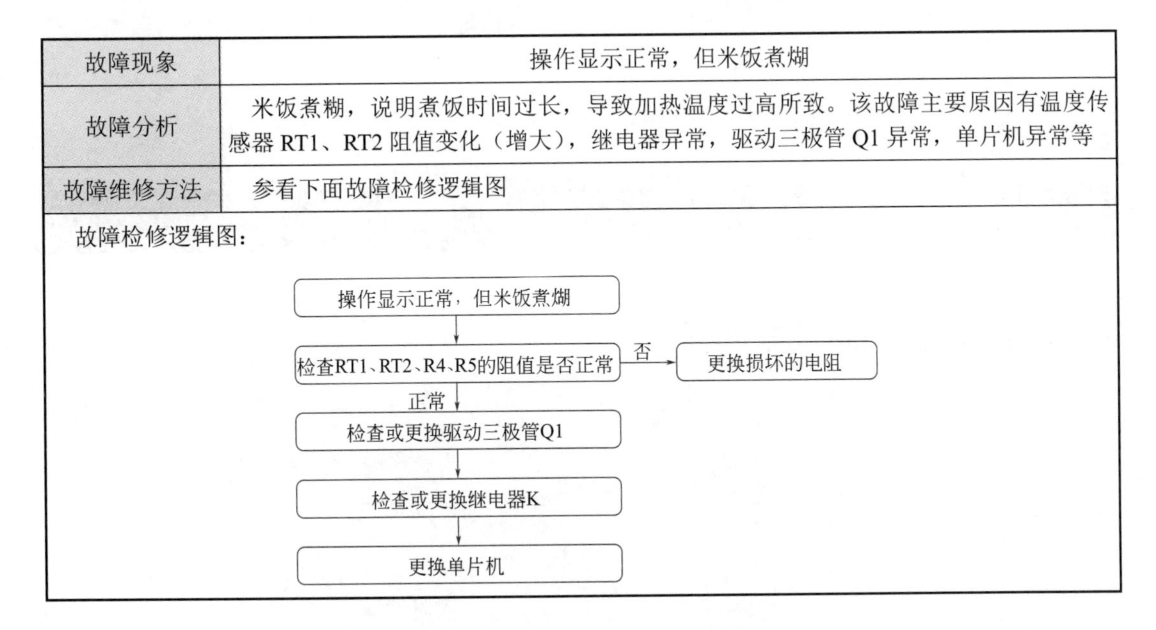

故障现象	操作显示正常，但米饭煮糊
故障分析	米饭煮糊，说明煮饭时间过长，导致加热温度过高所致。该故障主要原因有温度传感器 RT1、RT2 阻值变化（增大），继电器异常，驱动三极管 Q1 异常，单片机异常等
故障维修方法	参看下面故障检修逻辑图

故障检修逻辑图：

第5章

电磁炉

5.1 电磁炉方框图

5.1.1 电磁炉系统方框图

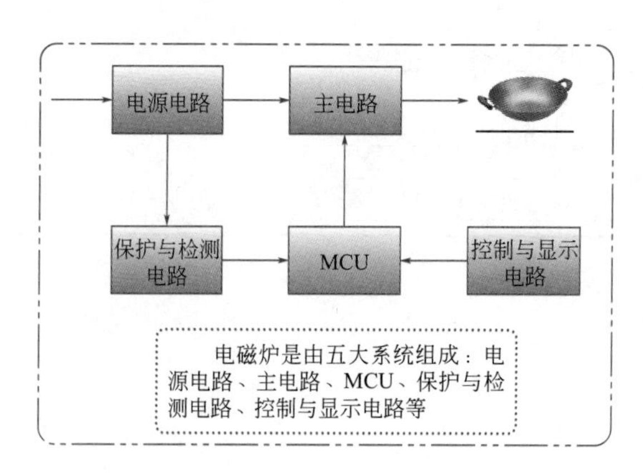

5.1.2 电磁炉整机方框图

① 整机方框图

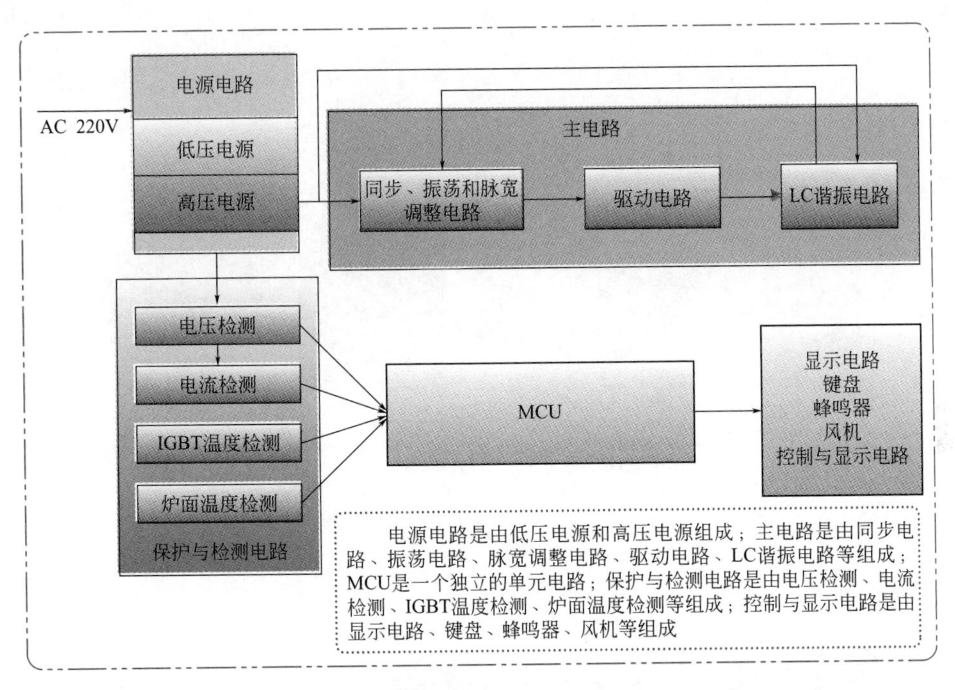

② 各电路的主要作用

整机方框图各电路的主要作用	
电源电路	把交流电变换为平稳的直流电，作为整机电子电路的能源供给。它主要提供两大输出电压，即高压供给高频振荡电路的输出级，低压供给其他电路
主电路	产生一个高频振荡信号，且该信号受同步电路控制，并能实现脉宽调节，经驱动电路放大后，激励开关电路正常、可靠的工作，即把交变电流转换成磁能
单片机（MCU）	形成和识别用户操作命令，对用户操作命令进行处理并输出相应的控制信号，同时检测整机的工作状态
控制及显示电路	实现人机操作及对话
保护与检测电路	保证整机电路，特别是 IGBT 管能够可靠、正常、稳定地工作

5.2 电磁炉的分类与基本结构

5.2.1 电磁炉的分类

电磁炉按功率分，有 1.8kW、2kW、2.2kW 等；按内部的加热线圈分，有单灶（单线圈）和双灶（双线圈）；按安装方式分，有台式和嵌入式；按性能和价格分，有低档、中档和高档等；按操作控制及显示分，有机外线控、LED 显示、数码显示、VFD 彩屏和感应触摸等。

5.2.2 电磁炉的基本结构

电磁炉的厚度一般在80mm以下，主要由外壳和电路板两部分组成。外壳部分主要有：炉台面板、操作面板和外壳；电路板部分主要有：主控电路板、控制电路板、加热线圈和风扇等。

① 炉台面板

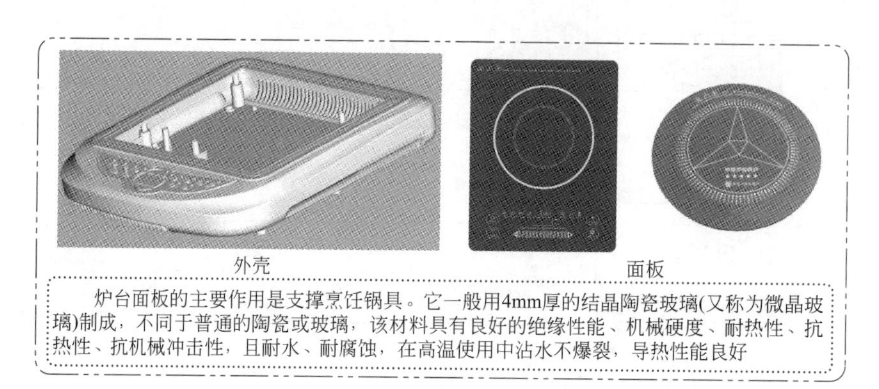

外壳　　面板

炉台面板的主要作用是支撑烹饪锅具。它一般用4mm厚的结晶陶瓷玻璃(又称为微晶玻璃)制成，不同于普通的陶瓷或玻璃，该材料具有良好的绝缘性能、机械硬度、耐热性、抗热性、抗机械冲击性，且耐水、耐腐蚀，在高温使用中沾水不爆裂，导热性能良好

② 操作面板

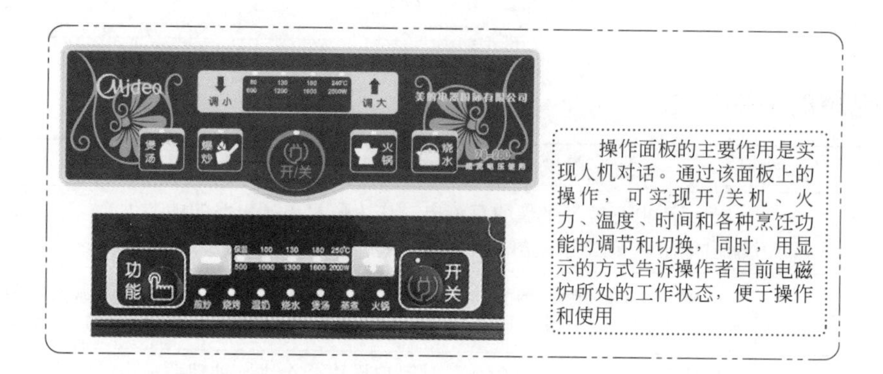

操作面板的主要作用是实现人机对话。通过该面板上的操作，可实现开/关机、火力、温度、时间和各种烹饪功能的调节和切换，同时，用显示的方式告诉操作者目前电磁炉所处的工作状态，便于操作和使用

③ 电路板

❶ 主控电路板、控制电路板

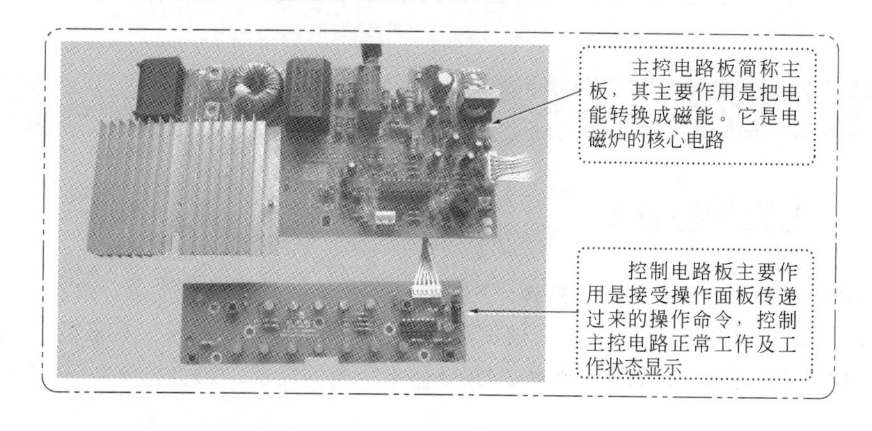

主控电路板简称主板，其主要作用是把电能转换成磁能。它是电磁炉的核心电路

控制电路板主要作用是接受操作面板传递过来的操作命令，控制主控电路正常工作及工作状态显示

❷ 加热线圈

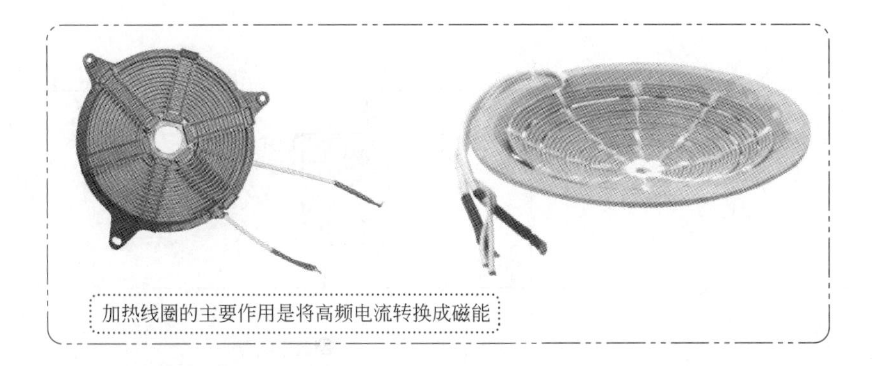

加热线圈的主要作用是将高频电流转换成磁能

❸ 风扇

风扇的主要作用是降温。电磁炉电路中的整流管、加热线圈、IGBT管等在工作时耗散功率较大，发热量大，一般都采用由电动机驱动的排气扇进行强制散热

❹ 电磁炉的加热原理

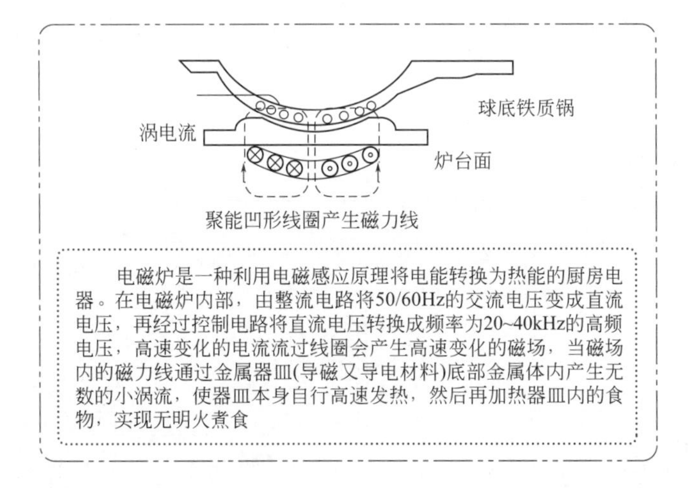

电磁炉是一种利用电磁感应原理将电能转换为热能的厨房电器。在电磁炉内部，由整流电路将50/60Hz的交流电压变成直流电压，再经过控制电路将直流电压转换成频率为20~40kHz的高频电压，高速变化的电流流过线圈会产生高速变化的磁场，当磁场内的磁力线通过金属器皿(导磁又导电材料)底部金属体内产生无数的小涡流，使器皿本身自行高速发热，然后再加热器皿内的食物，实现无明火煮食

5.3 美的电磁炉的工作原理

下面以美的电磁炉 TM-S1-01A 的电路板为例，介绍电磁炉的原理与维修。美的电磁炉 TM-S1-01A 原理图参看附录部分。

5.3.1 电源电路

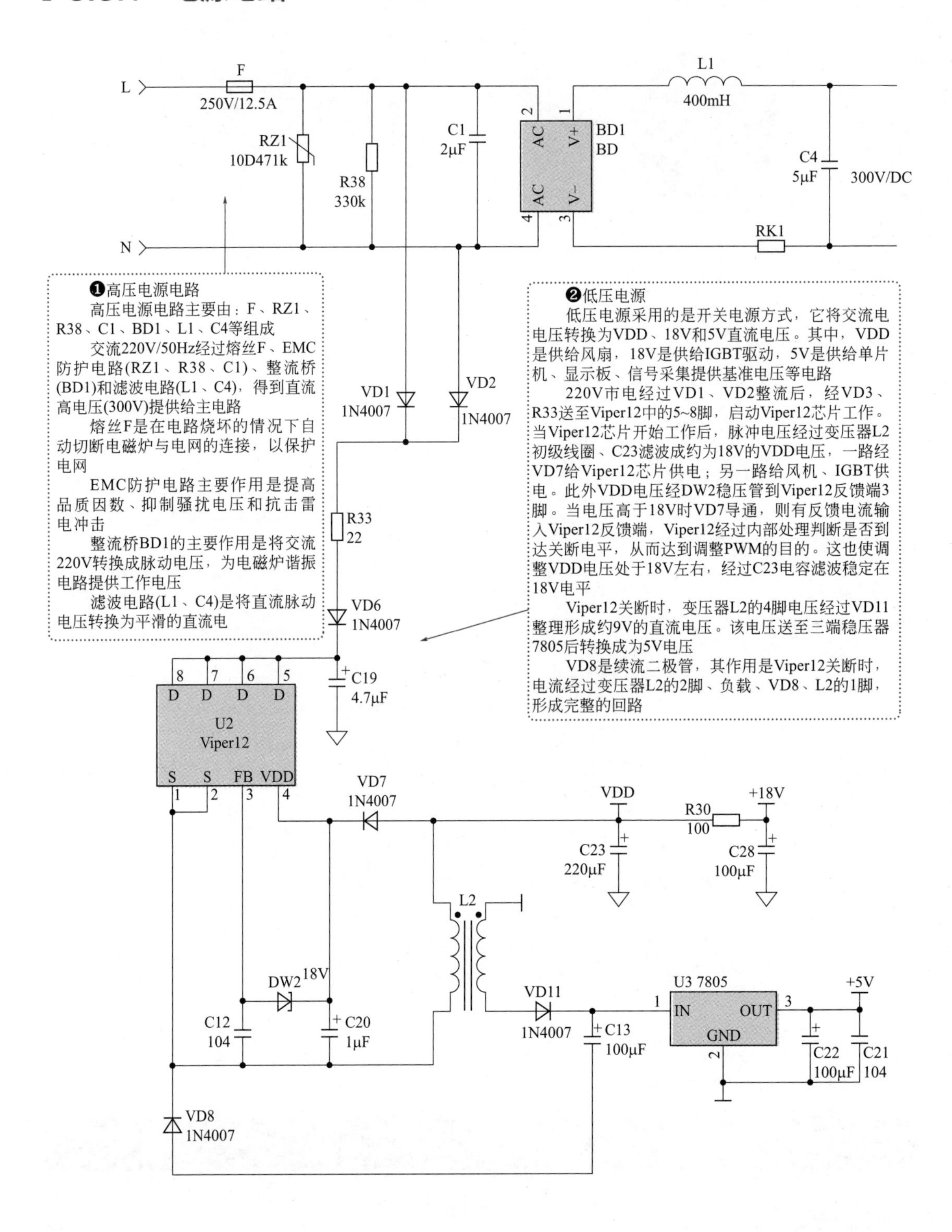
❶高压电源电路
高压电源电路主要由：F、RZ1、R38、C1、BD1、L1、C4等组成
交流220V/50Hz经过熔丝F、EMC防护电路(RZ1、R38、C1)、整流桥(BD1)和滤波电路(L1、C4)，得到直流高电压(300V)提供给主电路
熔丝F是在电路烧坏的情况下自动切断电磁炉与电网的连接，以保护电网
EMC防护电路主要作用是提高品质因数、抑制骚扰电压和抗击雷电冲击
整流桥BD1的主要作用是将交流220V转换成脉动电压，为电磁炉谐振电路提供工作电压
滤波电路(L1、C4)是将直流脉动电压转换为平滑的直流电
❷低压电源
低压电源采用的是开关电源方式，它将交流电电压转换为VDD、18V和5V直流电压。其中，VDD是供给风扇，18V是供给IGBT驱动，5V是供给单片机、显示板、信号采集提供基准电压等电路
220V市电经过VD1、VD2整流后，经VD3、R33送至Viper12中的5~8脚，启动Viper12芯片工作。当Viper12芯片开始工作后，脉冲电压经过变压器L2初级线圈、C23滤波成约为18V的VDD电压，一路经VD7给Viper12芯片供电；另一路给风机、IGBT供电。此外VDD电压经DW2稳压管到Viper12反馈端3脚。当电压高于18V时VD7导通，则有反馈电流输入Viper12反馈端，Viper12经过内部处理判断是否到达关断电平，从而达到调整PWM的目的。这也使调整VDD电压处于18V左右，经过C23电容滤波稳定在18V电平
Viper12关断时，变压器L2的4脚电压经过VD11整理形成约9V的直流电压。该电压送至三端稳压器7805后转换成为5V电压
VD8是续流二极管，其作用是Viper12关断时，电流经过变压器L2的2脚、负载、VD8、L2的1脚，形成完整的回路
L
N
F
250V/12.5A
RZ1
10D471k
R38
330k
C1
2μF
BD1
BD
AC
V+
V−
L1
400mH
C4
5μF
300V/DC
RK1
VD1
1N4007
VD2
1N4007
R33
22
VD6
1N4007
C19
4.7μF
U2
Viper12
D D D D
S S FB VDD
VD7
1N4007
VDD
R30
100
+18V
C23
220μF
C28
100μF
L2
DW2
18V
C12
104
C20
1μF
VD11
1N4007
C13
100μF
U3 7805
IN
OUT
GND
+5V
C22
100μF
C21
104
VD8
1N4007

5.3.2 谐振电路

谐振电路的工作原理	
储能过程	当电路中IGBT管的G极为高电平时，IGBT管饱和导通，导通电流方向为+300V→L→C极→E极→地，电能转换为磁能存储在线圈上
泄放能量过程	当IGBT管的G极为低电平时，IGBT管截止，但由于电感不允许电流突变，电流流向谐振电容C，向C充电，充电电流由大至小变化，即线圈能量的泄放。当线圈的能量全部放完时，谐振电容C两端的电压V_c达到最高值（电源电压叠加峰值电压），此电压值为确定IGBT管和谐振电容C耐压值的依据
转移能量	此后谐振电容开始放电（IGBT还在截止状态），电流方向为负向。电容C上的能量再次被转移到线圈上
过零状态	当谐振电容C两端的电压出现过零状态，即谐振电容C两端的电压由正值向负值变化时，控制电路使IGBT管再次导通
一个振荡周期	这时LC振荡回路完成一个振荡周期。在以后期间，IGBT管控制极加入的开关信号，又变为正脉冲，IGBT管从截止状态又变为导通状态，如此周而复始的工作下去
	由理论计算可知：❶IGBT管在截止期间，C极上的脉冲峰值很高，要求IGBT管、阻尼二极管D、谐振电容C的耐压应足够高。❷振荡频率由电感L的感抗和谐振电容C的容抗所决定。❸IGBT管在截止期间，也是开关脉冲没有到达的时间，这个时间关系是不能错位的，如果峰值脉冲还没有消失，而开关脉冲已提前到来，就会出现很大的瞬间电流导致IGBT管烧毁。因此必须保证开关脉冲的前沿与峰值脉冲的后沿严格同步。高频频率一般为20～30kHz

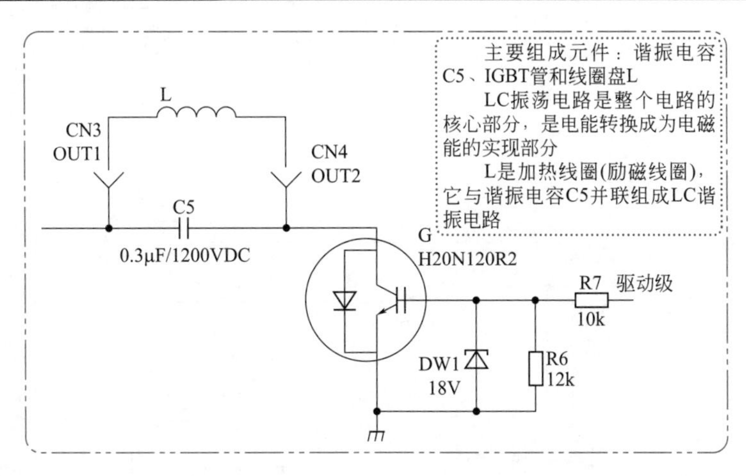

5.3.3 同步及振荡电路

同步及振荡电路的主要作用
振荡、同步及脉宽调整电路的主要作用是为驱动电路提供输入信号。同时，通过调节脉冲宽度，达到控制加热功率的目的 IGBT管在截止时，其C-E极间的实际电压为逆程脉冲峰值电压加上电源电压，可达到上千伏。如果该峰值脉冲还没有消失，而IGBT管脉冲已提前到来的话，IGBT管就会出现过大的导通电流，而使自身烧毁，因此必须使开关脉冲的前沿与峰值脉冲的后沿严格地相同步，这就是电磁炉中同步电路的作用

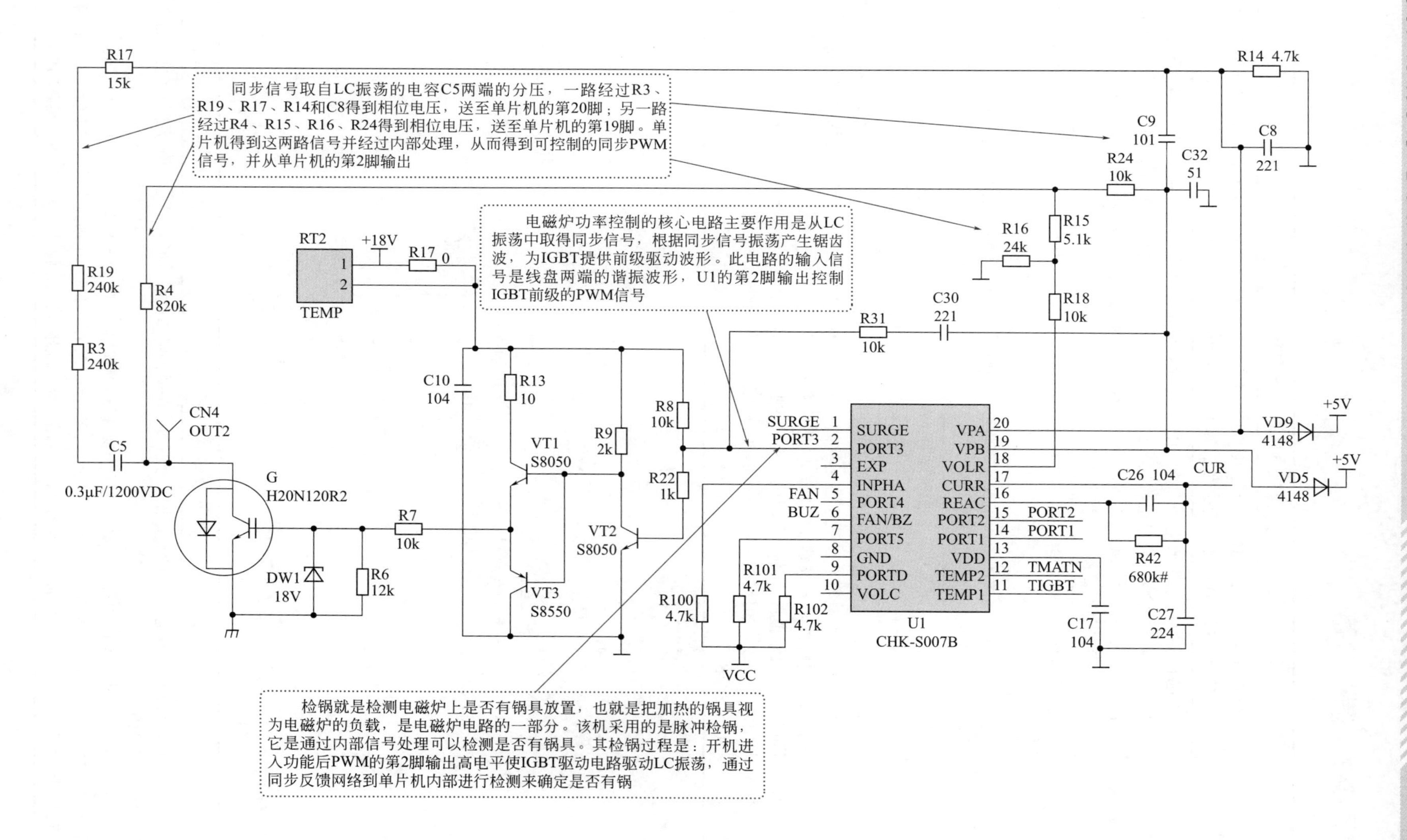

同步信号取自LC振荡的电容C5两端的分压，一路经过R3、R19、R17、R14和C8得到相位电压，送至单片机的第20脚；另一路经过R4、R15、R16、R24得到相位电压，送至单片机的第19脚。单片机得到这两路信号并经过内部处理，从而得到可控制的同步PWM信号，并从单片机的第2脚输出
电磁炉功率控制的核心电路主要作用是从LC振荡中取得同步信号，根据同步信号振荡产生锯齿波，为IGBT提供前级驱动波形。此电路的输入信号是线盘两端的谐振波形，U1的第2脚输出控制IGBT前级的PWM信号
检锅就是检测电磁炉上是否有锅具放置，也就是把加热的锅具视为电磁炉的负载，是电磁炉电路的一部分。该机采用的是脉冲检锅，它是通过内部信号处理可以检测是否有锅具。其检锅过程是：开机进入功能后PWM的第2脚输出高电平使IGBT驱动电路驱动LC振荡，通过同步反馈网络到单片机内部进行检测来确定是否有锅
R17 15k
R19 240k
R3 240k
R4 820k
C5
0.3μF/1200VDC
CN4 OUT2
G H20N120R2
DW1 18V
R6 12k
R7 10k
RT2
TEMP
+18V
R17 0
C10 104
R13 10
VT1 S8050
VT3 S8550
R9 2k
R8 10k
R22 1k
VT2 S8050
R31 10k
C30 221
R18 10k
R16 24k
R15 5.1k
R24 10k
C32 51
C9 101
C8 221
R14 4.7k
SURGE
PORT3
FAN
BUZ
R100 4.7k
R101 4.7k
R102 4.7k
VCC
SURGE PORT3 EXP INPHA PORT4 FAN/BZ PORT5 GND PORTD VOLC
VPA VPB VOLR CURR REAC PORT2 PORT1 VDD TEMP2 TEMP1
U1 CHK-S007B
PORT2 PORT1 TMATN TIGBT
VD9 4148
VD5 4148
+5V
CUR
C26 104
R42 680k#
C17 104
C27 224

5.3.4 PWM 脉宽调控、IGBT 驱动电路

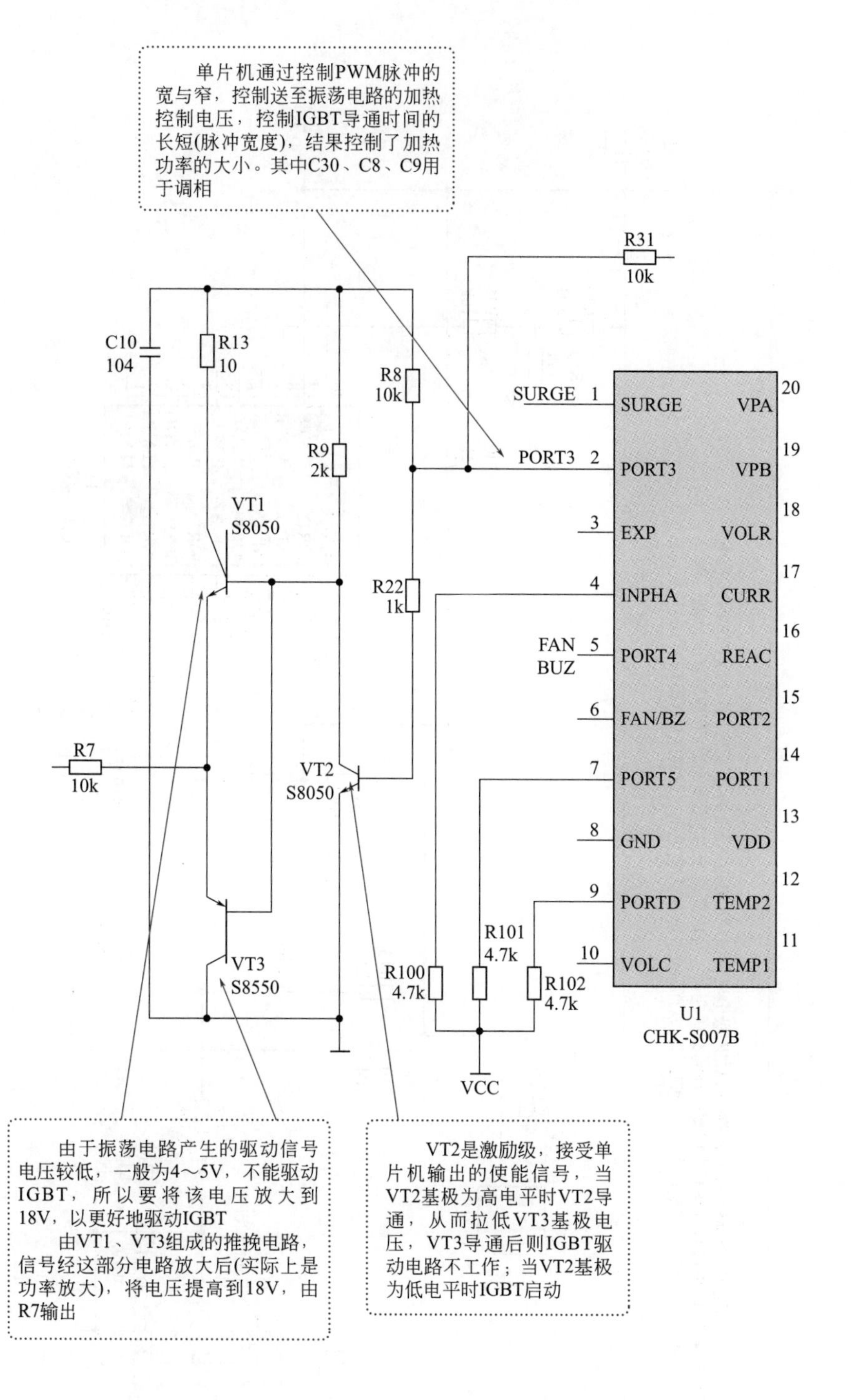

5.3.5 IGBT 高压保护电路

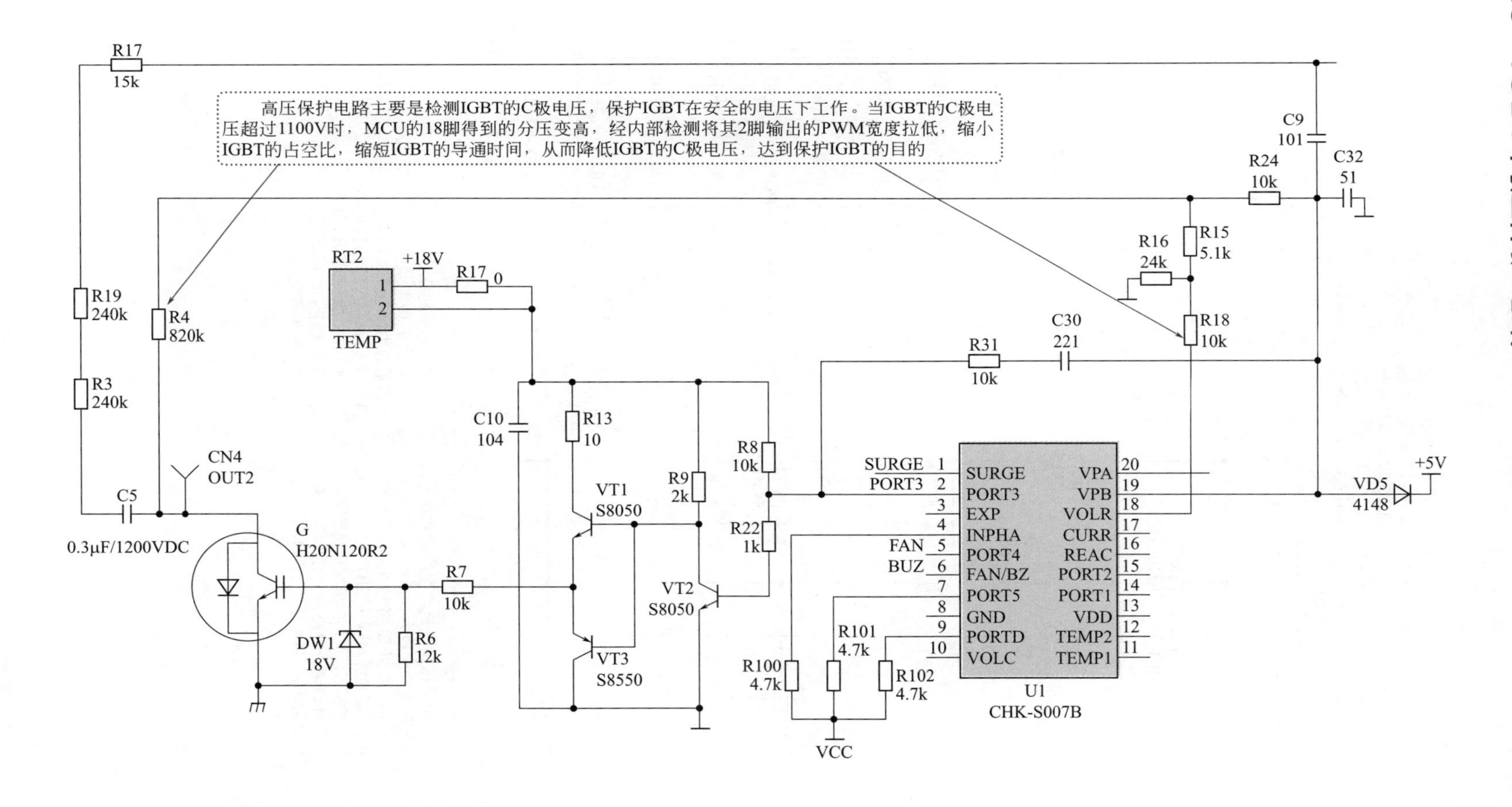

5.3.6 浪涌保护电路

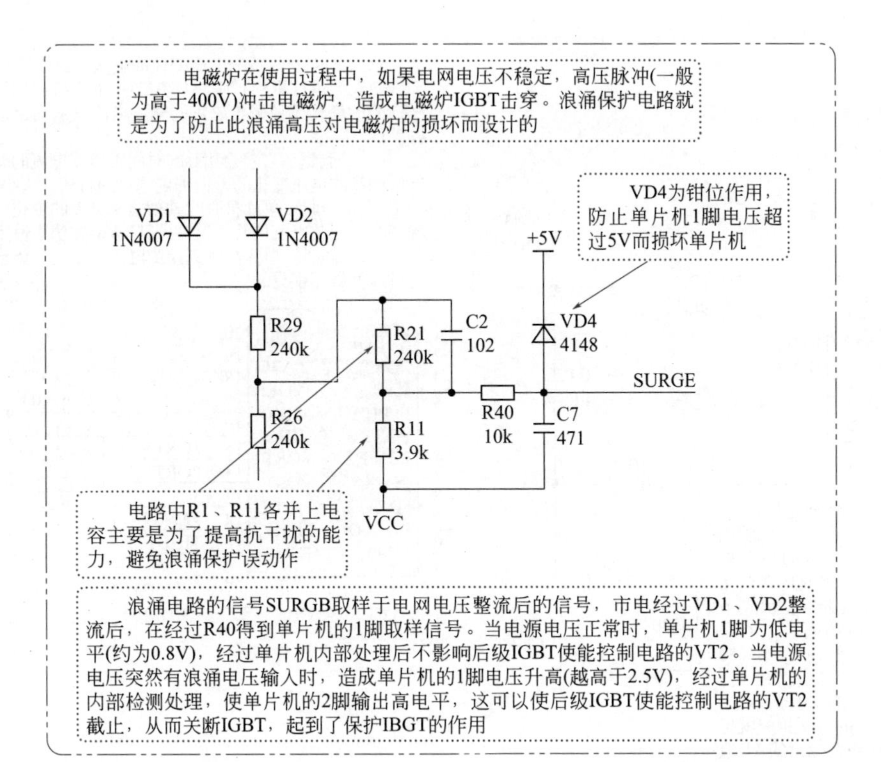

5.3.7 电压检测电路

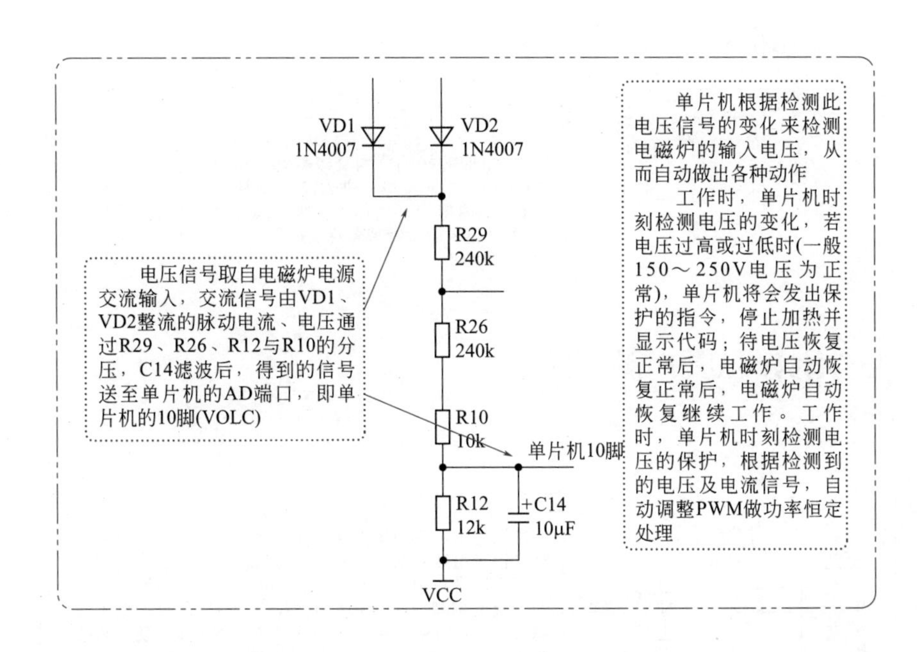

5.3.8 电流检测保护电路

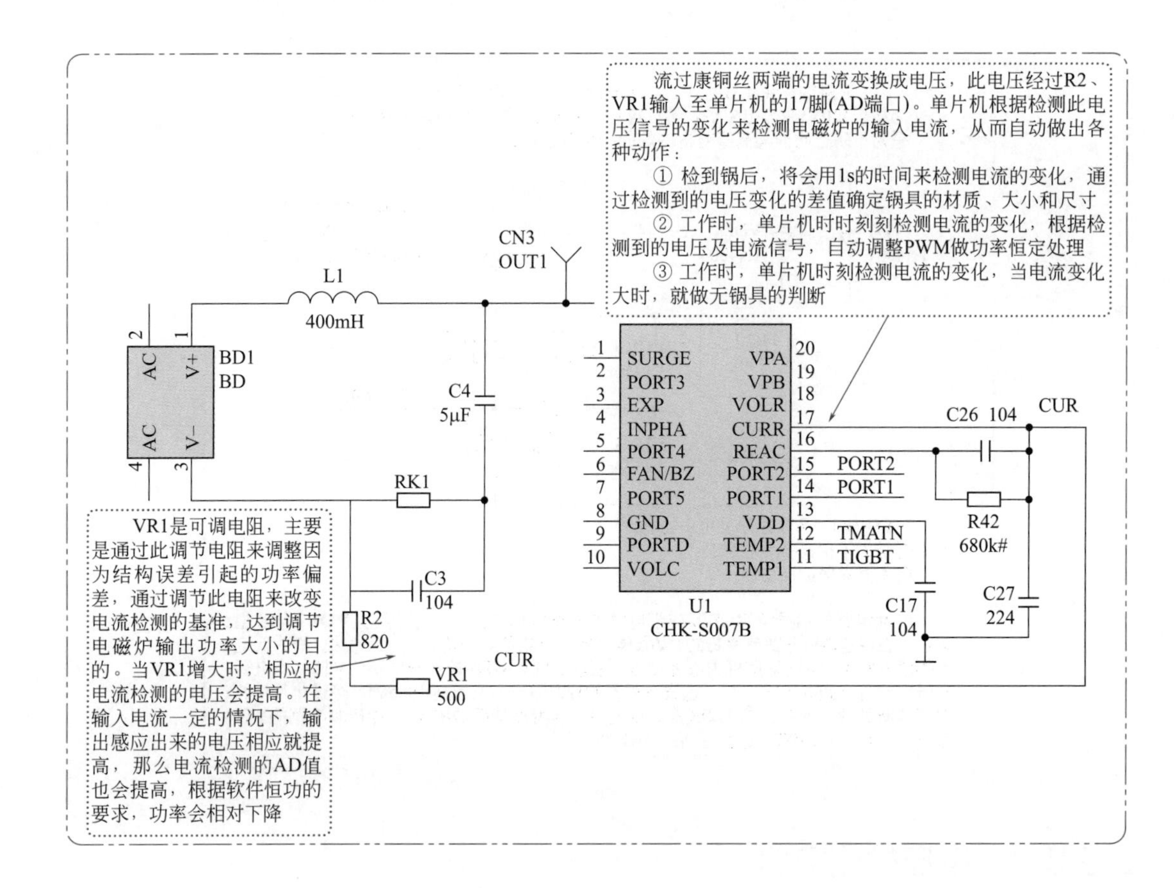

5.3.9 蜂鸣器报警电路

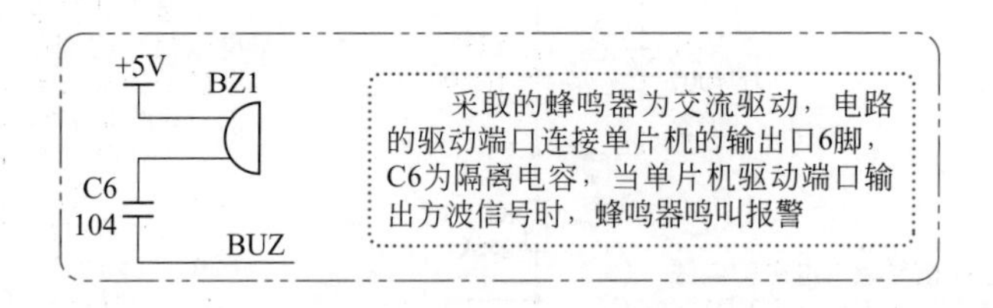

5.3.10 锅具温度检测电路

检锅相应动作	
过热保护	根据不同的功能，当检测到的温度过高时，电磁炉将会停止加热或保护显示保护代码 E3
干烧保护	当锅具处于干烧状态时，锅具温度上升很快，电磁炉将会停止加热并显示保护代码 EA
热敏异常保护	当热敏电阻异常时，短路、断路或感应不到温度，电磁炉将不能启动或停止加热，同时显示保护代码
火力调整	工作时，单片机时刻检测锅具温度，锅具话剧温度做相应的火力调整

5.3.11 IGBT 温度检测电路

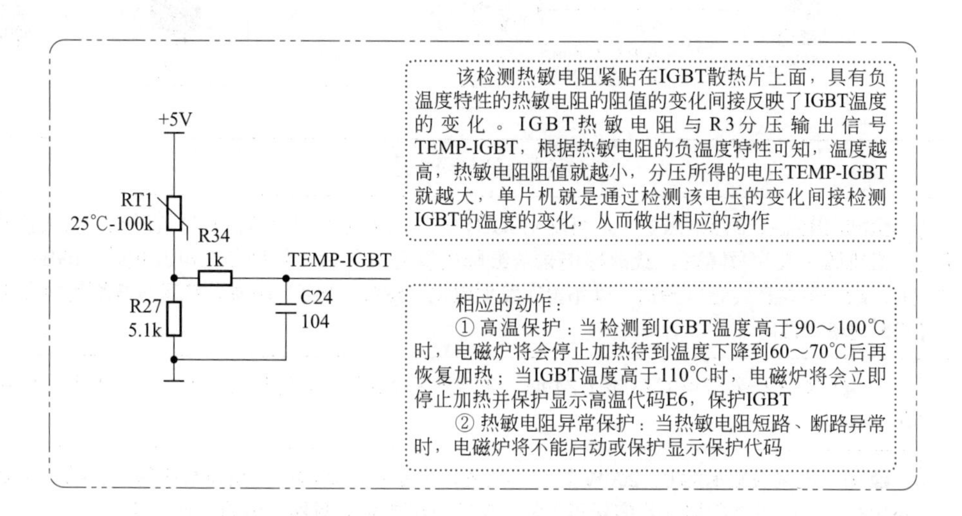

5.3.12 风扇驱动电路

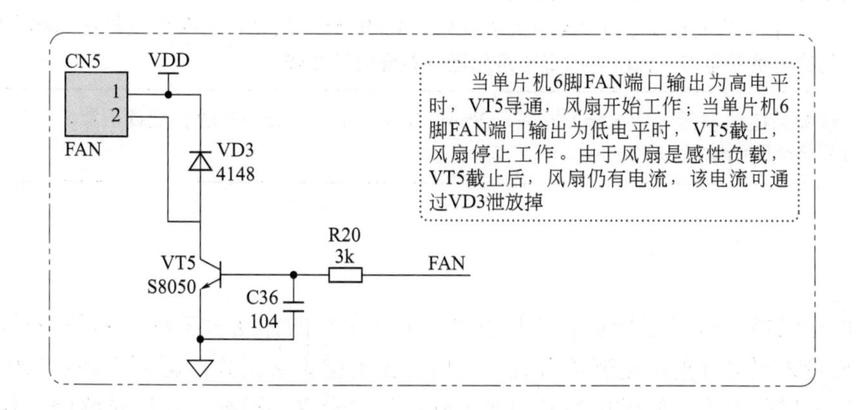

5.4 维修电磁炉的特有工具及维修方法

5.4.1 自制假负载配电盘

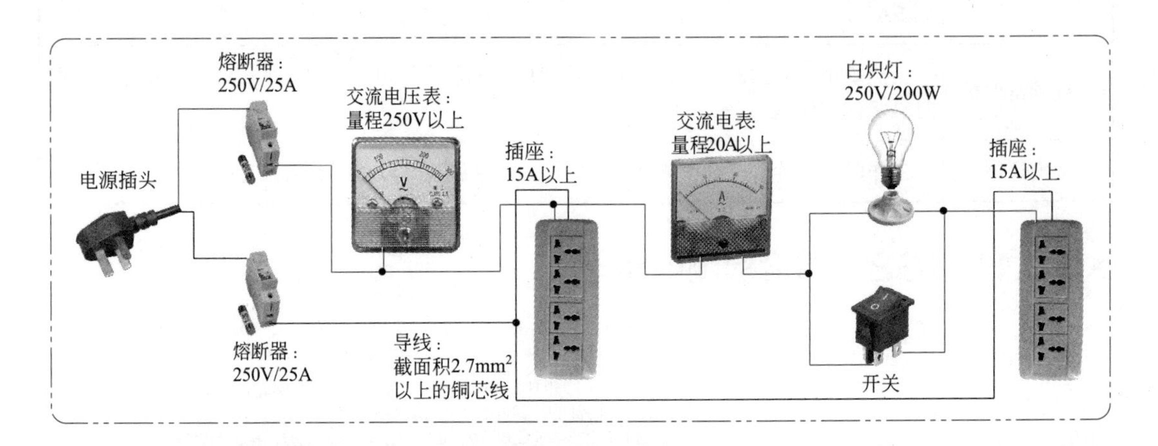

配电盘的使用方法	
配电盘的作用	检测配电盘在维修电磁炉中，可防止IGBT管、电源电路等元器件在试机时连续烧毁损坏 当电磁炉发生故障时，或故障电磁炉维修更换元器件后，特别是在电源电路、IGBT管损坏后，最好不要直接通电测试，以免再次发生爆机（IBGT击穿）现象，应通过检测配电盘来初步判断电磁炉故障
具体步骤	❶ 电磁炉未插入插座CZ3或CZ4前，先将开关“S”置于断开的位置，再将电磁炉插入上述任一插座
	❷ 如果电流表指示为0，200W灯泡不发光，电磁炉无蜂鸣声，电风扇不转，表明电路处于断路状态。应检查熔断器，若熔断器正常，说明电源电路有断路，应进一步检查
	❸ 如果电流表指示在1A左右，200W灯泡正常发光，表明电磁炉内部有严重短路故障。常见的是机内电源电路部分短路，应检查压敏电阻、滤波电容、整流全桥、IGBT等是否击穿短路。
	❹ 如果电流表指示小于1A而大于0.5A，200W灯泡较亮，表明电磁炉内局部有短路故障。常见的是整流电路、低压电源等电路元器件有漏电等故障
	❺ 如果电流表指示为50mA左右，200W灯泡不发光，表明电磁炉空载正常，可合上开关“S”做其他性能的测试

5.4.2 代码维修法

电磁炉中的指示灯除了指示工作状态外，另一重要的作用就是能显示故障代码，因此，给维修人员带来极大方便。电磁炉开机上电后，虽不能正常工作，但若能显示故障代码，维修时可优先采用代码法，但前提是必须要了解代码的含义，因此，在日常维修工作中，要注意多收集、整理家电的故障代码资料。

5.4.3 识别与检测 IGBT

绝缘栅行晶体管的英文缩写为 IGBT，是场效应管和三极管的复合型器件，其内部由一只绝缘型场效应管和双极性达林顿晶体管组成。绝缘栅晶体管具有开关速度快、电压控制和高电压、大电流等特点，它正逐步取代大功率晶体管和场效应管，在电磁炉电路中，用于主控系统的输出级电路中。

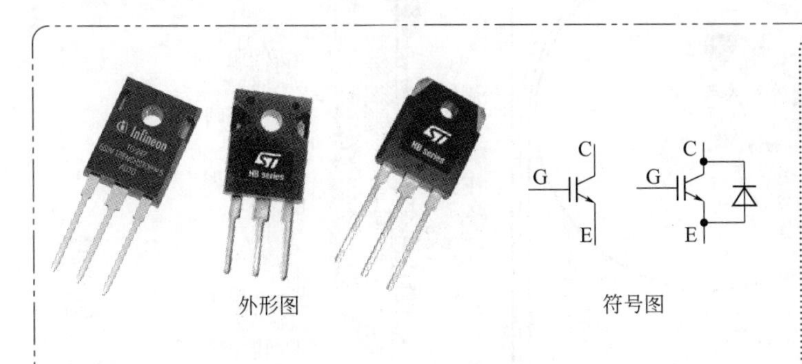

外形图　　符号图

IGBT按内部的复合极性分，有N-IGBT和P-IGBT型；按内部有无阻尼二极管分，有含阻尼二极管的IGBT和不含阻尼二极管的IGBT。在实际中，N-IGBT使用较广

IGBT的栅极(门极)、集电极、发射极分别用G、C、E表示

工作原理以N-IGBT为例，它在正电压$V_{GE}>V_{GE(th)}$开启电压时导通，导通后，大电流从C极流入E极(俗称开)；当加上负栅极电压时，IGBT截止，C极电流不能流入E极(俗称关)

IGBT 的检测

T 输入端类似一电容，当 IGBT 控制极充满电荷后，由于 IGBT 本身漏电流极小，能在较长时间内保持电压不变。利用该特点，可以采用如下方法检测：

❶ 将指针式万用表置于 $R\times10k$ 挡位，黑表笔接至 IGBT 发射极 E 上，红表笔接至 IGBT 控制极 G 上，向控制极反向充电时，使控制极 G 上呈负电压状态。然后将黑表笔接至 IGBT 集电极 C 上，此时 IGBT 处于截止状态，万用表指针若在无穷大，说明 IGBT 没有击穿、短路

❷ 将万用表黑表笔接至 G 极，红表笔接 E 极，向控制极正向充电，使 IGBT 处于导通状态。然后将黑表笔接至 C 极上，红表笔接 E 极，由于 IGBT 已导通，万用表指针应接近 0

通过上述测量，如 IGBT 导通和截止状态均正常，则说明管正常

5.5 美的电磁炉 TM-S1-01A 实战维修

5.5.1 实战 25——看结构与关键元器件布局

① 电磁炉正面爆炸图

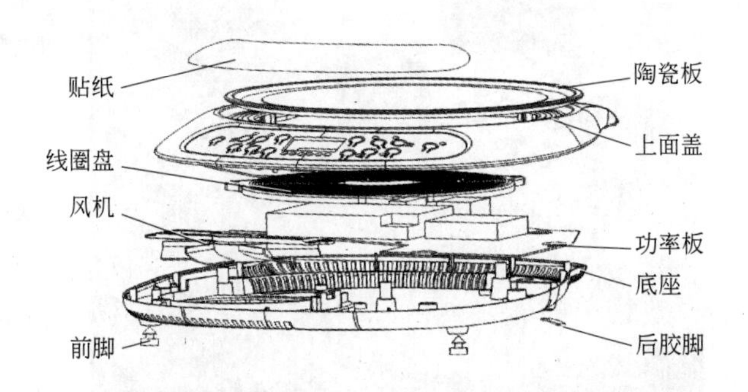

② 电磁炉反面、侧面爆炸图

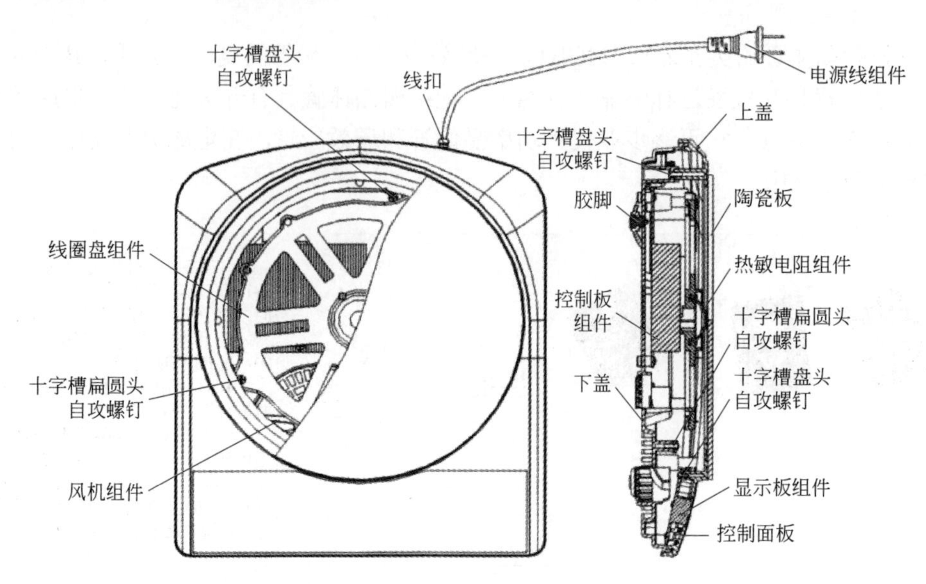

③ 美的电磁炉 TM-S1-01A 电路板实物图

❶ 印制电路板图

❷ 正面图

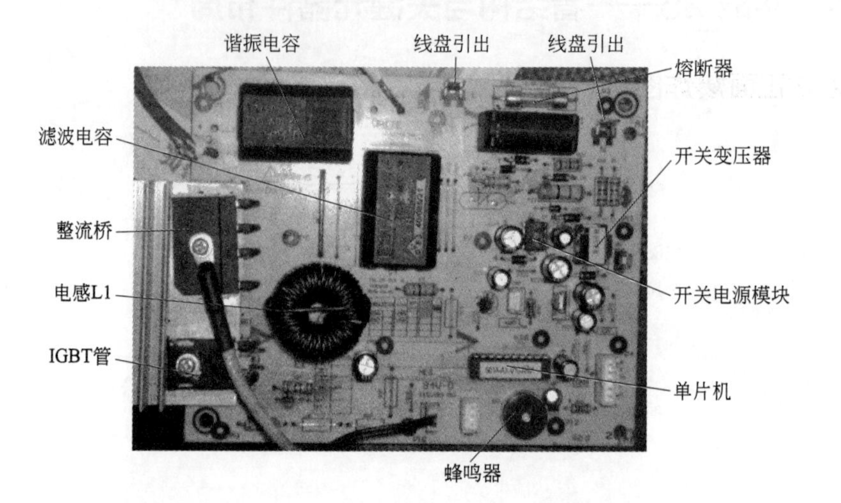

5.5.2 实战26——熔断器烧毁故障检修

熔断器烧毁故障检修	
故障分析思路	电流容量为10～15A的熔断器，一般自然烧断的概率极低，通常是通过了较大的电流才烧毁，所以发现熔断器烧毁故障，必须在换入新的熔断器前对电源负载做全面详细地检查。通常大电流的零件损坏会是熔断器保护性熔断，而大电流零件损坏除了零件老化原因外，大部分是因为控制电路不良所引起，特别是IGBT管，所以换入新的大电流零件后需对其他可能导致损坏该零件的保护电路进行彻底检查。IGBT管损坏主要有过流击穿和过压击穿，而同步电路、振荡电路、激励电路、电流检测电路、电压检测电路、主回路不良和单片机死机等都可能是造成烧机的主要原因
故障检修步骤	❶ 当发现电源熔断器烧毁时，首先测IGBT和整流桥的在路电阻是否正常，查驱动电路是否正常。上述各在路正反电阻为0（或较小），说明该元器件有损坏的可能，拆卸下元器件进一步确定
	❷ 排除上述易损元器件后，在路测量高、低压电源输出端的正反电阻。因各电磁炉的电路不同，其正反电阻差异性很大，如发现某路正反电阻异常变小甚至为0Ω，说明该路可能有短路性故障存在，应继续查明
	❸ 在不装加热线盘的情况下，用静态电压法测量高压电源、低压电源的输出电压是否正常。若不正常，继续查明原因；若基本正常，再测量小信号处理电路、单片机等静态电压。同时，通过操作面板上的各按键并观察指示灯（或显示屏）反映的情况，可判断整机的工作状态或故障的大致部位。继续排除隐患性故障
	❹ 用假负载法（灯泡）代替加热线盘，观察整机情况是否良好
	❺ 将加热线盘连接好，上电检测整机工作电流。整机电流在估算范围内，表明故障已排除
	❻ 静态工作电压若正常，但还屡烧IGBT和整流桥时，应注意检查高压滤波电容，谐振电容及加热线盘，特别是谐振电容应引起重视

熔断器烧毁的故障检修逻辑图如下。

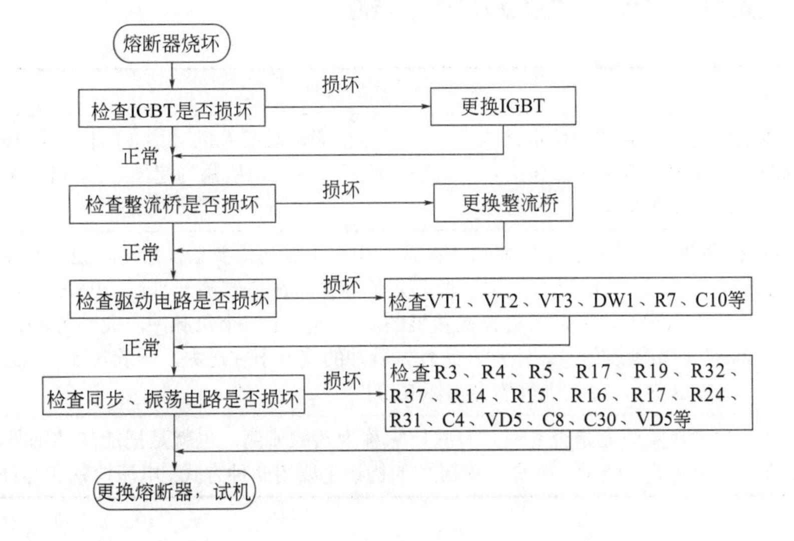

5.5.3 实战 27——电磁炉开机后不加热

加热异常故障分析思路
加热异常是电磁炉的火力大小不按操作者所选择的功率进行工作，根据电磁炉的工作原理推测，造成该故障现象的原因应为电流不稳；单片机接收不到电流检测的反馈信号；IGBT 的 G 极终端信号脉宽信号改变了 IGBT 的导通时间（即 PWM 调节）不足，以及 LC 振荡电路的元件不良所致；至 IGBT-G 极的信号比（电压值）设定值高引起，或单片机程序（PWM）设计量高引起，以及高压保护输出端静态电压过高及电流检测端的静态电压过低引起。此外，单片机本身不良或 +18V 电源不稳也容易造成本故障

电磁炉开机后，不加热故障的检修逻辑图如下。

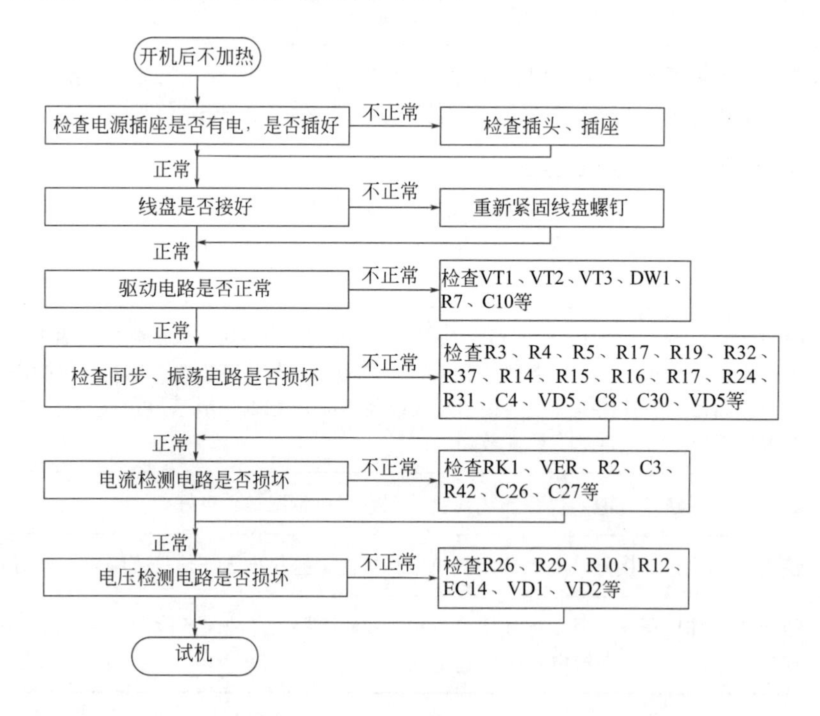

5.5.4 实战 28——电磁炉不检锅

电磁炉检锅的原理	
PAN 端口作用	电磁炉是一种高智能化电热炊具，一切操作都是通过人机对话（面板按键操作）来自动完成的，单片机承担了主控作用，一切加热的开始都是以检锅为起始，单片机的 PAN 端口有两个作用：触发和检锅
触发	LC 振荡开始后可以由主回路自主振荡，但自主振荡需要触发启动，也就是 IGBT 需要一个触发的信号，以使 LC 谐振回路获得初始的能量。在电磁炉开机后，PAN 口为输出口，输出低电平后改为输入，此时将会在比较器的输入端产生一个负脉冲，此负脉冲经过后续电路将形成 IGBT 初始触发信号。注意，此触发脉冲的宽度不宜过大，一般在 5 ～ 8μs。此脉冲过小则无法触发 IGBT，过大则可能会损坏 IGBT
检锅	就是检测电磁炉上是否有锅，有些厂家称为负载侦测，也就是把加热的锅具视为电磁炉的负载，是电磁炉电路的一部分。电磁炉的检锅主要用两种方式：电流检锅和脉冲检锅

续表

电磁炉检锅的原理	
电流互感器检锅	电流互感器次级感应出随初级电流大小而同步变化的电压，经全桥整流、滤波、电阻分压后，送到单片机相应功能脚上检测。在无锅具时，线盘和谐振电容振荡时间长，能量衰减慢，流过电流互感器初级电流较少，次级电压就低，单片机判断无锅。有锅具时，由于有合适材质的锅具的加入，线盘和谐振电容之间的振荡阻尼加大，能量衰减快，在电流互感器初级变化的电流大，在次级感应出的电压大，CPU 判断有锅
脉冲检锅电路	脉冲法检有锅，就是通过 PAN 端口的信号可以检测是否有锅具。其检测过程为：开机后，单片机 PAN 口先是输出口，产生一个触发脉冲后，马上改为输入口（PAN 口）的信号。当电磁炉上没有放置锅具时，电磁炉的 LC 振荡的损耗很小，在短时间内可认为自由振荡；若放置锅具，则 LC 振荡可以认为阻尼振荡。根据此特性，单片机在检测时，以 250μs 为时间段时间脉冲计数，自由振荡则整个计数时间内都是脉冲，而阻尼振荡则只有 2 ～ 3 个脉冲数。因此，一定时间内，根据比较后的脉冲数可以正确判断是否放置锅具

电磁炉检锅故障的检修逻辑图如下。

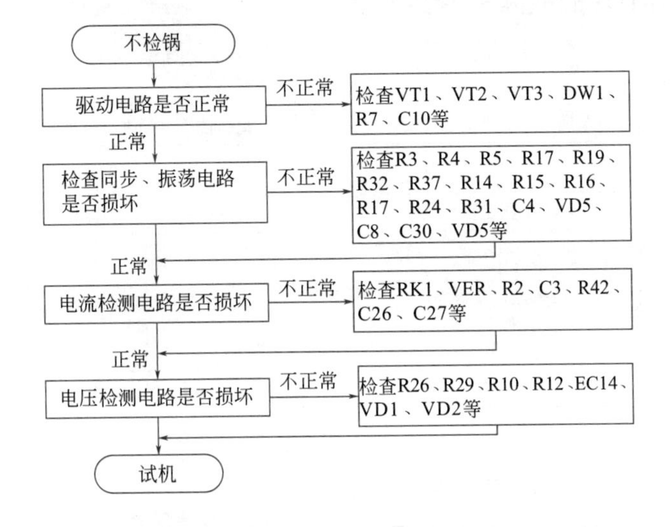

5.5.5 常见故障维修逻辑图

① 电磁炉上电无反应的故障检修逻辑图

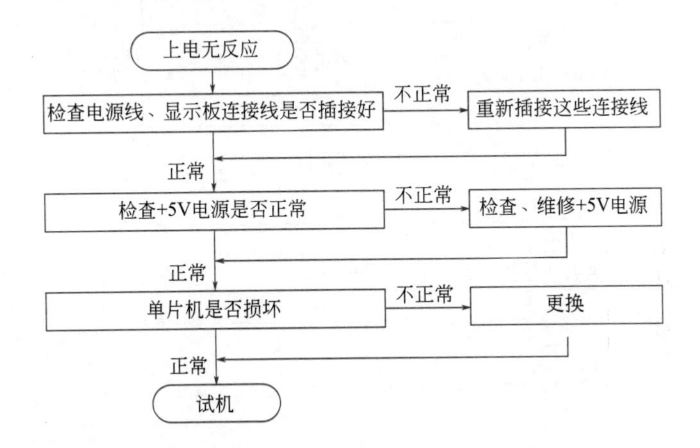

② 电磁炉蜂鸣器不响的故障检修逻辑图

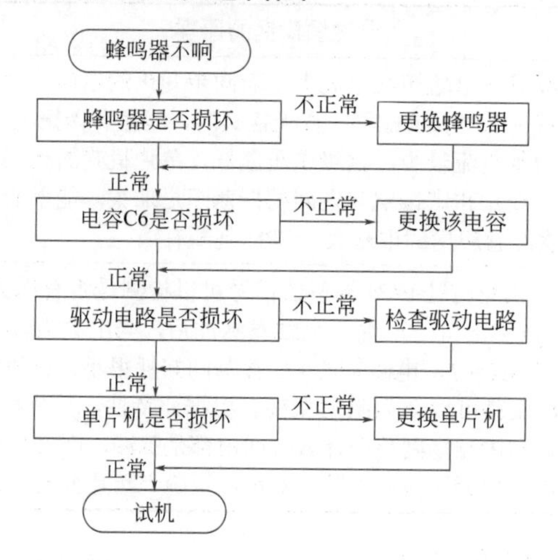

③ 电磁炉风扇不转的故障检修逻辑图

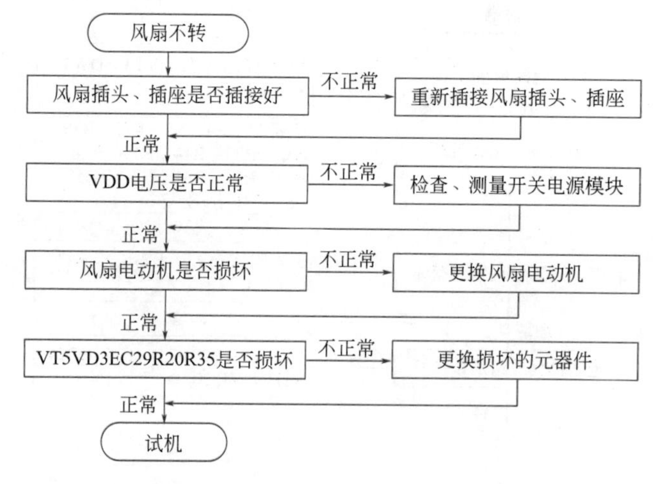

④ 电磁炉无显示的故障检修逻辑图

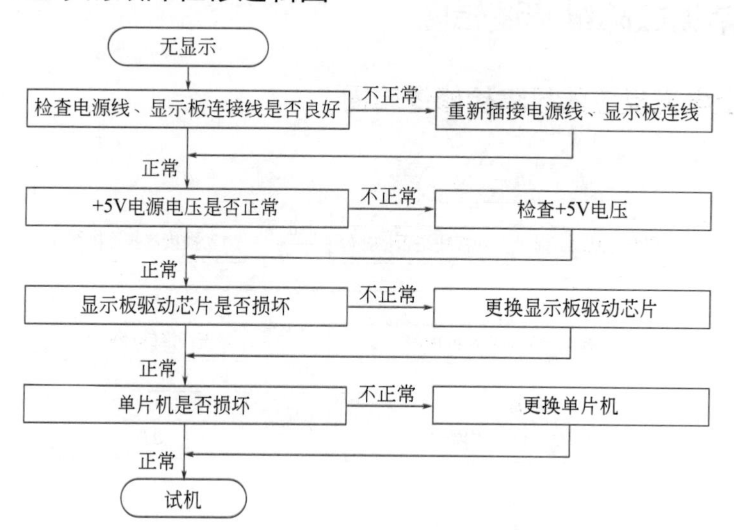

5 故障代码显示检修逻辑图

❶ 故障代码显示 E3/E:03/ 火力 1、2 灯闪的故障检修逻辑图

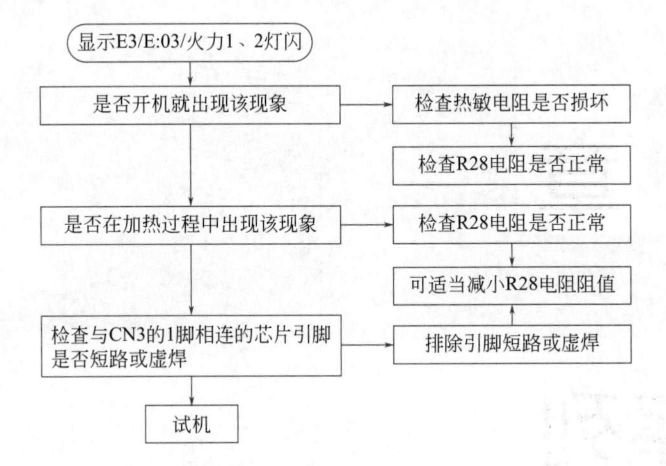

❷ 故障代码显示 E2/E:02/ 火力 2 灯闪的故障检修逻辑图

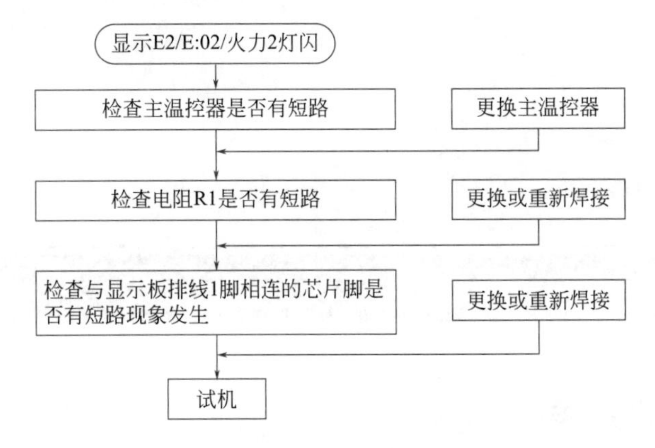

❸ 故障代码显示 E1/E:01/ 火力 1 灯闪的故障检修逻辑图

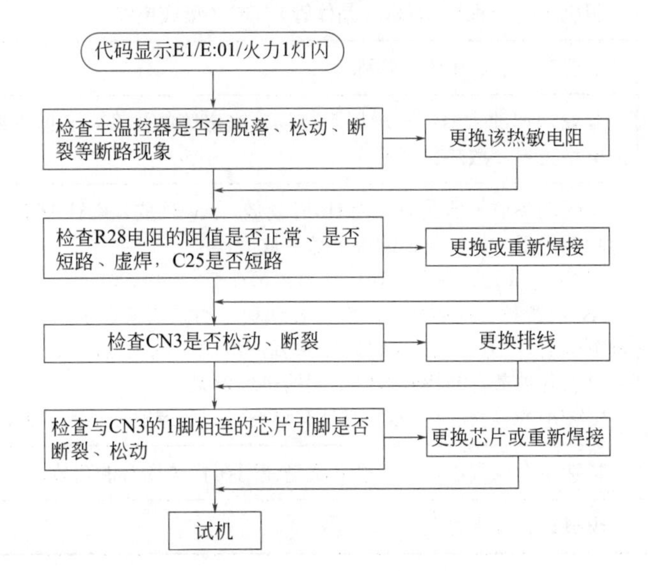

第6章

音响系列

6.1 功放的分类、基本组成及电路形式

6.1.1 功放的分类

按使用元器件的不同	胆机（电子管）、石机（晶体管）、IC（集成电路）
按使用场合分	主要有专业、民用、特殊
	专业功率放大器：一般用于会议、演出等的扩音。它的主要特点是功率大，保护电路完善，散热良好等
	民用功率放大器又可分为Hi-Fi功放、AV功放、KALAOK功放，以及把各种常用功能集于一体的所谓的综合功率放大器 Hi-Fi功放为高保真，输出功率大都在2×150W以下 AV是音频、视频功放。它与普通功放的区别就在于它具有AV选择杜比定向逻辑解码器、AC-3、DTS解码器和五声道功率放大器，以及数字声场电路（DSP），可以为各种节目的播放提供不同的声场效果 KALAOK功放最大的特点是有混响器、变调器、话筒放大器等
	特殊功率放大器，顾名思义就是使用在特殊场合的功放，如车用低压功放等
按处理信号的方式	模拟式、数字式

续表

按输出的声道不同	单声道、双声道（立体声）、多声道
按输出电路的不同	推挽式、OTL、OCL、BTL

6.1.2 功放电路的基本组成

① 功放电路组成方框图

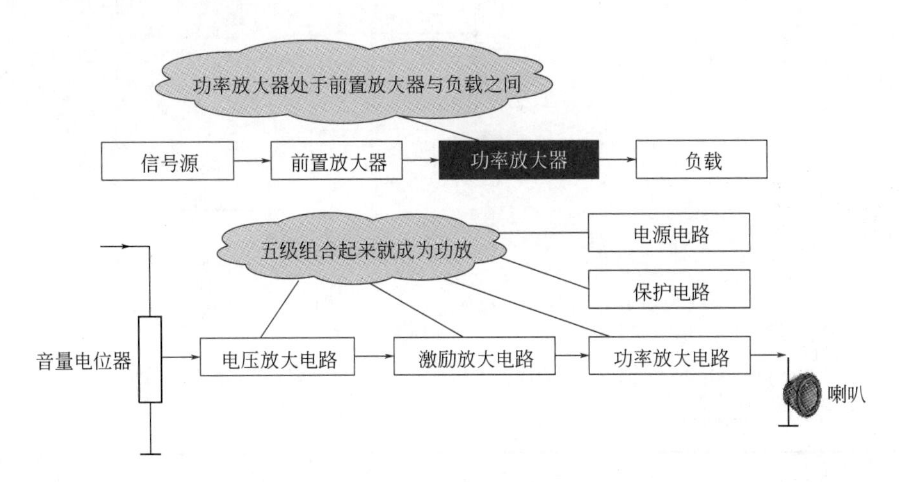

② 功放电路各组成的主要作用

电压放大电路	在功放中，电压放大电路根据机器对音频输出功率的不同要求，一般由一级或多级电路组成。电压放大电路主要用来对输入信号进行电压放大，以便使加到激励放大电路的信号电压达到一定的程度
激励放大电路	激励放大电路是用来推动功率放大器的，它需要对信号电压和电流进行同步放大，它工作在信号放大状态下，所以该级放大器的放大管的静态电流比较大
功率放大电路	功率放大电路是整个功率放大器的最后一级，用来对信号进行电流放大。电压放大电路和激励放大电路对信号电压已进行了足够的放大，而功率放大电路需要对信号进行电流放大，以达到对信号功率放大的目的，这是因为输出信号功率等于输出信号的电流与电压之积
直流稳压电源	直流电源是整机的能源供给。一般有单电源和双电源两类
保护电路	保护电路是用来保护输出级功率管及扬声器，以防过载损坏
	此外某些机型还有前置放大电路、电平电路、回响电路等

6.1.3 功放电路的基本形式及原理

下面主要介绍常见的 OTL、OCL、BTL 功放电路的工作原理。

① 乙类双电源互补对称 OCL 功放电路

双电源互补对称功放电路属于无输出电容功率放大器，OCL为英文Output　Capacitorless的缩写

VT1为NPN型三极管，VT2为PNP型三极管。由一对NPN、PNP特性相同的互补三极管组成，采用正、负双电源供电。这种电路也称为OCL互补功率放大电路

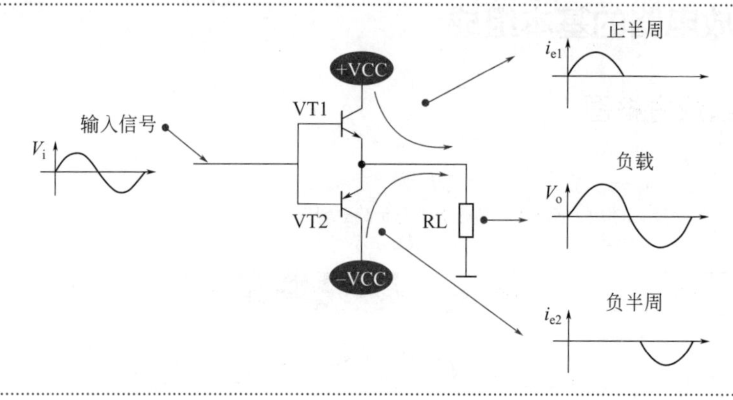

电路工作原理：

两个三极管都是射极输出，当输入信号在正半周时，VT1导通；当输入信号在负半周时，VT2导通。两个三极管在信号一个正、负半周轮流(交替)导通，使负载得到一个完整的波形

静态时，由于OCL电路的结构对称，所以输出端的电位为零，没有直流电流通过负载，因此输出端不接隔直电容

工程经验	
配对管	两个互补管必须选用特性基本相同的配对管。首先，要求同是硅材料或同是锗材料的 PNP 管与 NPN 管；其次，电流放大倍数 β 值大小应基本相同，否则可能使放大的波形出现失真；最后，配对管的极限参数差异不能太大
极限参数	选用 OCL 电路的功放管主要依据功放电路最大输出功率 P_{OM} 和电源电压 V_{CC}，为确保安全工作，其极限参数应符合以下要求 $P_{CM}=0.2P_{OM}$ $V_{CEO}\geqslant 2V_{CC}$ $I_{CM}\geqslant \frac{V_{CC}}{R_L}$

② 甲乙类互补对称功率放大电路（OCL）

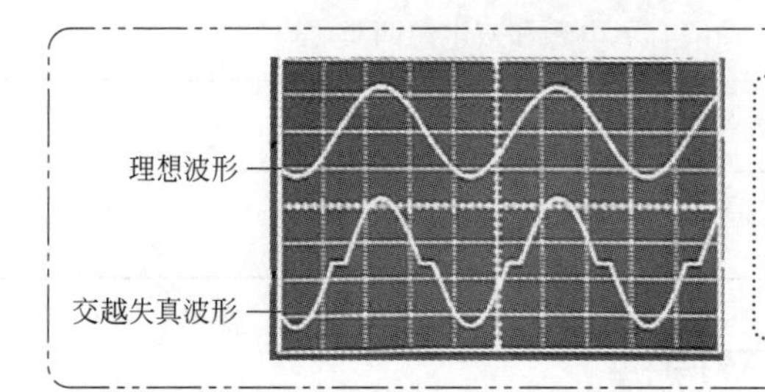

交越失真：

乙类OCL电路工作时因不考虑三极管死区电压的影响，是理想波形。实际上这种电路由于没有直流偏置，在输入电压低于死区电压时，两管都截止，即在正、负半周的交替处出现一段死区，这种现象称为交越失真

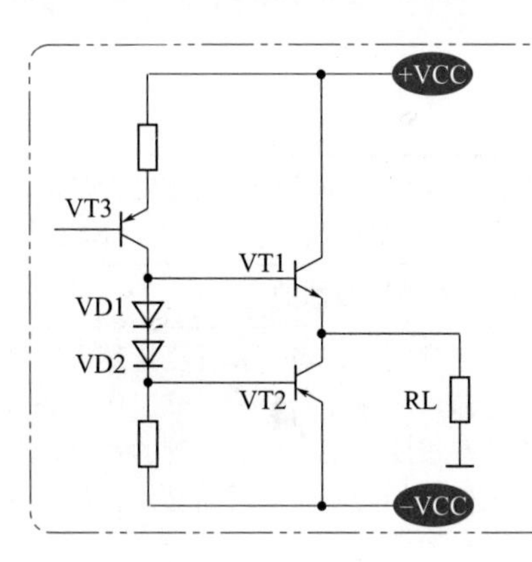

为了克服交越失真，在两个功放管基极串联电阻或二极管，利用电阻或二极管的压降为两管的发射结提供正向偏置电压，使管子处于微导通状态，即工作于甲乙类状态，此时负载RL上输出的波形就不会出现交越失真。VT3为激励级(前置级)

③ OTL 乙类互补对称电路

采用单电源供电的互补对称功率放大器，这种形式的电路称为OTL电路(Output Transformerless，无输出变压器)。OTL乙类互补对称电路的工作原理同OCL基本相同

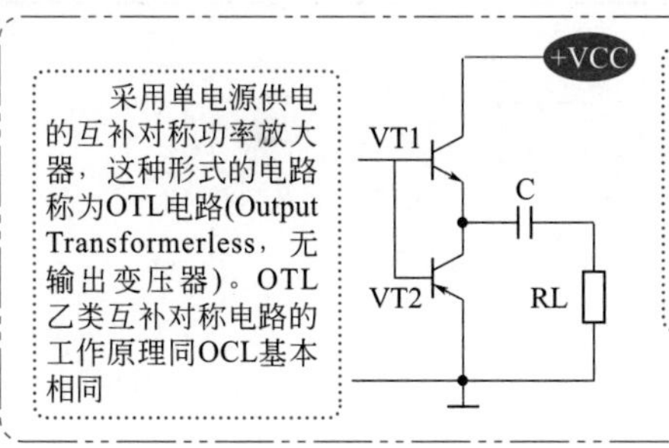

OTL功放电路的主要特点有：采用单电源供电方式，输出端直流电位为电源电压的一半；输出端与负载之间采用大容量电容耦合，扬声器一端接地；具有恒压输出特性，允许扬声器阻抗在4Ω、8Ω、16Ω之中选择，最大输出电压的振幅为电源电压的一半，即$1/2V_{CC}$，额定输出功率约为$V_{CC}^2/(8R_L)$

④ OTL 甲乙类互补对称电路

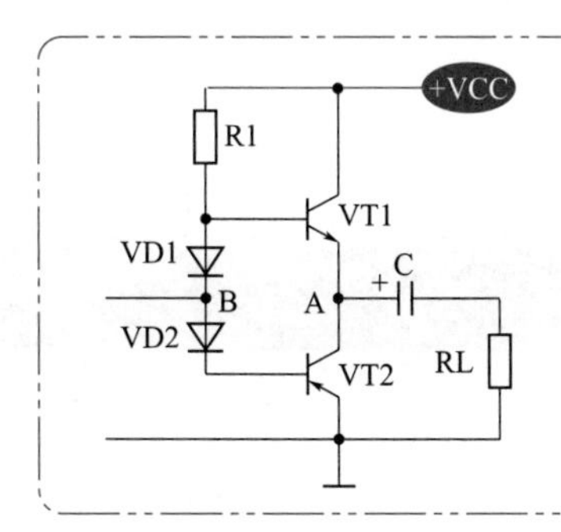

为了克服交越失真，需要给两个功放管加上较小的偏置电流，使每管的导电角略大于180°，而小于360°，此电路即为OTL甲乙类互补对称电路，常见的是利用两个二极管的正向压降给两个功放互补管提供正向偏压的电路

⑤ BTL 功放电路

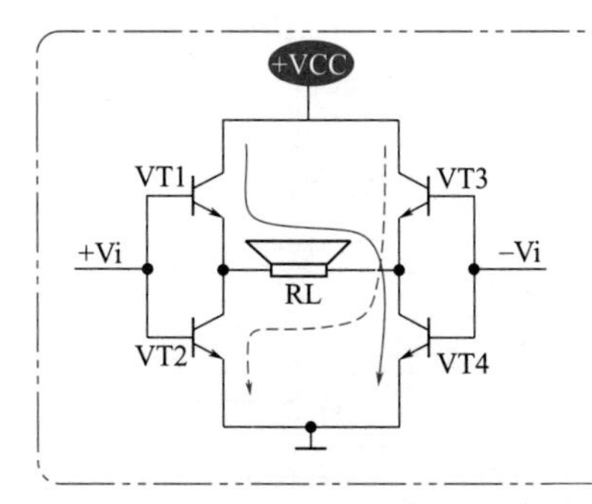

BTL(Balanced Transformer Less)电路由两组对称的OTL或OCL电路组成，扬声器接在OTL或OCL电路输出端之间，即扬声器两端都不接地

BTL电路的主要特点有：可采用单电源供电，两个输出端直流电位相等，无直流电流通过扬声器，与OTL、OCL电路相比，在相同的电源电压、相同负载情况下，该电路输出电压可增大一倍，输出功率可增大四倍，这表明在较低的电源电压时也可获得较大的输出功率

6.1.4 复合管与准互补输出

复合管	大功率的互补输出功放电路，多采用复合晶体管来做功率输出管。复合管是由两个或两个以上的晶体管按一定方式组合而成的，它相当于一个高电流放大系数的晶体管
极性特点	组成复合管的各晶体管，可以是同极性的，也可以是异极性的
电流特点	组成复合管时一定要保证复合管内各晶体管有正常的工作点，并且要让复合管中第一个晶体管的集电极电流就是第二个晶体管的基极电流，这是使复合管能够工作并获得电流放大系数的条件。只要这些要求能满足，复合管的基极就是第一个晶体管的基极，复合管的导电极性就与组成复合管的第一个晶体管的导电极性相同，而与后面晶体管的极性及参加复合晶体管的个数无关
放大倍数	复合管的电流放大倍数近似等于组成复合管的各晶体管电流放大倍数的乘积
准互补	用不同复合方式来组成复合管配对使用的互补输出电路，常称为“准互补输出电路”

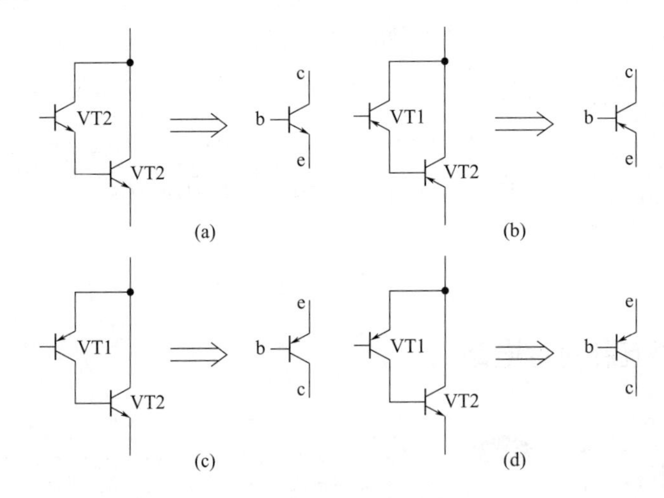

6.2 功放保护电路

6.2.1 功放保护电路的作用和类型

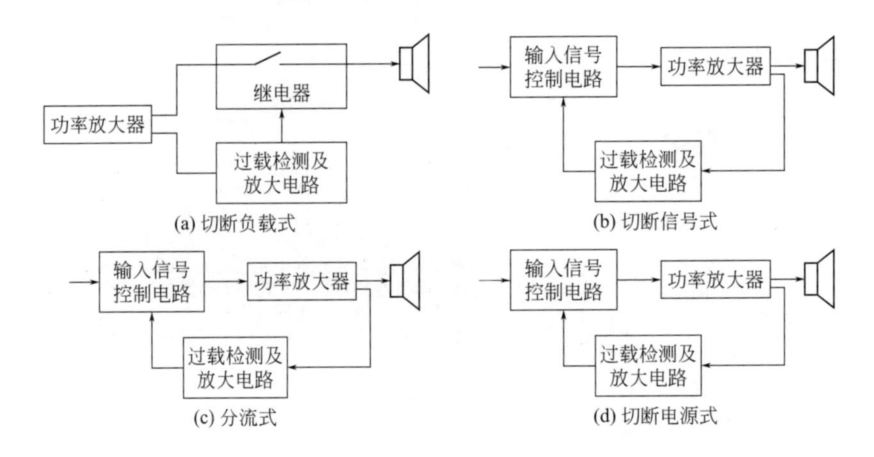

功放保护电路的作用和类型	
对扬声器系统进行保护	由于OCL功放电路的输出端与扬声器音箱系统直接连接，一旦功放电路出现故障，例如功放输出管击穿、输出级短路以及其他有关元器件变值损坏等原因，容易使功放输出端出现较高的直流电压。此时如没有采取有效的保护措施，将会有直流流入扬声器而危及其安全。其结果往往是扬声器系统损坏，因扬声器系统的价格约占整个音响系统的一半，甚至更高，可见，对扬声器系统进行保护很有必要
对大功率功放电路的输出级进行保护	功率放大器为了获得高保真的放音效果，其供电电源较高，故通常大功率功放电路的输出级都工作在高电压、大电流状态。由于晶体管和厚膜集成电路的过载能力较电子管差，因此在大功率输出级的功放电路中常设有过载保护电路，以保护输出级晶体管不致因过载而损坏
防过电流	功放工作在高电压、大电流、重负荷的条件下，当强信号输入或输出负载短路时，输出管会因流过很大的电流而被烧坏。另外，在强信号输入或开机、关机时，扬声器也会经不起大电流的冲击而损坏，因此必须对功放设置保护电路
保护电路的类型	常用的扬声器保护电路按使用的元器件来分，有分立元器件组成的扬声器保护电路和专用集成电路扬声器保护；按保护功能来分，有开机防冲击保护（防止开机时浪涌电流对扬声器的冲击），功放输出中点正、负直流电压偏移保护及过荷保护等；按直流电压的检测方式来分，有桥式检测、互补检测型和差分检测等

6.2.2 继电器触点常闭式功放保护电路

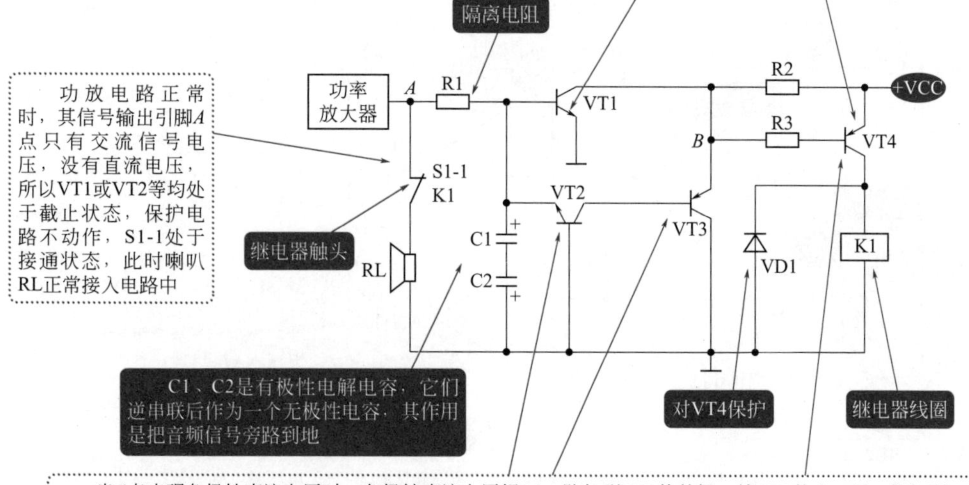

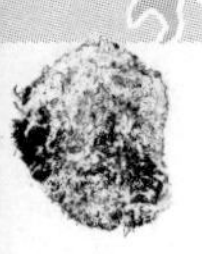

6.2.3 桥式功放保护电路

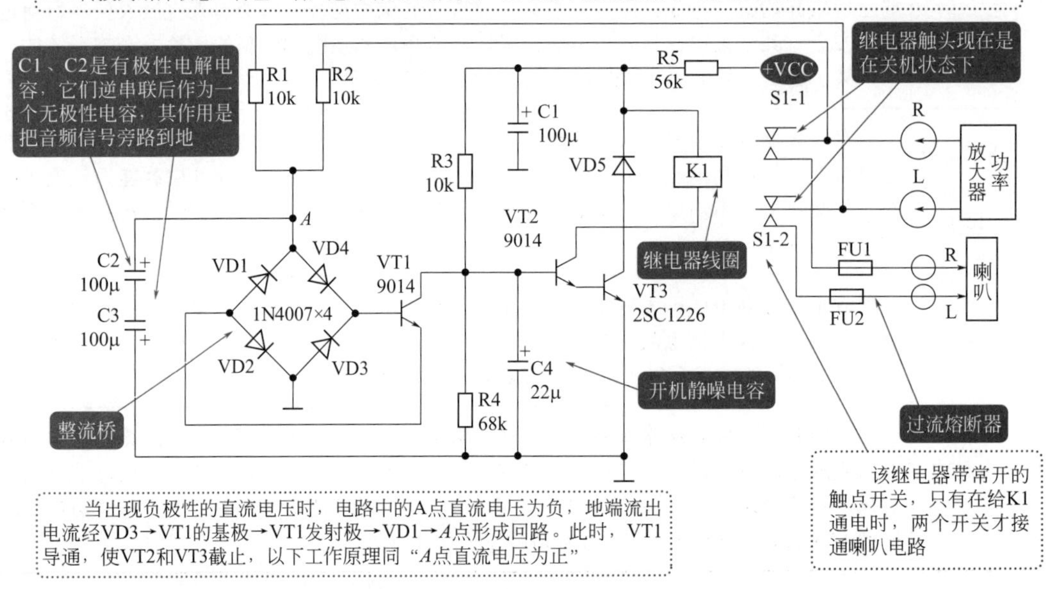

6.2.4 采用运放的功放保护电路

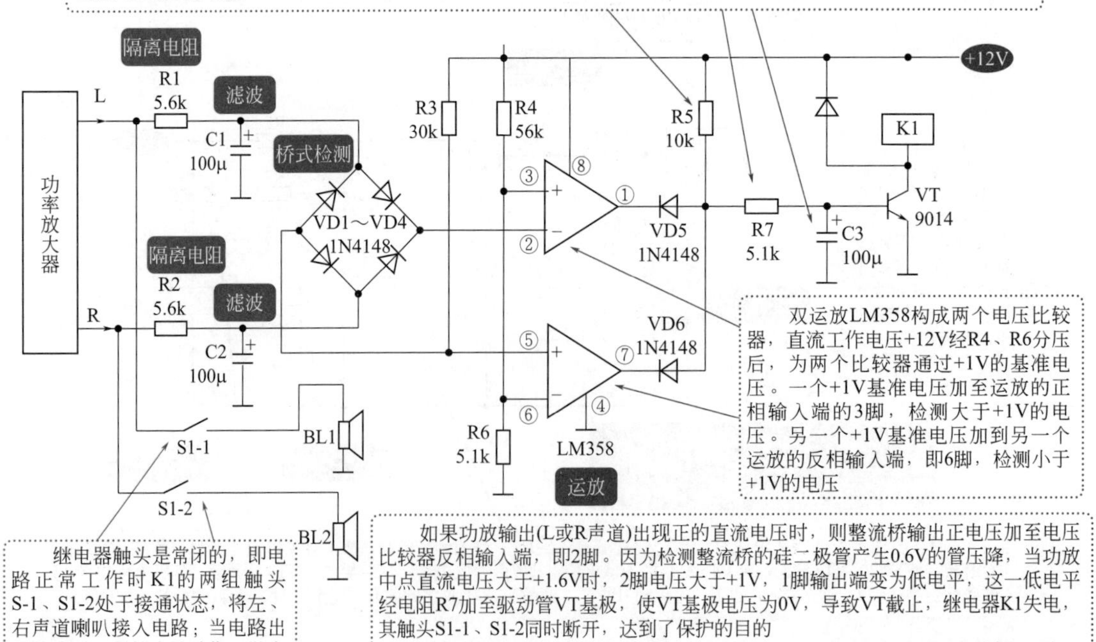

6.3 功放的原理与维修

6.3.1 实战 29——集成式 LA4140 功放电路的原理及检修

① LA4140 集成电路的引脚功能及数据

脚号	主要功能	工作电压 /V	开路电阻 /kΩ	
			红表笔测量	黑表笔测量
1	防振电容连接端	0.8	6.3	7.7
2	信号输入端	4.4	40	8.2
3	输入反馈端	5.2	27	8.6
4	防振电容连接端	5.2	5.6	28
5	地	0	0	0
6	音频信号输出端	5.5	5.2	35
7	电源电压输入端	10	5.3	80
8	自举端	10	5.5	80
9	电源滤波	5	35	110

② LA4140 功放电路故障维修

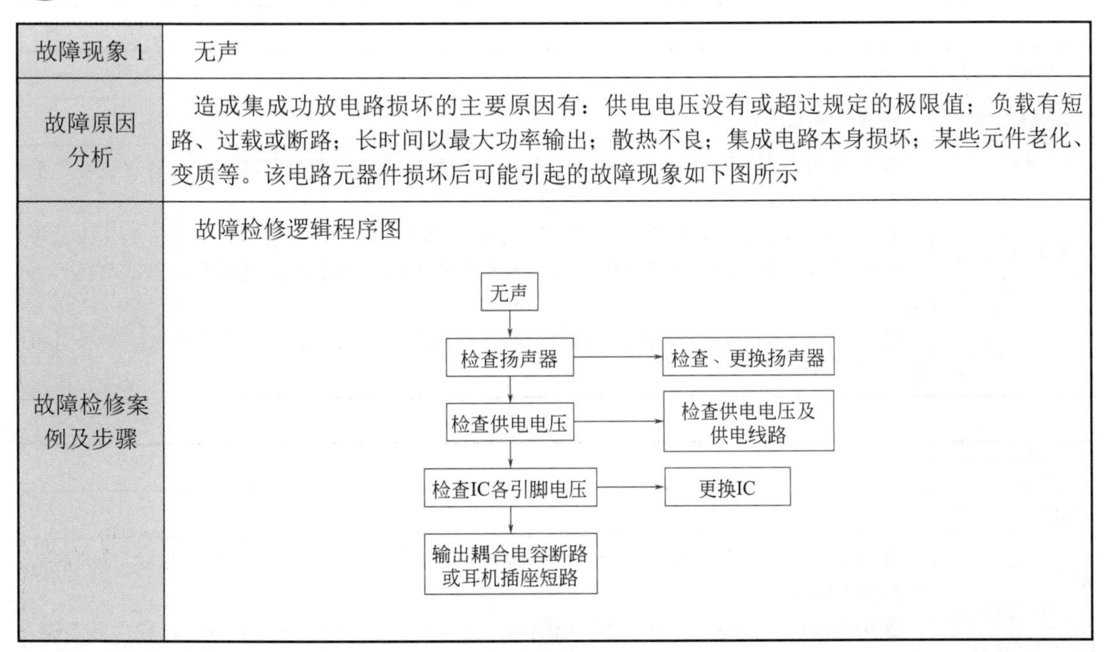

故障现象 1	无声
故障原因分析	造成集成功放电路损坏的主要原因有：供电电压没有或超过规定的极限值；负载有短路、过载或断路；长时间以最大功率输出；散热不良；集成电路本身损坏；某些元件老化、变质等。该电路元器件损坏后可能引起的故障现象如下图所示
故障检修案例及步骤	故障检修逻辑程序图

续表

检修方法与步骤	❶打开机壳，初步观察没有分析异常问题；试机，还是无声。 ❷把万用表置于欧姆挡（×1），一搭一放碰触扬声器的两个接线端子，没有“哒哒”的响声，表明扬声器有问题。耳机插入插座CK2，送入信号试机，有声，确定为扬声器故障 ❸脱焊下扬声器上的两个连接线，取出扬声器，检测其电阻值为∞，说明有断路。仔细检查后发现，原来是引线从纸盆附近断了，用细软线进行连接。重新安装扬声器，恢复连线。试机，故障排除

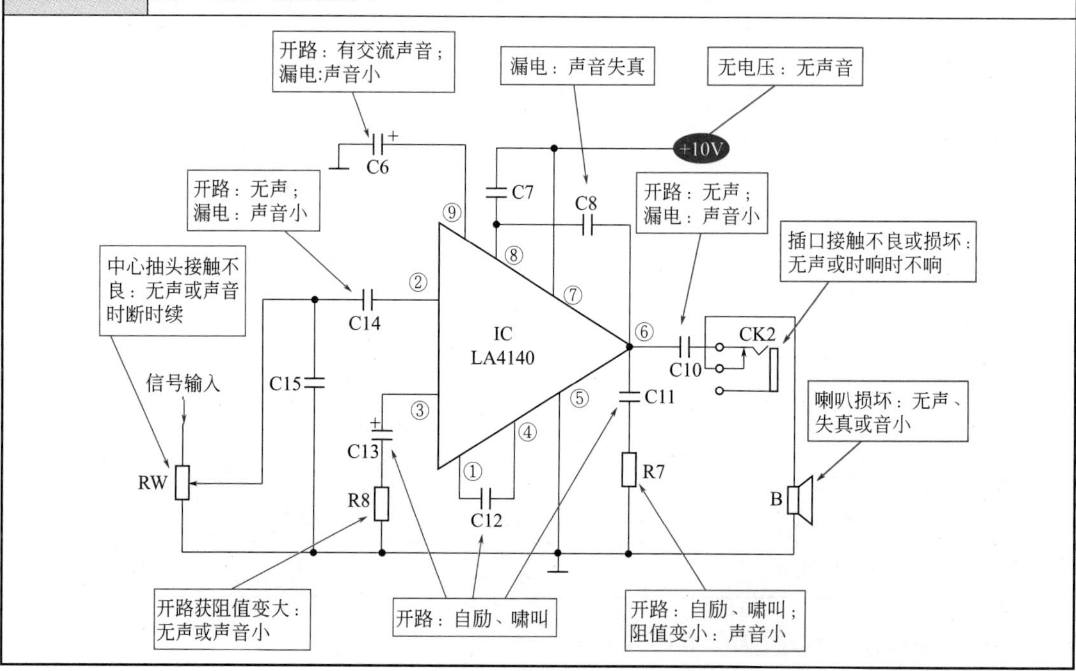

故障现象2	无声
故障原因分析	同故障现象1
检修方法与步骤	❶把万用表置于欧姆挡（×1），一搭一放碰触扬声器的两个接线端子，有“哒哒”的响声，表明扬声器良好 ❷上电用电压法进行检查。测7脚供电电压+6V正常；测6脚输出端电压为+3V，表明功放基本正常。测其他各脚的电压，没有发现问题。表明故障范围在输出端与扬声器之间 ❸上电输入信号，用短路线短路耳机静、动触头的焊盘，扬声器发声正常。更换耳机插座，故障排除

故障现象3	无声
故障原因分析	同故障现象1
检修方法与步骤	❶用表置于欧姆挡（×1），一搭一放碰触扬声器的两个接线端子，有“哒哒”的响声，表明扬声器良好 ❷用电压法进行检查。测7脚供电电压只有3.5V左右（正常值为+6V）；脱焊开7脚，此时再测供电电压为正常值。表明IC内部可能有短路现象。更换集成电路，试机故障排除

故障现象 4	扬声器发出低频哼叫声
故障原因分析	功放可以发声，但有低频哼叫，说明有低频自激现象存在，主要应查找反馈电路及其有关电容等
检修方法与步骤	❶试机，由于叫声不随音量电位器调节变化，所以是功放自激 ❷各引脚电压基本正常 ❸电容 C13，发现一个引脚有脱焊的现象。补焊电容引脚，故障排除

6.3.2 实战 30——漫步者 R201T-Ⅱ音响电路的原理及检修

① 集成电路 UTC2030 引脚功能及实测数据

脚号	主要引脚功能	电压 /V	对地电阻 /kΩ	
			红表笔接地	黑表笔接地
1	正相输入端	7.5	6.5	17.2
2	反相输入端	8.0	7.0	7.5
3	负电源供电输入端	-16.0	0	0
4	输出端	8.2	4.0	15.2
5	正电源供电输入端	+16.0	3.3	7.3

② 集成电路 JRC4558 引脚功能及实测数据

脚号	主要引脚功能	电压 /V	对地电阻 /kΩ	
			红表笔接地	黑表笔接地
1	运放 1 输出端	7.5	7.5	9.1
2	运放 1 反相输入端	7.5	7.2	200
3	运放 1 正相输入端	7.5	0.9	1.2
4	负电压输入端或接地	-15.0	0	0
5	运放 2 正相输入端	7.5	1.1	1.2
6	运放 2 输出端	7.5	7.3	70
7	运放 2 反相输入端	7.5	7.3	9.1
8	正电压输入端	15.0	1.8	1.9

③ 漫步者 R201T-Ⅱ音响电路原理

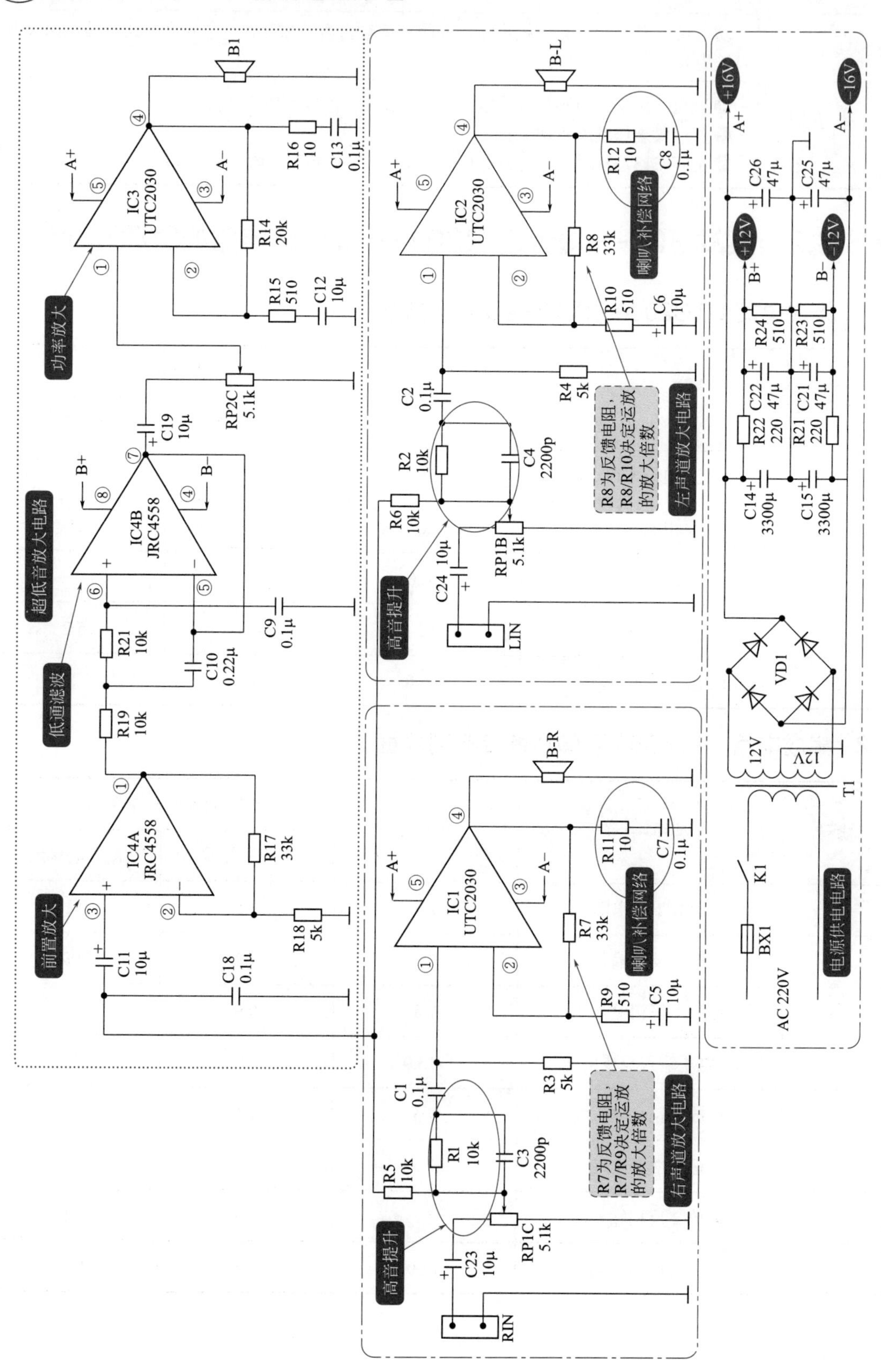

漫步者R201T-Ⅱ音响电路，主要由三部分组成：电源电路、功放电路和超低音电路	
电源电路	220V/50Hz→保险管BX1、开关K1→变压器T1初级→变压器T1次级→整流桥VD1整流→电容C14、C15滤波→±16V（A+、A−）→IC1、IC2、IC3（UTC2030） C14、C15滤波（另一路）→R21、R22降压→C22、C21滤波→±12V（B+、B−）→IC4B（JRC4558）
功放电路	以右声道为例。RIN信号输入→耦合电容C23→音量电位器RP1C→高音提升电路（R1、C3）→耦合电容C1→IC1（UTC2030）1脚→IC1的4脚→喇叭B-R
超低音电路	电位器RP1C、R5（电位器RP1B、R6）→耦合电容C11→IC4（JRC4558）3脚→IC4的1脚输出→R19→IC4B（JRC4558）的5、6脚→IC4B的7脚输出→耦合电容C19→音量电位器RP2C→IC3（UTC2030）的1脚→IC3的4脚→喇叭B1
	漫步者R1900TⅡ、1800TⅡ，轻骑兵V23SE，惠威M200、M20L、T120中采用的是运放LM1875T，其工作原理同TDA2030、UTC2030

4 漫步者R201T-Ⅱ音响电路的维修

故障现象1	通电后完全无声
故障原因分析	通电后左、右声道完全无声，这种故障应先检查供电电路，再检查各集成电路引脚的外围元器件及焊接点
检修方法与步骤	通电后，首先检查电源电路，用万用表从交流电进线开始检查变压器初级、次级交流电压，整流桥及滤波器输入和输出电压是否正常，再继续检查集成电路功放模块的供电引脚电压是否正常。测量时，从后级开始（也可以从前级开始），逐级向前，注意表笔的测量点应为各集成电路的接地点与被测引脚。如测得各集成电路工作电压不正常，常见故障有焊点虚焊、短路故障、铜箔断裂、各集成电路的相关电容漏电或击穿等 检查这类故障时要十分注意防止电流过大烧坏元器件或铜箔

故障现象2	单声道输出
故障原因分析	单声道输出是指输入左、右市电信号后，只有一个声道有声音输出。这种故障现象应检查信号输入端及有故障声道的交流通路的相关引脚及焊点
检修方法与步骤	❶ 通电后，若证实只有单声道输出，在确定扬声器正常及接触良好的前提下，首先检查信号输入端是否有信号输入。可采用对调两个输入信号源来进行判断 ❷ 在确认输入信号正常的情况下，可用示波器测量输入回路各相关通路有无波形，如无波形则可能是与输入端相连的阻容元件有开路或短路现象 ❸ 也可用对比法测量两声道的相对应引脚电压，从中判断出故障所在

故障现象3	交流声大
故障原因分析	交流声大是指功放机工作时，从扬声器发出“嗡嗡”的交流声，影响了正常的放音。造成交流声大故障的原因往往是电源电路整流、滤波特性不良，或是功放集成电路模块电流过大、内部损坏等。故应首先检查电源电路电压，然后再检查功放集成电路是否损坏
检修方法与步骤	首先测量电压整流滤波后的±16V、±12V工作电压，若测得两组电源一高一低很不对称，则应进一步检测电源各整流二极管和滤波电容，查出损坏的元器件。此外，有时会测得两组电压基本相等，但电容C14、C15的容量变小，造成滤波效果变差，这时可用一个好的滤波电容并联在原电容上试试。若电源电压正常，则进一步检查功放集成电路是否发热，一般功放集成电路若产生故障并引发交流声，常常会因电流过大而发热

故障现象4	左、右声道正常，但超低音喇叭无声
故障原因分析	由于左、右声道正常，表明电源电路供电是正常的，说明故障只出在超低音放大电路部分

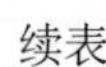

续表

<table>
<tr><td>检修方法与步骤</td><td>❶ 用电阻法检测超低音 B1 是否正常，若喇叭开路，更换之；若喇叭正常，再进行下一步检修
❷ 加电后用干扰法进行检查。先碰触电位器 RP2C 的中心抽头，若喇叭有声音则表明其后级电路是正常的，否则为后级电路有问题。再用同样的方法，选择关键点分别为：IC4B 的 7 脚、IC4B 的 5 脚及 6 脚、IC4A 的 1 脚、IC4A 的 3 脚、电容 C11 的负极等。逐步缩小故障范围，最后找出故障元件，更换之
运放集成电路 JRC4558 可直接用运放 NE5532 代换，但两者的音色各有特点</td></tr>
</table>

6.3.3 实战 31——车载插卡放扩音机电路的原理及检修

① 车载插卡放扩音机的电路原理

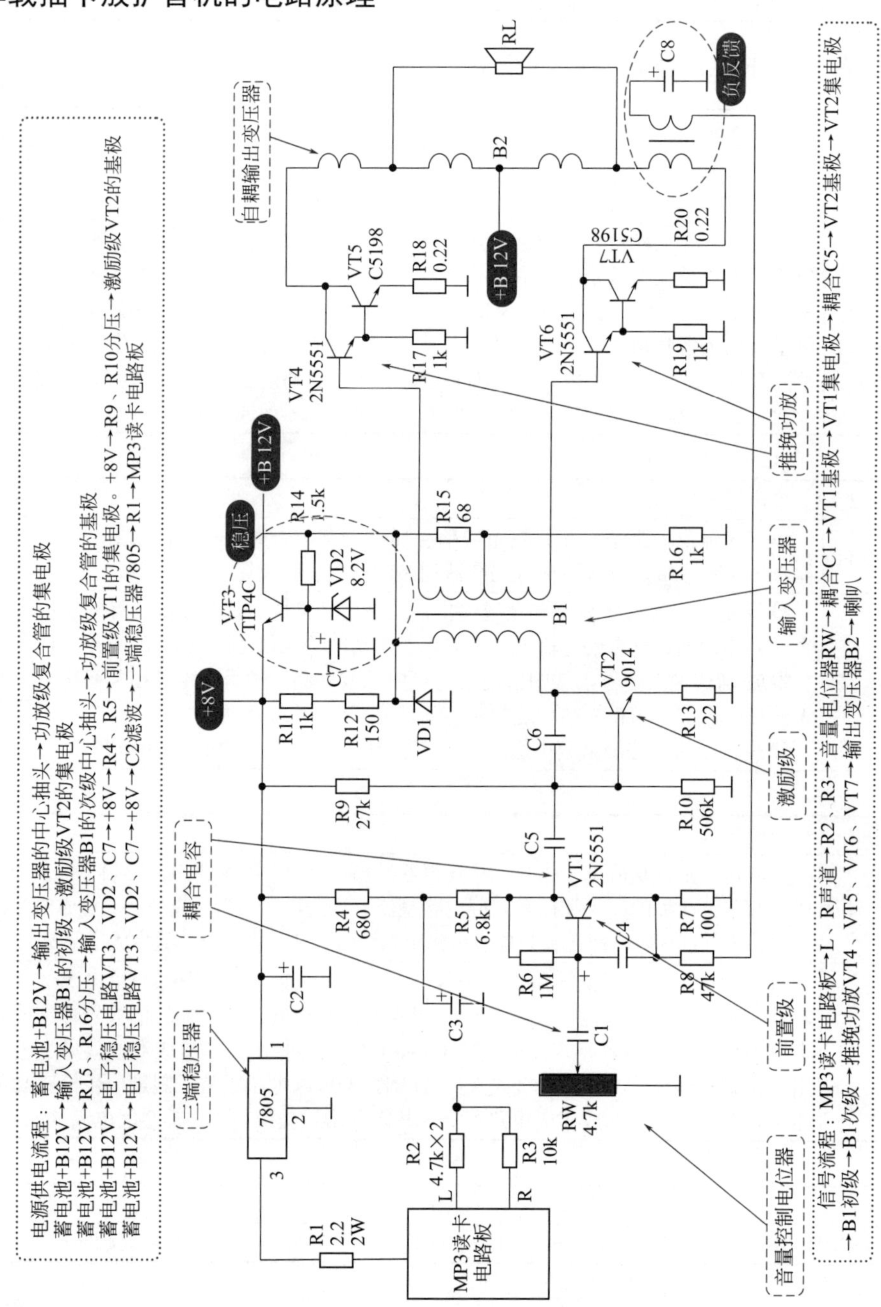

② 车载插卡放扩音机电路的检修

故障现象 1	烧熔断器
故障原因分析	功放电路有严重短路现象发生。可能损坏的元器件有：复合管 VT4、VT5、VT6、VT7 发射极与集电极有击穿，稳压二极管 VD2 击穿，滤波电容 C7 击穿等
检修方法与步骤	❶ 首先在机检测上述元器件是否有短路现象，若有短路元器件，更换之 ❷ 检查输入变压器、输出变压器是否有严重发热现象，若有严重发热，判断其是否内部绕组有短路现象，若有短路问题，更换输入或输出变压器 ❸ 检查相连接的导线或印制电路板的铜箔是否有短路（严重烧毁）现象发生，若有短路情况，根据具体情况更换导线或维修印制电路板

故障现象 2	不烧熔断器，但无声
故障原因分析	在不烧熔断器的情况下无声音，一般发生断路性故障多，并且故障范围有些大。由于该机是非直接耦合，这给维修带来极大的方便，因为每级的静态工作点电压不会相互牵连，即某级损坏一般不会影响到其他放大级。因此，先用干扰法判断故障范围在哪一级电路，然后针对这级电路进行维修
检修方法与步骤	❶ 首先用电阻法判断喇叭发音是否正常。万用表置于欧姆挡（$R\times1$），两表笔分别触及喇叭的两个引线“一搭一放”，若有“咯咯”声，则为喇叭正常，同时也可以检测喇叭的电阻值 ❷ 上电开机后，检测供电电压（+12V、+8V、+5V）是否正常，哪一路供电电压异常，就应首先排除该供电故障 ❸ 在各路供电电压正常的情况下，用干扰法判断故障的大致范围。用指针式万用表（$R\times1$ 挡）的红表笔接地，黑表笔分别碰触以下关键点：VT4、VT6 基极，输入变压器 B1 次级中心抽头、初级，VT2 集电极、基极，耦合电容 C5，VT1 集电极、基极，耦合电容 C1，音量电位器 RW 中心抽头，读卡电路板的 L、R 端子等 ❹ 通过干扰法将故障范围确定在某级后，再对某级进行静态工作点测量。先测 VCC，再测 Vb、Vbe。若静态电压不正常（不符合放大条件），则进一步检查晶体管及偏转元器件是否损坏，更换损坏的元器件 ❺ 当各级静态电压均正常，就主要检查耦合元件：C1、C5 是否开路，B1、B2 是否短路等。若有损坏元件，更换之

故障现象 3	有啸叫
故障原因分析	退耦滤波电路不良或 VT 有自激现象等
检修方法与步骤	主要应检查滤波电容 C2、C3 是否开路或失容，中和电容 C6 是否开路等

故障现象 4	时响时断
故障原因分析	有接触不良现象
检修方法与步骤	由于该产品在使用过程中随车辆震动性比较大，因此重点检查体积大的元器件：输出变压器、输入变压器、功放管等引脚是否有脱焊现象，各连接线的插排是否有接触不良现象等 可以采用敲击、摇晃法进行排查 更换插排或导线，补焊元器件引脚

6.3.4 实战32——400W扩音机电路的原理及检修

① 400W扩音机电路原理

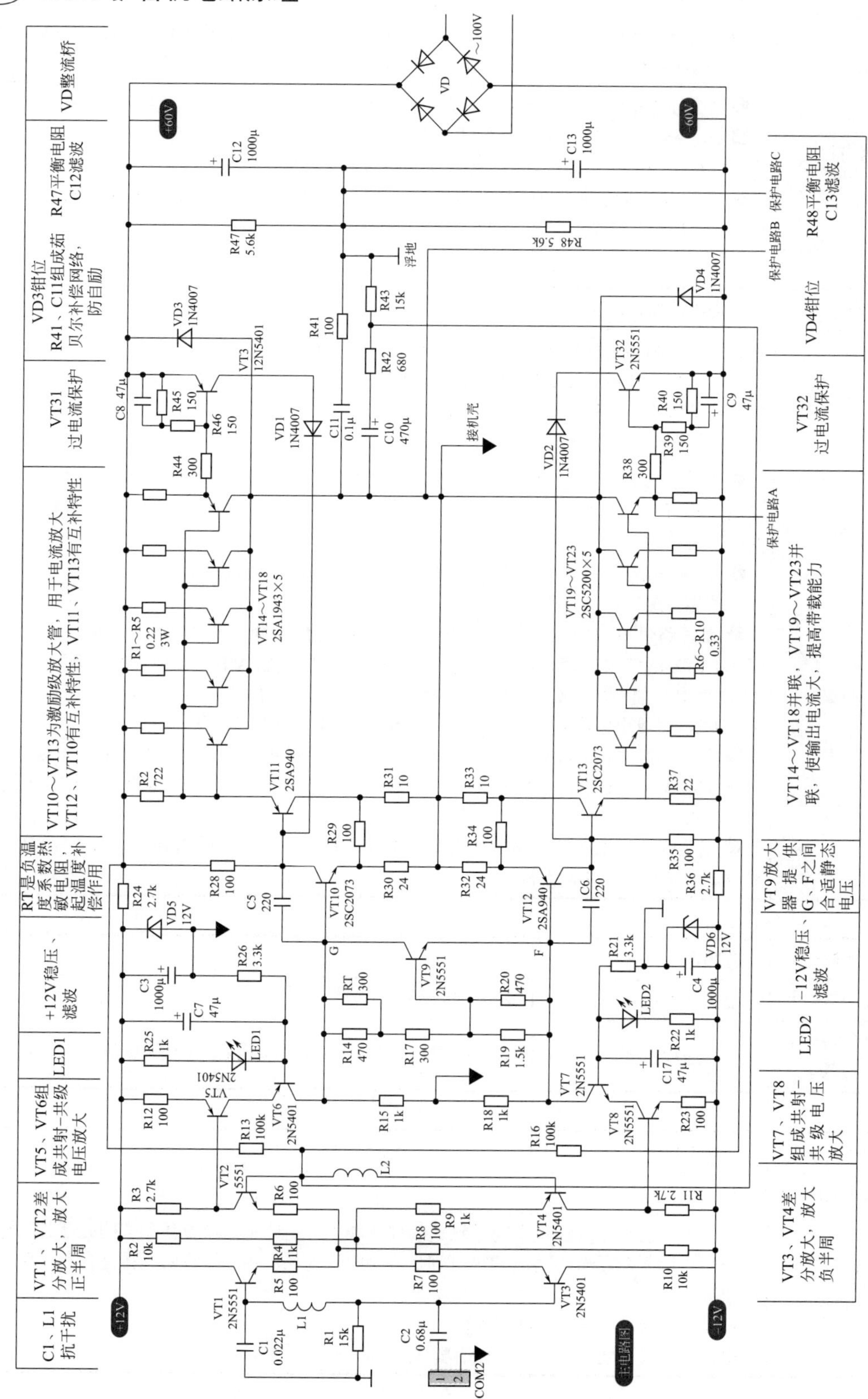

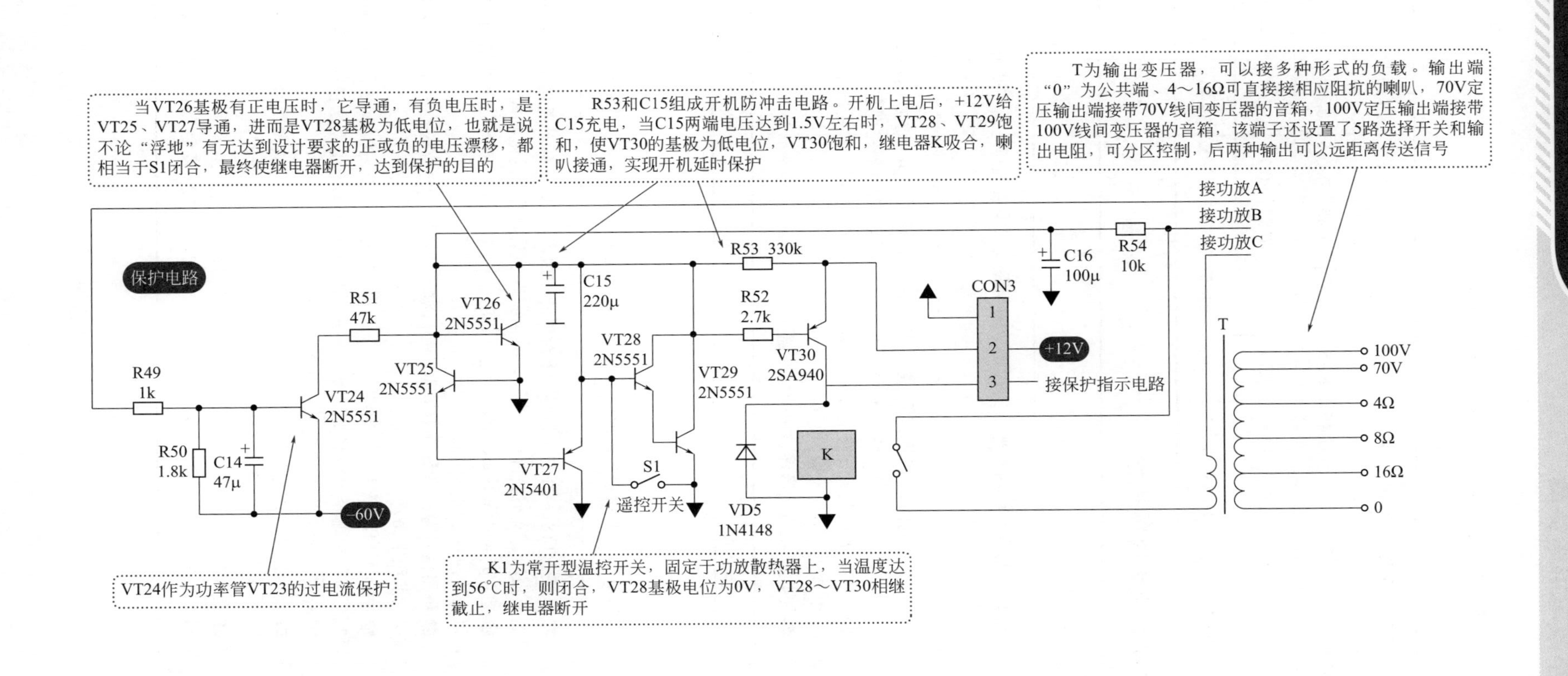
当VT26基极有正电压时，它导通，有负电压时，是VT25、VT27导通，进而是VT28基极为低电位，也就是说不论"浮地"有无达到设计要求的正或负的电压漂移，都相当于S1闭合，最终使继电器断开，达到保护的目的
R53和C15组成开机防冲击电路。开机上电后，+12V给C15充电，当C15两端电压达到1.5V左右时，VT28、VT29饱和，使VT30的基极为低电位，VT30饱和，继电器K吸合，喇叭接通，实现开机延时保护
T为输出变压器，可以接多种形式的负载。输出端"0"为公共端、4～16Ω可直接接相应阻抗的喇叭，70V定压输出端接带70V线间变压器的音箱，100V定压输出端接带100V线间变压器的音箱，该端子还设置了5路选择开关和输出电阻，可分区控制，后两种输出可以远距离传送信号
接功放A
接功放B
接功放C
保护电路
R53 330k
C15
220μ
C16
100μ
R54
10k
R51
47k
VT26
2N5551
R52
2.7k
CON3
1
2
3
+12V
接保护指示电路
VT28
2N5551
VT25
2N5551
VT29
2N5551
VT30
2SA940
R49
1k
VT24
2N5551
T
100V
70V
4Ω
8Ω
16Ω
0
R50
1.8k
C14
47μ
VT27
2N5401
S1
K
遥控开关
-60V
VD5
1N4148
K1为常开型温控开关，固定于功放散热器上，当温度达到56°C时，则闭合，VT28基极电位为0V，VT28～VT30相继截止，继电器断开
VT24作为功率管VT23的过电流保护

② 各三极管静态电压（用数字万用表检测）

V

引脚	VT1	VT2	VT3	VT4	VT5	VT6	VT7	VT8	VT9	VT10	VT11	VT12	VT13
E	−0.583	−0.580	0.623	0.615	11.45	8.75	−8.75	−11.45	−0.765	0.21	60	−0.24	−60
B	0	0	0	0	10.85	8.14	−8.14	−10.83	−0.22	0.765	59.45	−0.765	−59.4
C	12	10.85	−12	−10.83	8.75	0.765	−0.765	−8.75	0.765	59.45	0	−59.44	0

③ 400W 扩音机电路的检修

故障现象 1	烧熔断器
故障原因分析	烧熔断器说明机内有严重的短路故障现象。只有在排除了短路故障后，才能再次更换熔断器
检修方法与步骤	❶ 初步用电阻法在机判断降压变压器，整流桥 VD，滤波电容 C12、C13，三极管 VT11、VT13、VT14 ～ VT18、VT19 ～ VT23 等是否有短路现象 ❷ 当在机判断某元器件有短路现象时，为了防止误判，就要把怀疑的元器件脱焊下来，进一步测量判断其质量的好坏 ❸ 更换损坏的元器件、更换熔断器

故障现象 2	功放不工作
故障原因分析	多数是功放末级功率管损坏所致，为避免连烧功放管，可按如下分步流程维修
检修方法与步骤	❶ 只装 VT18、VT23（其他上下对称的一组也可以），确认其两个质量完好。其余功放管若无损坏，就不要拆卸下来了，只需脱焊下发射极上的电阻即可 ❷ 把 VT24 脱焊下来，把输出变压器的“浮地”脱焊。在输出变压器的 8Ω 端子上（也可以用其他对应阻抗的端子）接一个喇叭 ❸ 短路信号源，音量置于最小，开机测量“浮地”电位应小于 0.5V，若偏差大，就主要检查前级电路 ❹ 测量 VT18、VT23 发射结正偏压，正常时应为 0.2 ～ 0.4V 之间，且基本对称。如不正常，可适当调整 R19 的阻值（用电位器串联一个固定电阻来替代 R19，调整好后改为固定电阻）。此后，测量发射极电压值，并记住 ❺ 接上信号源，把音量电位器从小迅速调到最大，再从大调到小，同时用万用表监测“浮地”电位应迅速降至 0.5V 以内，若恢复较慢，就要检查相关的电容 ❻ 把 VT14 ～ VT17、VT19 ～ VT23 一次接入一对，在进行检测发射结正偏压，正常时应为 0.2 ～ 0.4V 之间，且基本对称。与 VT18、VT23 发射极电压值比较基本一致

6.3.5 实战 33——电脑音箱 D2025 电路的原理及检修

① 电脑音箱 D2025 电路的原理

输入电路主要由电位器W11、W12、W21及W22等组成。其中W11、W21为左右声道的音量控制，W12、电容C12及W22、电容C22组成音调网络，W12、W22为音调控制

该电路主要由电源、集成电路和输入电路等组成

集成电路D2025及外围元器件等组成功率放大电路。由于这部分电路完全对称，因此，下面以左声道(L)为例，分析其工作原理。从电脑声卡或DVD、VCD等播放机输入的音频信号，经音量电位器W11调节、电容C11耦合，再通过音调W12调节，电容C13耦合至IC的10脚。信号经过集成电路内部放大后，经中点(耦合)电容C4驱动扬声器发声。电路中，电容C16为自举升压；电阻R11、电容C14为负反馈网络，起改善音质、稳定电路的作用；电容C2起退耦滤波的作用

电源电路主要由变压器、整流器和指示灯等组成。接通电源，按下电源双刀开关S，市电经保险FU加至降压变压器T的初级，次级的交流双12V电压经全波整流二极管VD1、VD2整流，电容C1滤波，得到+12V左右的直流电压，送至IC的16脚，作为整机的能源供给，同时指示灯LED点亮(R1为限流电阻)

② 集成电路 D2025 各脚功能及电压

脚号	电压 /V	各脚功能	脚号	电压 /V	各脚功能
1	0	BTL 输出	9	0	地
2	6.3	输出 1（R）	10	0.1	同相输入 2
3	12.4	自举 1	11	0.6	反馈 2
4	0	地	12	0	地
5	0	地	13	0	地
6	0.6	反馈 1	14	12.4	自举 2
7	0.1	同相输入 1	15	6.3	输出 1（L）
8	11.3	纹波抑制	16	12.5	供电端（VCC）

③ 电脑音箱 D2025 故障的检修

故障现象 1	通电后无任何反应
故障原因分析	根据故障现象分析，整机的指示灯都不亮，故障的最大可能是电源电路损坏或集成电路有故障
检修方法与步骤	❶打开机壳后，先查看熔断器 FU 是否烧毁 ❷若熔断器无烧毁，可采用电压法进行排查 接通电源，按下开关 S，用万用表测变压器初级绕组的电压，若无 220V 交流电，则可能为电源线断路、开关断路或接触不良、熔断器与熔断器座接触不良及这部分导线（或印制电路板）有断路性现象发生；若有 220V，再测次级是否有双 +12V 交流电，没有电压，则为初级或次级可能断路，有电压，继续测量电容 C1 两端的电压。C1 两端有 +12V 左右的电压，指示灯不亮，则为 R1 或 LED 损坏，可检查更换；若 C1 两端无电压，则整流二极管 VD1、VD2 可能断路，可检查更换 ❸若熔断器烧毁严重，暂不要更换熔断器，首先需初步判断电路是否有严重短路现象 可采用电阻法测量关键点电压，选取集成电路的 16 脚供电端为关键点，若正反向电阻值几乎没有差别，且无充放电现象，则有短路现象发生。可脱开 16 脚再测该脚与地的正反向电阻值，此时正反向电阻值还是很小，一般为集成电路损坏；若正反向阻值相差很大，说明集成电路基本正常，继续测脱开后的另一端（即 C1 两端）的正反向电阻值，若正反向电阻很小，且无充放电现象，则可能为 C1、VD1、VD2 有击穿短路损坏，可更换损坏元器件；若正反向电阻值相差很大，即可更换熔断器，改为电压法检修 ❹通过上述检修，指示灯能正常点亮，而左右声道还不能放音时，可按照故障现象 2 继续检查排除

故障现象 2	指示灯点亮，左右声道都不能放音
故障原因分析	根据故障现象分析，指示灯能正常点亮，表明电源供电电路正常，而左右声道不能放音，故障范围应在集成电路及外围元器件电路
检修方法与步骤	❶先用电阻法测扬声器是否正常，若不正常，可维修或更换；若正常，继续测量集成电路的 16 脚与 4 脚之间的电压（黑表笔要接在 4 脚上，不要接在公共地线上），正常电压应为 +12V, 若无电压，则是供电线路（铜箔）有断路故障，可用电阻法或电压法检查排除。同时，要注意测一下 4、5、12、13 脚是否相通（应当相通），某脚不通，则有断路现象，可检查排除

续表

检修方法与步骤	❷ 然后，测量集成电路各脚的静态电压（不输入信号），与正常值进行比较，若某脚或某几脚电压不正常，应首先检查其外围元件，而后再判断集成电路是否损坏。若集成电路各脚的静态电压基本正常，可脱开集成电路的7、10脚，用干扰法碰触这两脚，若扬声器有响声，则故障在输入电路；若无响声，故障依然在这部分电路 ❸ 输入电路的故障可用干扰法逐步缩小故障范围，维修或更换损坏的元器件。若没有明显损坏的元器件，可考虑有短路现象发生，如电位器中心抽头碰外壳（外壳接地）或输入插口内部短路（或内芯碰外壳）。输入插口一般在后面板，一部分机型采用的是输入插头，那么就要检查插头及其连接线是否存在短路现象

故障现象3	交流声大，仅能听到微弱的伴音声
故障原因分析	首先关掉音频输入信号，用干扰法碰触集成电路的7、9脚，若无交流声，则为音源（电脑声卡等）故障引起；若碰触后交流声再度出现，则为功放有问题
检修方法与步骤	先测量集成电路各脚静态电压值，同正常值及左右声道对称值进行比较，主要应检查电压异常管脚外的阻容元件，同时，要注意检查电源滤波电容C1、C2。经过上述检查后，故障还没有排除，就要对集成电路外围的所有电容用替换法进行逐个替换（同规格），多是由某个电容漏电所引起的，也可用电容表或数字表（有电容测试功能）进行测量。故障最后还排除不了，可能是集成电路外围电阻或集成电路本身损坏

故障现象4	某一声道无声
故障原因分析	根据故障现象分析，某一声道无声，表明电源电路和集成电路的工作条件都基本正常，故障范围只在该声道
检修方法与步骤	检修方法可参考故障现象1，进行检修和排除

第7章

豆浆机

7.1 豆浆机的结构组成

全自动家用豆浆机，是家庭自制多种五谷、果蔬、玉米汁等的实用小家电

它采用单片机控制，预热、粉碎、煮酱、延时熬煮全自动完成，可在十几分钟做出各种做出各种新鲜香浓的熟豆浆。一般都具有多种功能设置，可以根据用户的需要选择不同的工作程序

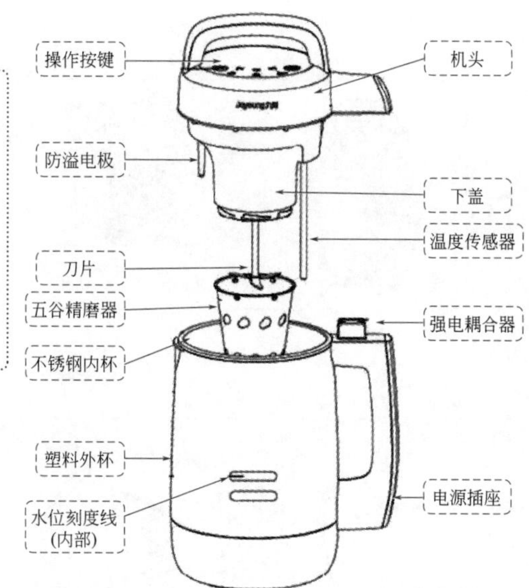

① 杯体

杯体像一个硕大的茶杯，有把手和流口，杯体材料主要是不锈钢。杯体的上口沿恰好套住机头下盖，对机头起固定和支撑作用

② 机头

机头是豆浆机的总成，除杯体外，其余各部件都固定在机头上。机头外壳分上盖和下盖。上盖有提手、工作指示灯和电源插座。下盖用于安装各主要部件，在下盖上部(也即机头内部)安装有电脑板、变压器和打浆电动机。伸出下盖的下部有电热器、刀片、网罩、防溢电极、温度传感器以及防干烧电极

③ 面板开关

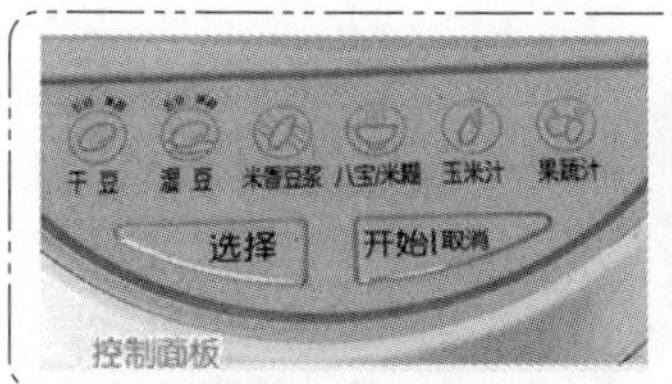

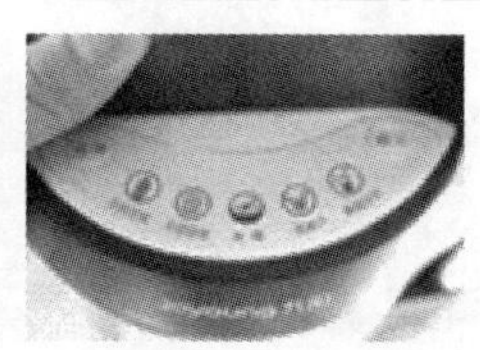

按下功能按键选择要执行的功能程序，相应的指示灯亮

④ 电源插座

⑤ 电热器

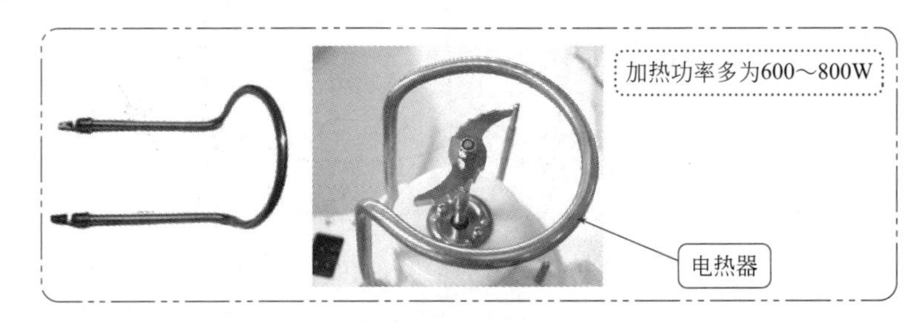

⑥ 温度传感器与防干烧电极

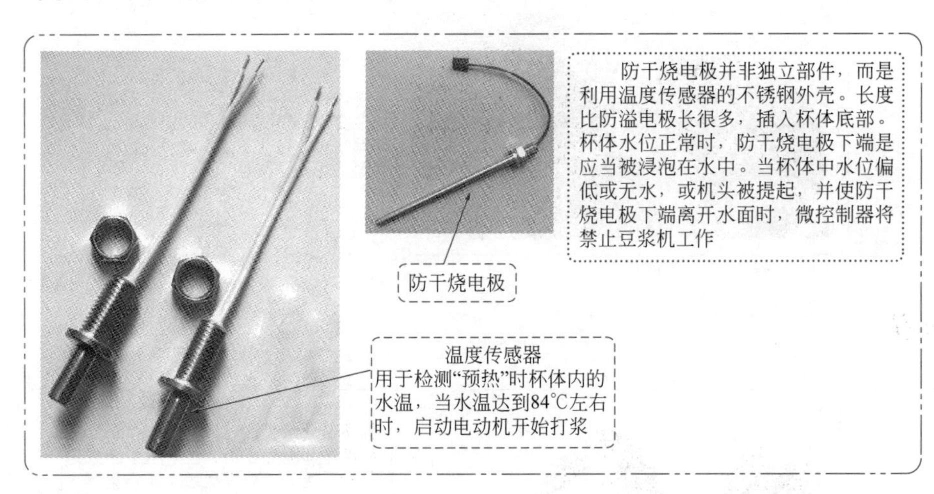

⑦ 防溢电极

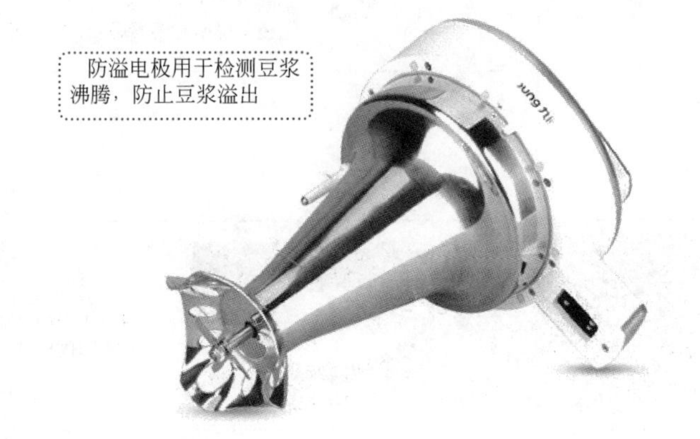

⑧ 拉法尔网

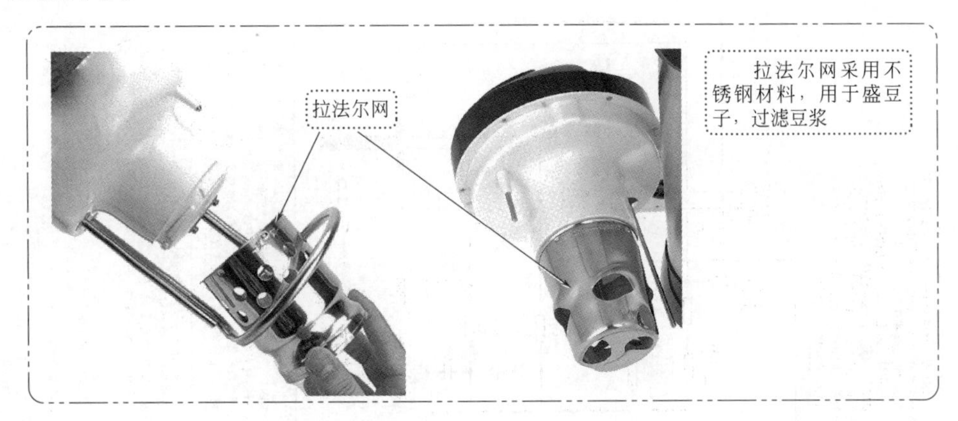

⑨ 刀片

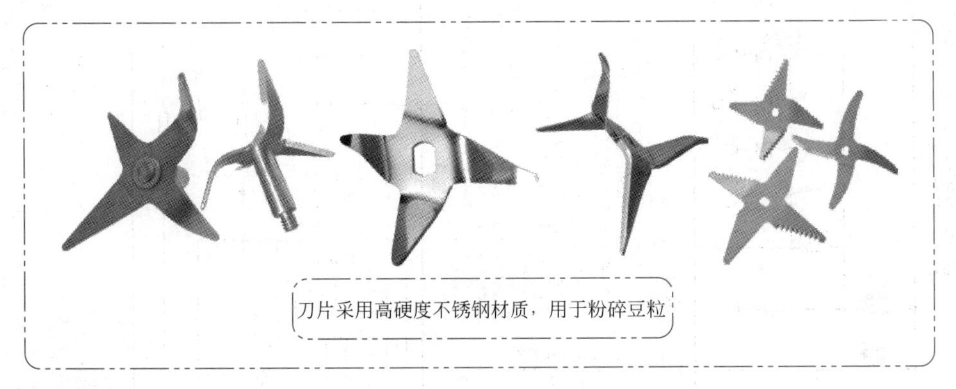

7.2 九阳 JYDZ-28 豆浆机的工作原理与维修

7.2.1 九阳 JYDZ-28 豆浆机的工作原理

① SH69P42M 单片机各脚功能

脚号	引脚定义	功能	脚号	引脚定义	功能
1	PORTE2	加热继电器输出	11	PORTB2/AN6	温度检测 AD 输入
2	PORTE3	电动机继电器输出	12	PORTB2/AN7	选择按键输入
3	PORTD2	半功率继电器输出	13	VDD	电源 +5V
4	PORD3/PWM1	蜂鸣器输出	14	OSCI	RC 振荡
5	PORTC2/PWM0	指示灯	15	OSC0/PIRTC0	水位输入检测
6	PORTC3/T0	相位检测输入	16	PORTC1/VREF	五谷豆浆指示灯
7	RESET	复位	17	PORTD0	溢出输入检测
8	GND	地	18	PORTD1	纯香豆浆指示灯
9	PORTA0/AN0	确定按键输入	19	PORTE0	玉米汁指示灯
10	PORTA1/AN1	机型选择接口	20	PORTE1	果蔬豆浆指示灯

② 九阳 JYDZ-28 豆浆机原理图

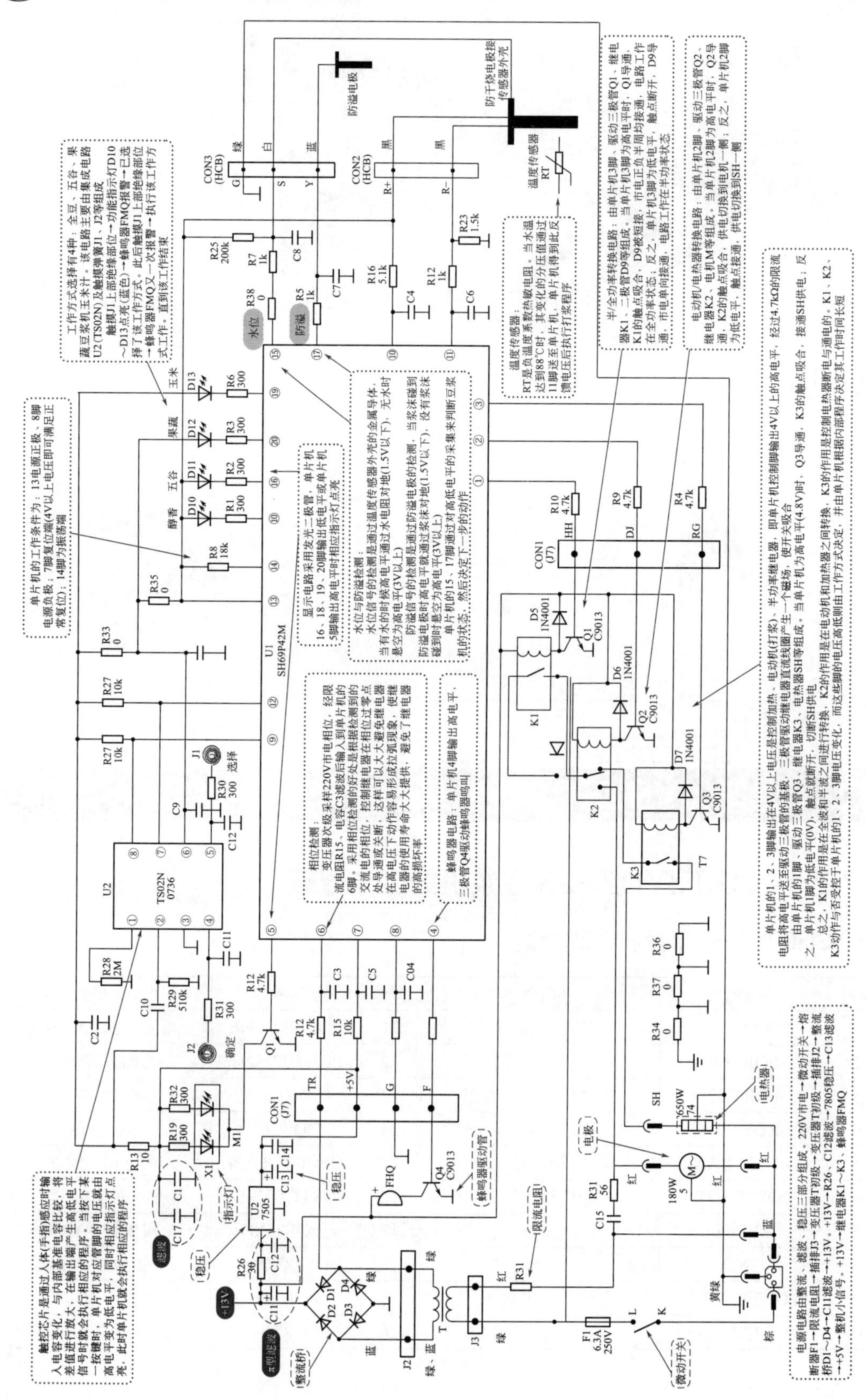

③ 电容式触摸控制感应按键芯片 TS02N 各引脚的功能

脚号	引脚定义	引脚主要功能	脚号	引脚定义	引脚主要功能
1	SYNC	同步控制，接下拉电阻	5	CS2	触摸垫的大小
2	R-BIAS	内部偏置调整	6	VDD	供电电源。2.5 ～ 5.0V
3	GND	电源地	7	OUT2	通道 2 触摸检测输出
4	CS1	触摸传感器输入通道 1 和 2	8	OUT1	通道 1 触摸检测输出

④ 电路板实物图

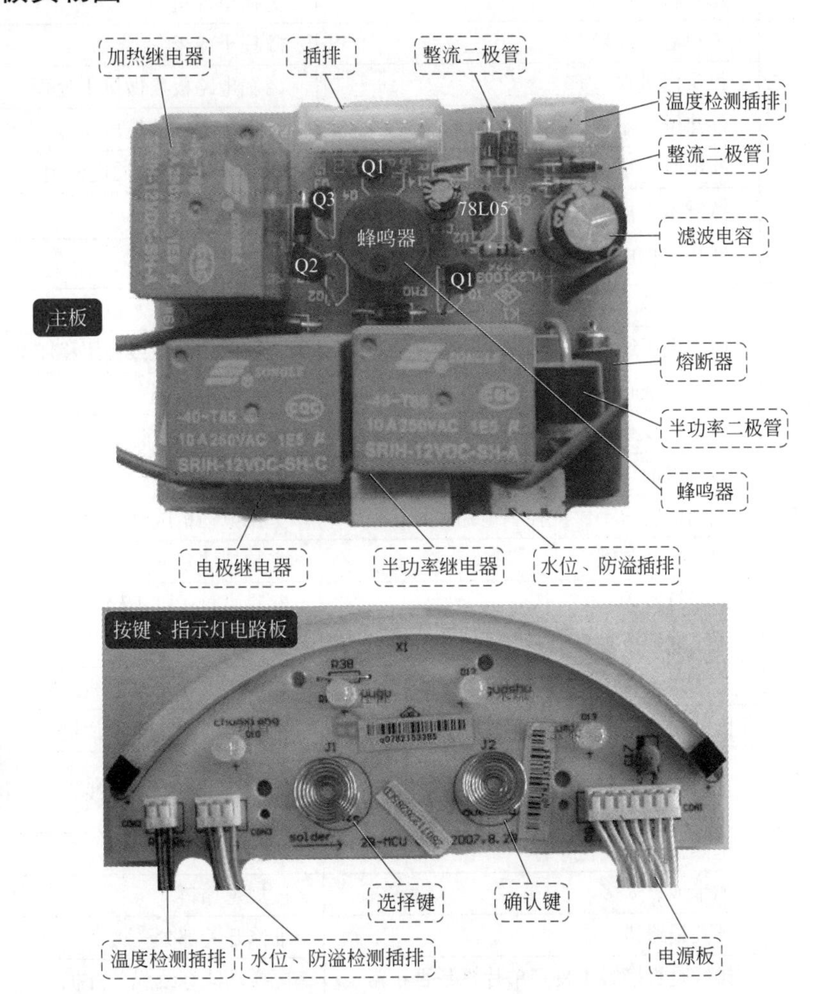

7.2.2 实战 34——九阳 JYDZ-28 豆浆机的维修

故障现象	故障分析	故障排除
指示灯不亮	机头没有放正（微动开关没有打开）	重新放正机头
	豆子或其他物料放得太多	按规定放物料并将物料在杯底平放
	未按键	按下功能键

续表

故障现象	故障分析	故障排除
指示灯不亮	杯体内未加水或加水太少	加水至上、下水位线之间
	工作过程中拔插电源，造成长鸣报警	按正常操作步骤进行操作
	温度传感器、单片机故障	检查与维修温度传感器电路 更换温度传感器或单片机
电动机工作不停	机头内进水	清洗电路板后做烘干处理
	电动机继电器触头烧焦、粘连	更换同型号的继电器
	单片机损坏	更换单片机
加热不停	未放豆子或米	放豆子或米
	机头内进水	清洗电路板后做烘干处理
	加热继电器触头烧焦、粘连	更换同型号的继电器
按键无反应	断电时间短，系统没有复位	断电 3min 后再通电使用
	按键本身损坏	更换按键
	单片机损坏	更换单片机
豆子或米打不碎	加水太少	加水至上、下水位线之间
	电源电压过低	调整电源电压或使用稳压器
	豆子浸泡时间短	加长浸泡时间
	豆量太少或太多	按说明书加豆量
	刀具磨旧	更换刀具
	电动机转速不够或控制电路损坏	更换电动机或维修电路
溢锅	露装拉法尔网	安装拉法尔网
	豆子打不碎	参看“豆子打不碎”排出方法
	豆浆太稀或加豆太多	按标准量加豆
	加水过多	加水至上、下水位线之间
	防溢检测电路损坏或单片机损坏	检修防溢电路及单片机
豆浆没有熬熟，提前报警	加水或其他原料过多	加水至上、下水位线之间，按标准加料
糊锅	电热器没有清洗干净	清洗干净电热器
	加米或豆太多	按规定加料
功能错乱	开关线路错	维修开关部分
	排线是否接触不良及单片机是否正常	更换功能灯线或单片机
电机不工作	检查单片机电机控制脚是否有高电平	更换单片机
	电动机回路是否正常	维修电动机控制回路
	电动机继电器是否正常	更换继电器
	电动机本身损坏	更换电动机
不报警	检查蜂鸣器是否损坏	更换蜂鸣器
	单片机是否正常	更换单片机
	蜂鸣器驱动电路	检修蜂鸣器驱动电路

续表

故障现象	故障分析	故障排除
不加热	加热回路有开路现象	维修加热回路，主要检查加热线插簧
	变压器有无开路	更换变压器
	加热继电器损坏	更换继电器
	加热继电器控制回路是否正常	维修加热继电器控制回路
按键不能输入	开关是否输入正常	更换开关
	输入键回路电阻有无虚焊	维修输入回路
	单片机按键输入脚是否正常	更换单片机
不通电	检查 +12V 电压是否正常	检查变压器、滤波器输出电压
	检查 +5V 电压是否正常	检查稳压器及滤波电容，更换稳压器
	单片机是否正常	更换单片机
	微动开关是否接触不良	更换微动开关

7.3 九阳 JYDZ-22 豆浆机的工作原理与维修

7.3.1 九阳 JYDZ-22 豆浆机的工作原理

① SH69P42M 单片机各引脚的功能

脚号	引脚定义	功能	脚号	引脚定义	功能
1	PORTE2	电源指示灯控制信号输出	11	PORTB2/AN6	放溢检测信号输入
2	PORTE3	AN1 操作信号输入 / 五谷指示灯控制信号输出	12	PORTB2/AN7	水位检测信号输入
3	PORTD2	AN2 操作信号输入 / 五谷指示灯控制信号输出	13	VDD	电源供电
4		未用	14	OSCI	RC 振荡
5		未用	15		未用
6		未用	16	PORTC1	蜂鸣器驱动信号输出
7	RESET	复位	17	PORTD0	主继电器控制信号输出
8	GND	地	18	PORTD1	电动机 / 加热器供电继电器控制信号输出
9	PORTA0/AN0	机型设置端	19	PORTE2	加热器供电继电器控制信号输出
10	PORTA1/AN1	温度检测信号输入接地	20	PORTE1	市电过零检测信号输入

② 九阳 JYDZ-22 豆浆机原理图

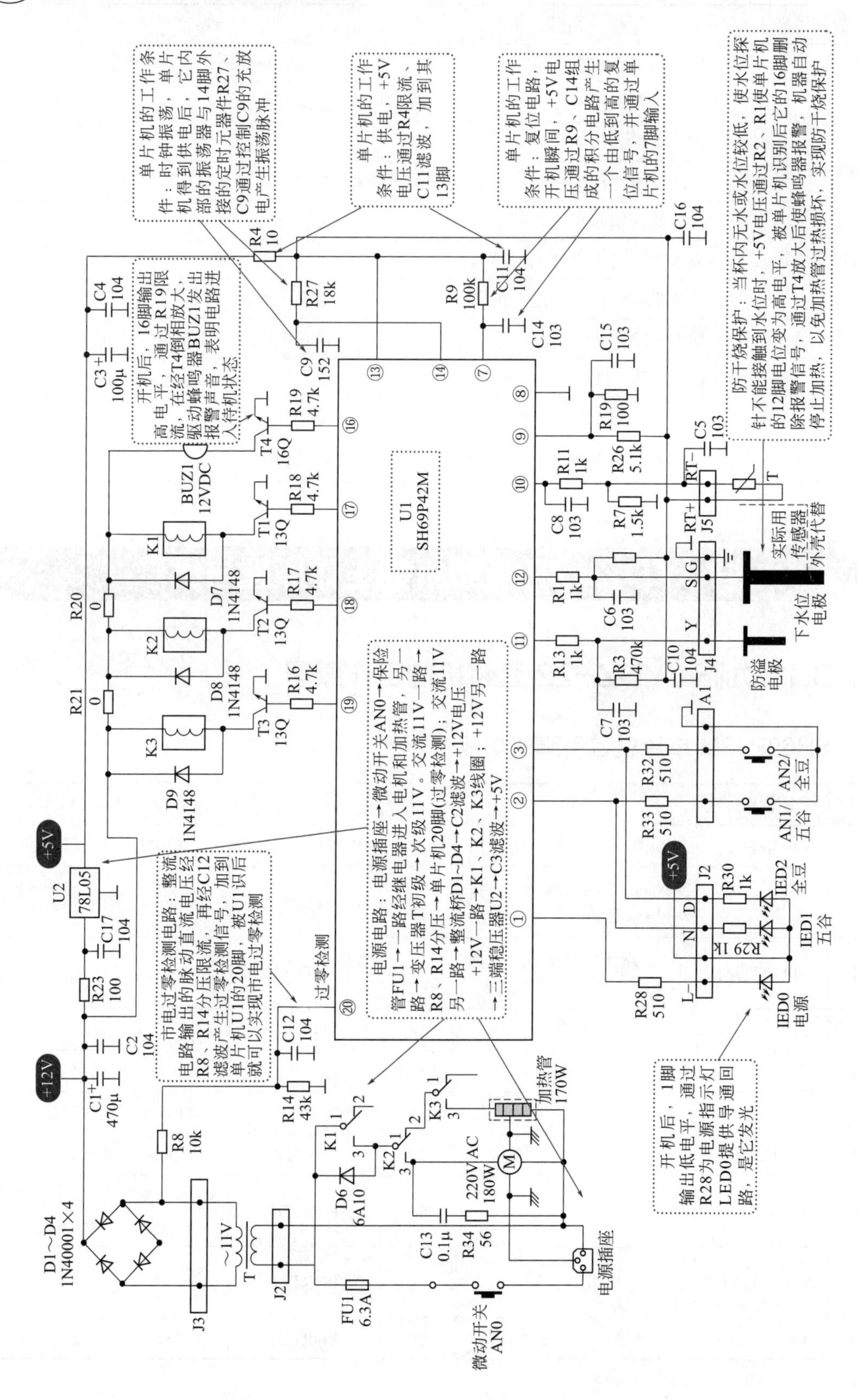

③ 打浆、加热原理

杯内有水且在待机状态时，按下“五谷”或“全豆”键，单片机检测到2脚或3脚的电位由高电平变为低电平，确认用户发出打浆指令后，在蜂鸣器报警的同时，从17脚、19脚输出高电平驱动信号。17脚输出的高电平控制信号通过R18限流、T1放大，为继电器K1线圈供电，使K1的1、3触点吸合，为继电器K2的动触点端子供电。19脚输出的高电平控制信号通过R16限流、T3放大，为继电器K3线圈供电，使K3的1、3触点吸合，为加热管供电。加热约8min后水温超过85℃，温度传感器的阻值减小到设定值，+5V电压通过它与R7取样后电压升高到设定值，该电压加到单片机的12脚后，单片机将该电压与内部温度值进行比较，判断加热温度达到要求，控制19脚输出低电平控制信号，控制18脚输出高电平控制电压。

19脚输出低电平控制信号后T3截止，继电器K3的触点释放，加热管停止加热；18脚输出高电平控制电压经R17限流后使T2导通，为继电器K2线圈供电，从而使电动机得电，开始打浆。经过4次打浆后，单片机的18脚电位变为低电平，T2截止，电动机停止，打浆结束。

打浆结束后，单片机的17脚再次输出高电平，加热管再次加热至豆浆沸腾。

沸腾后浆沫接触到防溢电极，使单片机的11脚电位变为低电平，单片机判断豆浆已经煮沸，控制17脚输出低电平，T1截止，加热管停止加热。当浆沫回落，低于防溢电极后，单片机的11脚又输出高电平，如此反复15min后，停止加热。同时蜂鸣器报警，提示完成工作。

7.3.2 实战35——九阳JYDZ-22豆浆机的维修

故障现象	故障分析	故障排除
指示灯不亮、整机不工作	供电线路异常	检测电源线和电源插座是否正常。若不正常，检查或更换
	电源电路有问题	若烧熔断器，主要应检查变压器、整流桥、电机、加热管、单片机、三端稳压器、滤波电容是否存在有短路问题 若不烧熔断器，加电用电压法检查，主要应检查的关键点是：变压器初级220V交流、次级11V交流；C1两端+12V；C3两端+5V。那一级电压异常，故障就在该部分电路
	单片机电路有问题	首先要检测单片机的三个工作条件是否正常：❶13脚供电电压+5V；❷复位电路的C11、C14、R9是否正常；❸时钟振荡电路的C9、R27是否正常。若有不正常，检测、更换损坏的元器件 其次，检测单片机其他引脚电压。在排除因单片机外接元器件损坏的情况下，就是单片机本身损坏
加热、打浆缓慢	继电器K1异常	加热时，检测继电器K1线圈是否有供电电压，若没有供电电压，检查供电电路和控制电路；若有正常电压，检查线圈是否断路、触点是否正常闭合等
	三极管T1有问题	加热时，检测T1的基极是否有0.7V的高电平，若有，检查T1、K1；若没有，检测单片机
	单片机有问题	加热时，检测单片机的17脚是否输出高电平，若有，检查R18、T1；若没有，检查、更换单片机

续表

故障现象	故障分析	故障排除
能打浆，但不能加热	加热管断路	加热时，检测加热管两端有无市电电压输入，若有，检查加热管。直接用电阻法测量其阻值
	继电器 K2、K3 有问题	加热时，检查继电器 K2、K3 线圈是否有工作电压，若无，检查供电和驱动电路；若有电压，检查线圈是否断路或触点是否损坏
	三极管 T2、T3 有问题	加热时，检查三极管 T2、T3 基极是否有正常的导通电压（0.7V），若有，检查三极管 T2、T3；若无，检查三极管 T2、T3 和单片机的 18 脚、19 脚输出信号电平
	温度传感器 T 有异常	直接用电阻法检查温度传感器是否正常。温度传感器在环境温度 27℃时的阻值为 19.5kΩ
	单片机有问题	脱开单片机的 18 脚、19 脚，加热时，检查输出电平是否有 0.7V，若有，说明单片机输出是正常的；若无，则为单片机异常
有提示音，但不能打浆	电动机 M 有问题	检查电动机是否卡死；检测电动机绕组是否正常。更换电动机
	继电器 K2 有问题	检查、更换继电器
	三极管 T2 有问题	检查、更换三极管
	单片机本身有问题	检查、更换单片机
不加热，蜂鸣器长时间报警	水位探针异常	检查水位探针是否开路，是否有锈蚀现象
	单片机异常	检查、更换单片机
加热时泡沫溢出	防溢探针异常	检查防溢探针
	继电器 K3 的 1、3 触点粘连	在路测量继电器 K3 的 1、3 触点是否粘连，若粘连，可更换继电器
	三极管 T3 的 CE 结击穿	检查、更换三极管 T3
	单片机异常	检查、更换单片机

第8章

保健系列

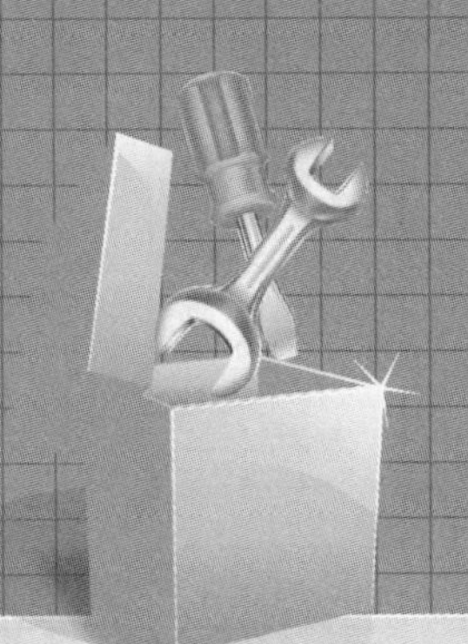

8.1 按摩器

8.1.1 按摩器的分类

按摩器的分类		
按工作原理	电动按摩器	根据电动机带动偏心轴的旋转或利用电磁振荡原理而工作，前者称为电动机式，后着称为电磁式
	红外线按摩器	通过远红外线元器件发出红外线而进行工作
	电子按摩器	利用低频脉冲波或电流低频振荡来工作的
按疗效功能	保健按摩	以保健性质经常或定期进行全身或局部按摩，促进人体血液循环，增强身体健康。如果用于保健按摩，宜选用功率较小、振动力较弱的电磁振动式按摩器
	理疗按摩	以治疗某种疾病为目的理疗按摩，可作为医疗的辅疗手段。对于患有腰酸背痛、受风受寒、骨质增生、关节痛、局部肌肉麻木等病症的患者，使用电动按摩器可以疏通经络、调和气血、改善病人的精神状态和减轻病人痛苦等。理疗按摩是根据病情对病人局部或全身性的按摩，要求所使用的电动按摩器能调节振动强度
	运动按摩	运动按摩是运动之前提高肌力或运动后消除疲劳的有效方法。宜选用功率稍大、振动力较强的电机振动式按摩器

续表

按摩器的分类		
按疗效功能	美容按摩	美容按摩宜选购钢笔形的按摩器，因为这种电动按摩器小巧玲珑，携带和使用方便，安全可靠，效果显著
按使用的部位不同	可分为背部式、足部式、腰部式、脸部式、头部式、手足式、通用综合式等	
按按摩方式	可分为震颤式、揉捏式、滚动式、捶击式、摇摆式等	
按外形所采用的材料	可分为塑料型、木制型和金属型等	
按磁疗方式	可分为磁性降压带、旋转磁疗机、电磁按摩器、交变磁疗机、脉动磁疗机、脉冲磁疗机等	

8.1.2 实战36——普及型按摩器的工作原理及检修

① 普及型按摩器的工作原理

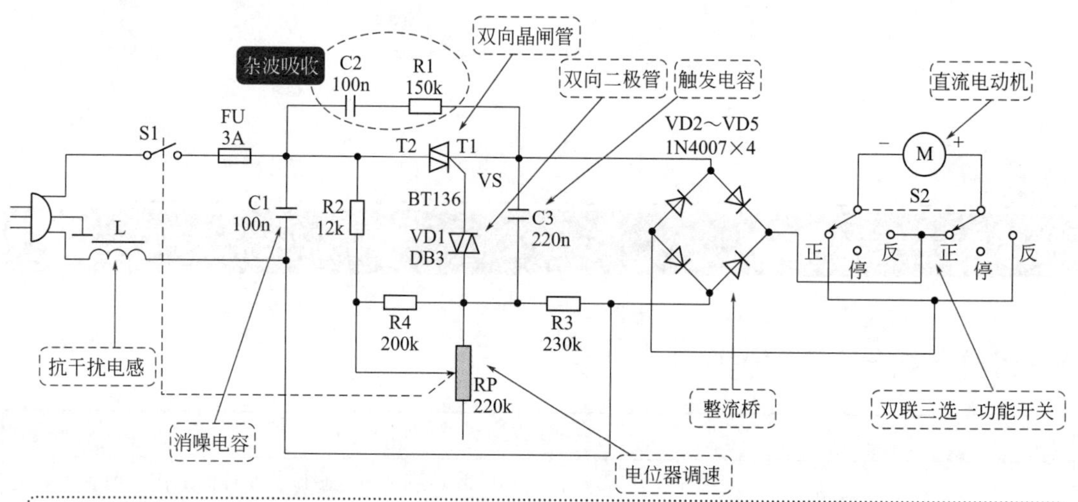

按摩器原理：

220V市电经R1、R4、RP、R3分压后为触发电容C3充电，当C3的电压达到触发二极管VD1的转折电压(大约32V)时，VD1导通并触发双向晶闸管VS导通，从而使整流桥VD2～VD5得电，市电经整流桥整流后得到脉冲直流电，供给直流电动机工作，电动机带动偏心轮及小滚轮转动，以实现按摩操作

调节RP，可以改变C3充电时间常数，即可改变晶闸管的导通角，从而改变整流输出电压(60～120V)，达到控制电动机转速的目的(50～150r/min)。选择S2功能，可以实现停止、正转、反转

② 普及型按摩器的检修

故障现象1	烧保险
故障原因分析	主要原因可能是消噪电容C1击穿
检修方法与步骤	更换该电容。原机电容耐压为250V，更换时可采用耐压630V的涤纶电容

故障现象 2	电机不振动
故障原因分析	电机不工作的原因较多，如电源线有折断现象；调速电位器损坏；电源开关 S1 和功能选择开关 S2 损坏；晶闸管 VS、电机 M、整流桥等开路损坏；C3 失容或开路；触发电路 R2、R3、R4 开路或虚焊等
检修方法与步骤	❶ 采用观察法先初步判断电路有无断线、虚焊、烧焦等现象，若没有这些现象，就继续检查 ❷ 上电开机用电压法继续检测。关键点选择如下：C1 两端，整流桥输入端，整流桥输入端，电动机两端 ❸ 电压法确定故障范围后，再进一步检修。这时候也可以采用电阻法，更换损坏的元器件

故障现象 3	高速运转，不能调速
故障原因分析	故障原因多是双向晶闸管 VS 击穿短路
检修方法与步骤	更换晶闸管即可

故障现象 4	功能选择只能一种工作
故障原因分析	能正转或能反转，说明电源及整流桥以后的电路基本正常，一般是功能选择开关 S2 损坏
检修方法与步骤	更换开关 S2

故障现象 5	电动机运转无力
故障原因分析	最大可能是电动机老化
检修方法与步骤	更换电动机

8.1.3 实战 37——滚动式按摩器的结构、原理及维修

① 滚动式按摩器的结构

该按摩器由左右对称支架、2个大轮盘、24个小滚轮、串励式电动机、电源开关、调速旋钮、正反换向开关、电源线等组成。大轮盘和小滚轮分别安装在支架转轴上，由电动机带动。在旋转过程中，大轮盘的轨迹发生变化，而小滚轮始终绕轴心旋转，从而形成类似揉捏、挤压和推拿的按摩动作，最终达到治病、健身的目的

② 滚动式按摩器的电路原理

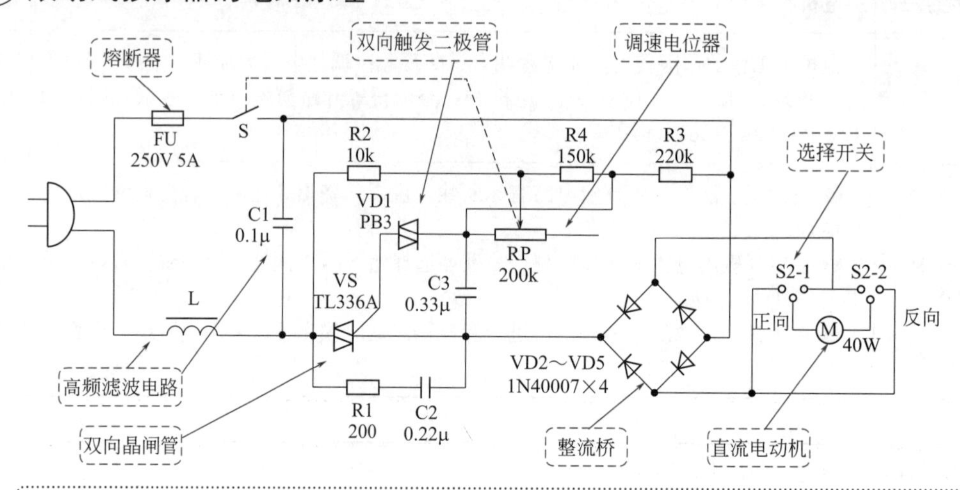

工作原理：

接通电源，闭合电源开关S，市电经R2、R4、R3串联分压，再经电位器RP，调节RP的电阻值，可改变双向触发二极管VD1导通，进而改变双向晶闸管VS的导通角，达到改变交流电压

随调节电位器RP改变的交流电压经整流器整流后，通过正、反换向开关选择，加至直流电动机M。电动机得电后，驱动按摩器的大轮盘转动，按摩器按着调节的速度开始工作

③ 滚动式按摩器的维修

故障现象	故障原因分析	检修方法与步骤
通电后整机不工作	该故障范围较广泛，用观察法排除不了故障时，可用电压法进行缩小故障范围	接通电源，闭合电源开关，用万用表交流250V电压挡测量C1两端的电压（正常值为220V左右），若不正常，则为前级电路有故障，应检查插头、电源线、熔断器、电源开关及连接线（或铜箔）等是否有断路现象；若正常，可继续下一步检查 接着测量整流器输入端的电压，正常时应为调定的交流电压，若无电压，则表明交流调压电路有故障，为了确诊用短路线短路晶闸管VS的T1、T2两极，加电后若故障排除，则一般为调压电路有故障；若有电压，可继续下一步检查。调压电路若有故障，最常见的是电位器、双向晶闸管、双向触发二极管损坏较多，但也不排除这部分还有其他元器件损坏的可能 然后测量整流器输出端的脉冲电压，若无电压，则为整流器VD2～VD5之一损坏，可检查更换损坏元件；若有电压，可测量电机两端点是否有脉冲电压，电动机有电压，表明电动机有问题，有机械性或断路故障；电动机无电压，则表明正、反换向开关及连接线（或铜箔）有断路现象，可检查排除
电动机转动，而大轮盘打滑不转	该故障大多是大轮盘本身有问题，可打开外壳，拆卸下大轮盘，仔细检查大轮盘的内孔是否磨损、变形或破裂、紧固螺钉是否松动等	若是内孔磨损、变形，可在与其对应位置的转轴上缠绕棉布或双面贴不干胶带，适当增大转轴直径；若是内孔破裂，可采用黏合剂粘接破裂处。经过上述处理后，故障一般即可排除
电动机时转时不转	该故障多是因电机碳刷磨损严重，与换向器接触不良所致	可更换同规格的碳刷。除此之外，还应检查碳刷的压力弹簧、电源开关及正、反换向开关等是否有接触不良现象
不能换向	该故障范围较明显，主要是正、反换向开关本身机械性卡死、内部触点烧焦粘连、内部短路等造成的	维修或更换正、反换向开关，故障即可排除

8.2 足浴盆

8.2.1 兄弟牌 WL-572 型多功能足浴盆的工作原理

该电路由电源电路、控制电路、加热电路、振动电路、冲浪电路等组成。

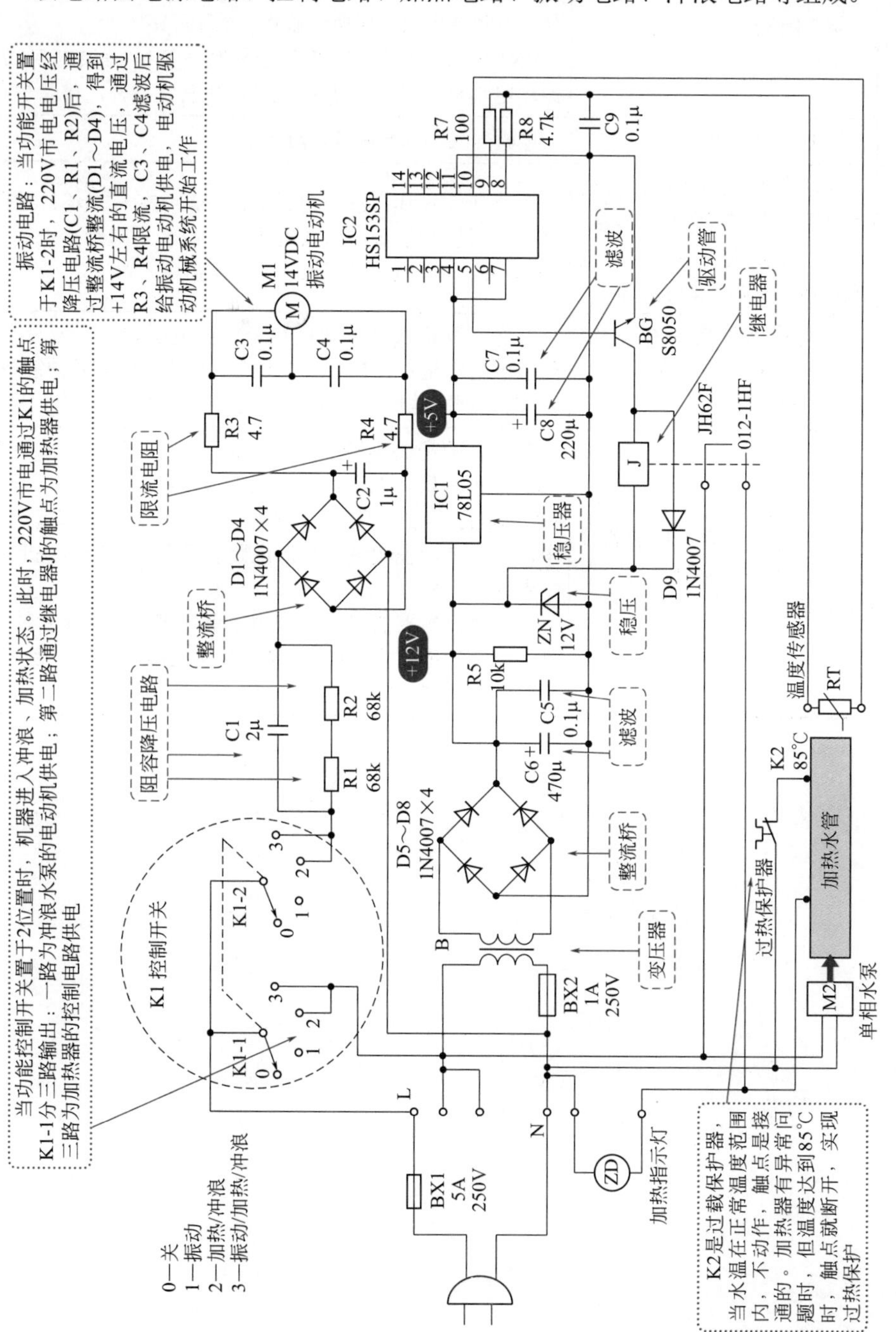

8.2.2 实战38——兄弟牌WL-572型多功能足浴盆维修

<table>
<tr><th>故障现象</th><th>故障原因分析</th><th>检修方法与步骤</th></tr>
<tr><td rowspan="3">整机不工作</td><td>没有市电电压输入</td><td>检查电压插座、电源线是否正常</td></tr>
<tr><td>烧熔断器</td><td>BX2烧毁：主要应检查变压器B、整流桥D5～D6、滤波电容C5、稳压二极管ZN、继电器线圈、单片机等是否有短路现象，更换元器件，排除短路
BX1烧毁：主要应检查整流桥D1～D4、滤波电容C2、振动电动机M是否有短路现象，更换元器件，排除短路</td></tr>
<tr><td>控制开关异常</td><td>检查开关是否损坏或接触不良</td></tr>
<tr><td>其他工作正常，只是不能振动</td><td>说明故障就在振动电路。主要原因有降压电路有异常；整流、滤波电路异常；电动机损坏或没有工作电压等</td><td>功能开关损坏；降压电路R1、R2、C1有损坏；整流桥的二极管有损坏；滤波电容失容或容量减小；电动机损坏；R3、R4有开路现象等。更换损坏元器件</td></tr>
<tr><td>不能冲浪</td><td>水泵电动机供电有异常；水泵电动机本身有问题；水泵的扇叶被异物缠住</td><td>首先，测量水泵电动机有无市电电压加上，若没有，检查供电电路；若有，检查水泵的扇叶是否有异物缠住，若有，清理异物；若正常，检查电动机本身是否有问题</td></tr>
<tr><td>不加热</td><td>电源电路异常；加热器异常；加热供电电路异常；温度检测电路异常</td><td>首先，检查加热指示灯ZD是否点亮，若点亮，检查加热器极其供电电路；若不点亮，说明供电电路有异常（在指示灯正常情况下）。测量单片机IC2的4脚有无供电，若没有，说明说明电源电路有异常；若有，说明控制电路有问题
确认控制电路有异常时，测量单片机的5脚能否输出高电平，若能，检查放大管BG和继电器J；若不能，检查温度传感器RT和单片机本身</td></tr>
</table>

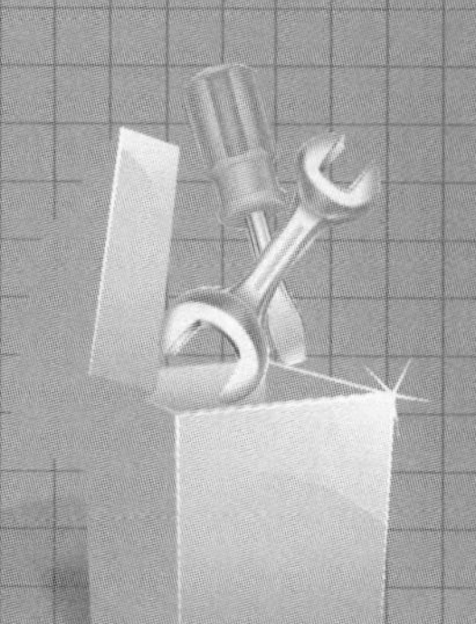

第9章 洗衣机

9.1 洗衣机的种类、型号含义

9.1.1 洗衣机的种类

分类方式		特点
按结构	单桶洗衣机	只有一个盛水桶，只能洗涤，不能脱水
	双桶洗衣机	由一个洗涤桶和一个脱水桶结合为一体，洗涤与脱水可以同时进行，它们相互独立，互不干扰
	套桶洗衣机	套桶洗衣机又称为套缸式洗衣机，它的缸体由同轴的内外两个桶组成。内桶洗涤、脱水，外桶盛水
按自动化程度	普通洗衣机	洗涤、漂洗、脱水个功能的操作均需要用手动操作。这类洗衣机一般都有定时器，洗涤、脱水的时间可以任意选择
	半自动洗衣机	洗涤、漂洗、脱水各功能中任意两个功能的转换不用手动操作而能自动进行。它一般由洗衣和脱水两部分组成。在洗衣桶中可以定时完成洗涤和漂洗程序，但不能脱水，需要人工把衣物从洗涤桶中取出，再放入脱水桶中脱水
	全自动洗衣机	洗涤、漂洗、脱水各功能的转换不用手动操作而能自动进行。衣物放入后能自动进行洗净、漂洗、脱水，全部程序自动完成。当衣物甩干后，蜂鸣器会自动报警

续表

分类方式		特点
按洗涤方式	波轮式	波轮式洗衣机是指被洗涤衣物浸泡在洗涤液中，依靠波轮连续转动或定时时正反向转动的方式进行洗涤的洗衣机。它由洗衣桶、波轮、传动机构及机箱等组成 这类洗衣机的优点是洗净率高，洗涤时间短，结构简单，使用和维修较方便；缺点是用水量较大，洗衣量较小，缠绕率高，对衣物的磨损较大
	滚筒式	该机结构特点是有一个盛水的圆柱形外筒，外筒中有一个可旋转的内筒，内筒壁上开有许多小孔，并有几条突起的提升筋。衣物放在内筒中，内筒有规律地做正反向旋转，提升筋将衣物带起到一定高度又将衣物抛落在洗涤液中，这样就在内筒中完成洗涤过程 这类洗衣机的优点是对衣物磨损较小，特别适用于洗涤毛料织物，用水量较小，并且大多数有热水装置，便于实现自动化；其缺点是洗涤时间长，耗电量大，结构复杂，价格高
	搅拌式	这类洗衣机是指被洗衣物浸泡于洗涤液中，依靠搅拌器往复运动的方式进行洗涤的洗衣机。其结构是在洗衣桶中央竖直安装着搅拌器 这类洗衣机的优点是洗衣量大，功能比较齐全，水温和水位可以自动控制，并备有循环水泵；其缺点是耗电量大，噪声较大，洗涤时间长，结构比较复杂
按电气控制方式	机械控制式全自动洗衣机	这类全自动洗衣机的控制器由一个微动电动机驱动几组凸轮系统，控制簧片触点的闭合与断开，自动完成洗涤、漂洗、脱水、排水全过程 这类洗衣机的优点是运行可靠，结构较简单易于维修；缺点是控制程序有限，且为固定程序
	电脑控制式全自动洗衣机	这类洗衣机一般采用单片机来控制整个洗涤、漂洗、脱水运转程序。它具有功能齐全、安全可靠、使用寿命长等特点
按功能	普通型全自动洗衣机	普通型全自动洗衣机仅有洗涤和脱水等功能，而无衣物烘干功能
	洗衣干衣型全自动洗衣机	洗衣干衣型全自动洗衣机又称为洗干一体型全自动洗衣机，能对洗后的衣物直接进行烘干

9.1.2 洗衣机的型号含义

分类方式	类型	符号	备注
自动化程度	普通型	P	符号栏中的字母为汉语拼音，取该名称的汉语拼音字头。若第一个字母与前头相重复，则改取第二个字的汉语拼音字头表示，以此类推
	半自动型	B	
	全自动型	Q	
洗涤方式	波轮式	B	
	滚筒式	G	
	摆动（叶）式	D	
	喷流式	P	
	喷射式、双动力式	S	
	振动式	Z	
	超声波式	C	

续表

<table>
<tr><th>分类方式</th><th>类型</th><th>符号</th><th>备注</th></tr>
<tr><td rowspan="2">结构形式</td><td>单桶</td><td>不加字母</td><td rowspan="2">套筒洗衣机也不加字母</td></tr>
<tr><td>双桶</td><td>S</td></tr>
</table>

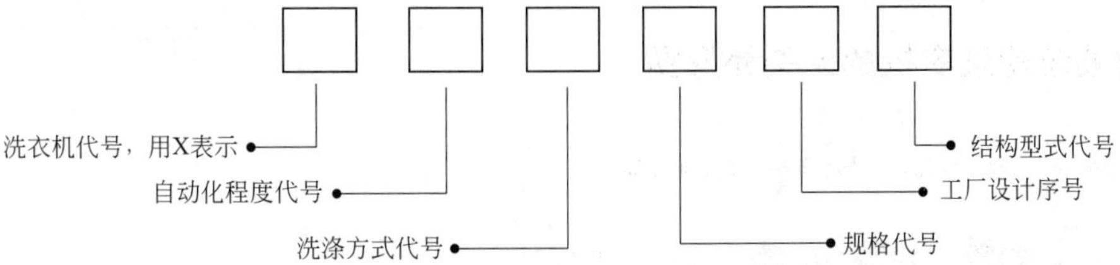

洗衣机代号，用X表示
自动化程度代号
洗涤方式代号
规格代号
工厂设计序号
结构型式代号

洗衣机规格是型号中的一项重要参数，它表示洗衣机额定洗涤（或脱水）容量的大小。洗衣机额定洗涤（或脱水）容量，是指洗涤物洗前干燥状态下的重量，单位为kg。标准规格乘以10表示。如小鸭牌XPB30-12S型新水流洗衣机，即表示为洗涤容量为3kg小鸭牌普通型波轮式双桶新水流洗衣机，是小鸭集团的第12代产品

9.1.3 洗衣机的洗涤原理

<table>
<tr><td>洗涤原理</td><td colspan="2">洗衣机的洗涤原理是由模拟人工洗涤衣物发展而来的，即通过翻滚、摩擦、水的冲刷等机械作用以及洗涤的表面活化作用，将附着在衣物上的污垢除掉，以达到洗净衣物的目的
以波轮洗衣机为例，它是依靠装在洗衣桶底部的波轮正、反旋转，带动衣物上、下、左、右不停地翻转，使衣物之间、衣物与桶壁之间，在水中进行柔和地摩擦，在洗涤剂的作用下实现去污清洗</td></tr>
<tr><td>漂洗方式</td><td colspan="2">漂洗方式有多种形式，如蓄水漂洗、溢流漂洗、喷淋漂洗、顶流漂洗等。蓄水漂洗、溢流漂洗一般设置在洗涤桶内进行的；喷淋漂洗、顶流漂洗一般设置在脱水桶内进行的。以蓄水漂洗为例，衣物放在注有清水的洗涤桶内，由波轮传动进行漂洗，一般经过2～3次的漂洗，才能漂清</td></tr>
<tr><td>脱水</td><td colspan="2">洗衣机一般多采用离心式脱水方式。衣物放入脱水桶后，脱水电动机带动脱水桶做高速旋转，在离心力的作用下，衣物上的水滴由脱水桶侧壁上的小孔中甩出，进入下水管</td></tr>
<tr><td rowspan="3">洗涤衣物必须具备三个条件（三要素）</td><td>外力的作用</td><td>到目前为止，世界上产销的洗涤剂还没发展到不通过外力的作用能够自动去污的程度。因此，要洗净衣物，就离不开人工的揉搓或洗衣机的机械作用。洗衣机的机械作用是通过波轮或滚筒的转动，产生对衣物的排渗、翻滚、摩擦和冲刷的综合作用</td></tr>
<tr><td>洗涤剂的作用</td><td>洗涤剂是洗净衣物的前提条件，这是因为附着在衣物上的污垢，不仅仅是简单的机械附着，在衣物与污垢之间还存在一些复杂的化学作用。所以，必须使用一些化学洗涤剂，将污垢与衣物分开，才能到达洗净衣物的目的</td></tr>
<tr><td>水的作用</td><td>水能够吸收污垢，水也是洗涤剂能够发挥作用的媒介，因此，在洗衣过程中一刻也离不开水</td></tr>
</table>

9.2 普通波轮洗衣机的结构、工作原理与检修

9.2.1 普通波轮洗衣机的整体结构

① 普通波轮洗衣机的结构外形图

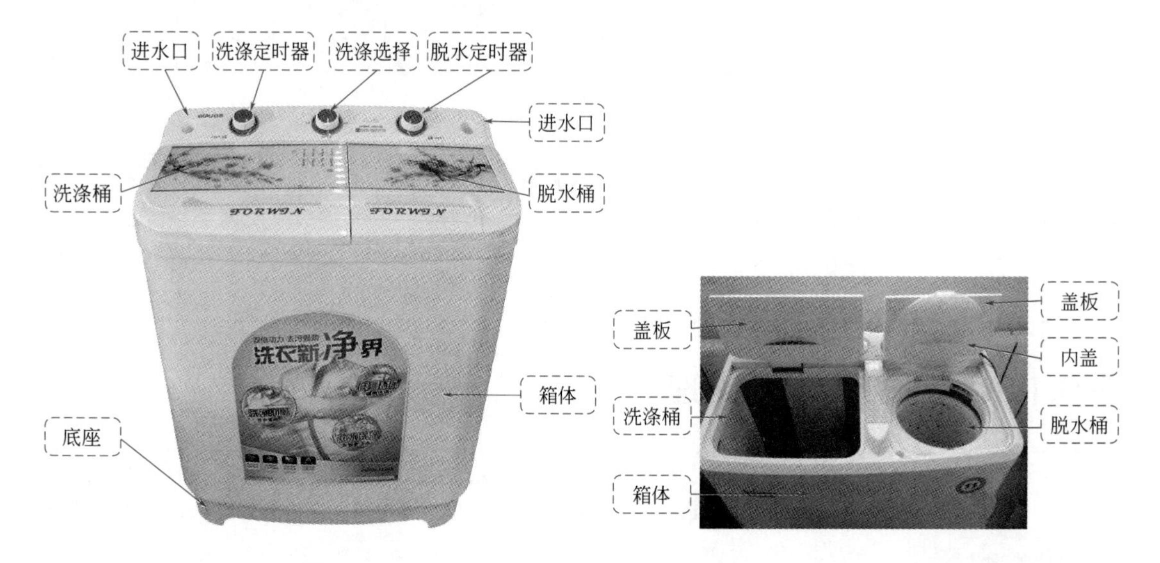

② 普通洗衣机的爆炸图

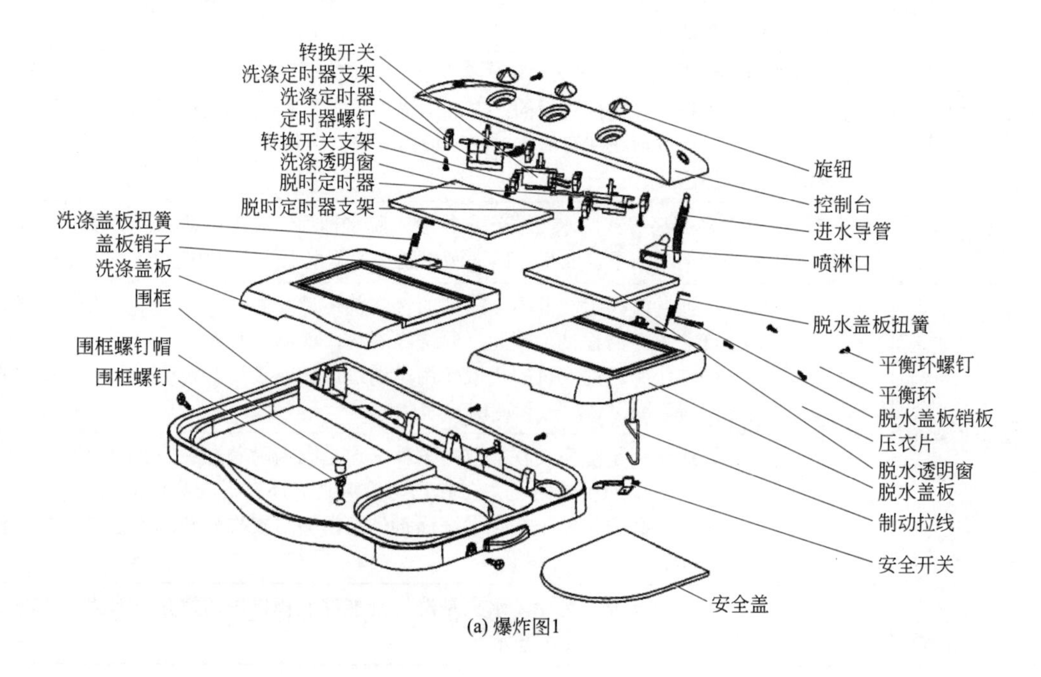

(a) 爆炸图1

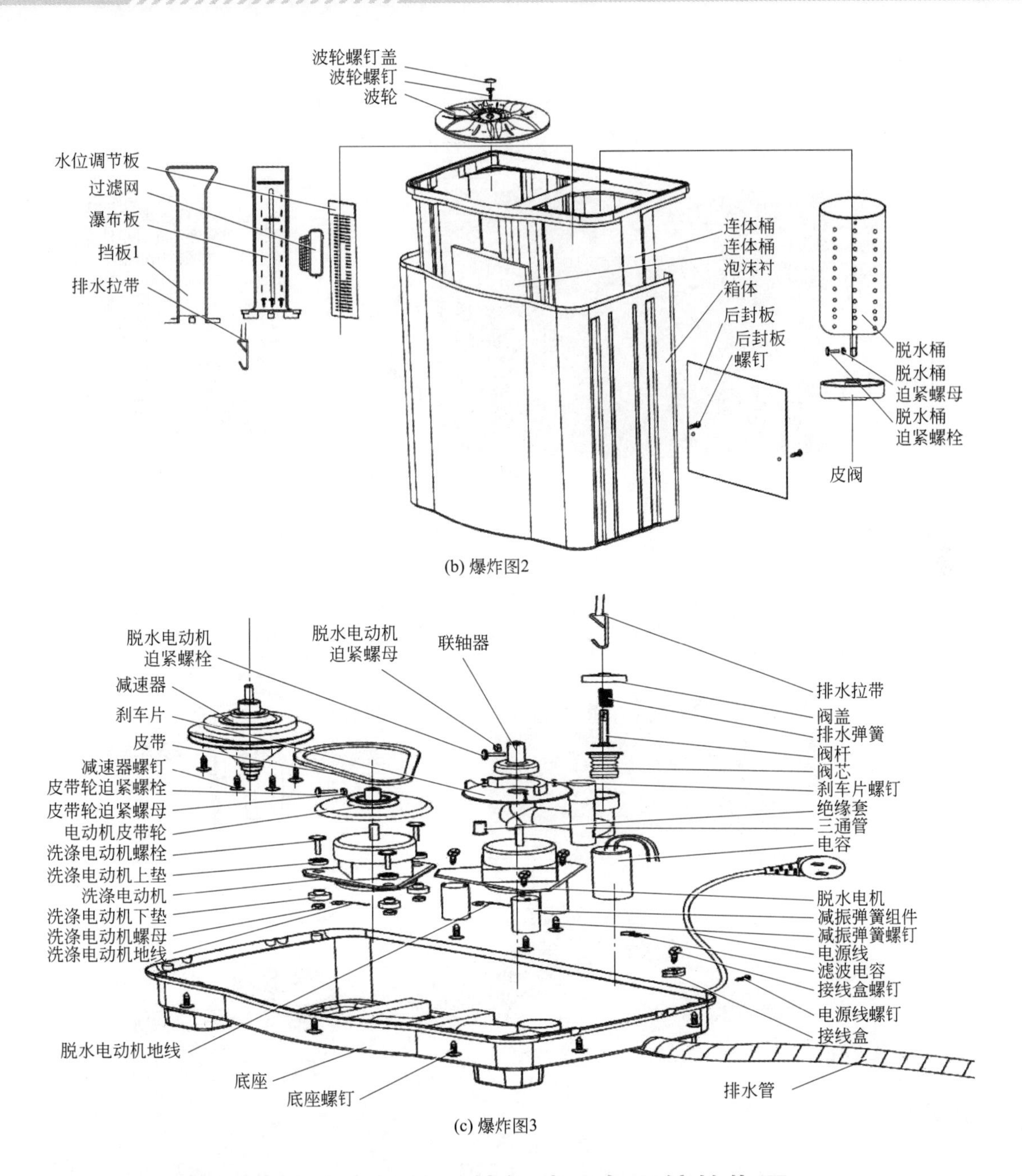

(b) 爆炸图2

(c) 爆炸图3

9.2.2 普通波轮洗衣机的系统组成及各系统的作用

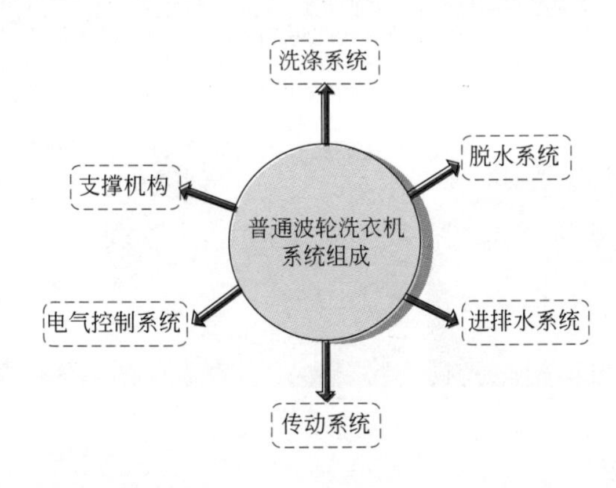

① 洗涤系统

❶ 洗涤桶

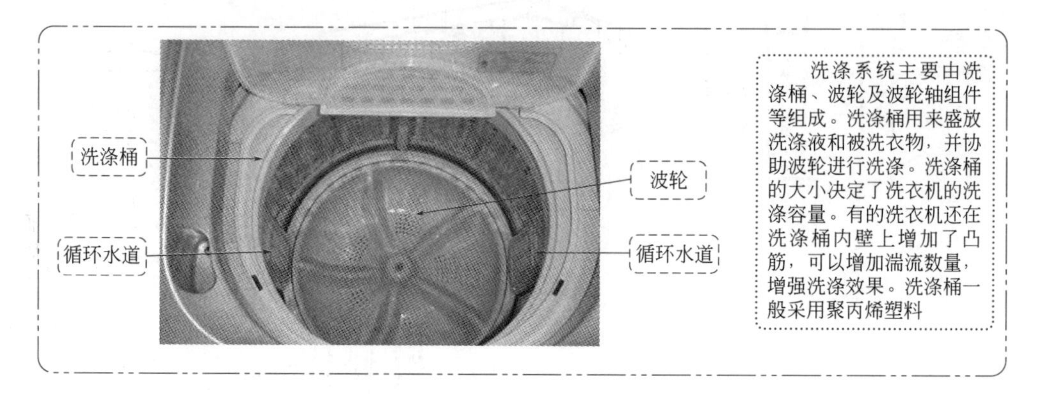

洗涤系统主要由洗涤桶、波轮及波轮轴组件等组成。洗涤桶用来盛放洗涤液和被洗衣物，并协助波轮进行洗涤。洗涤桶的大小决定了洗衣机的洗涤容量。有的洗衣机还在洗涤桶内壁上增加了凸筋，可以增加湍流数量，增强洗涤效果。洗涤桶一般采用聚丙烯塑料

❷ 过滤系统

波轮底部的叶片与洗涤桶的挡圈组成一个离心泵，在洗涤时将水从底部压入循环水道和喷瀑板，并由上部排出，用于加强水流、增强洗涤效果。洗涤桶内一般都设置有过滤网，是用于过滤洗涤中产生的线屑等污物

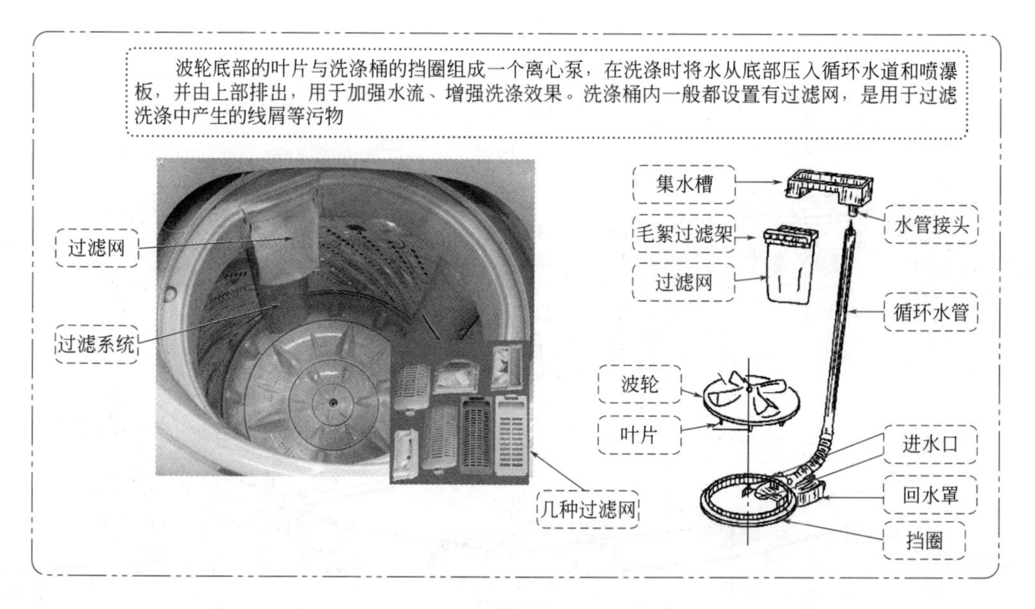

❸ 波轮

波轮是对洗涤物施加机械作用的主要部件，它的外形结构较多，对洗衣机的洗涤性能有着直接的影响。不同形状的波轮正、反方向的旋转可以产生不同的水流，从而达到洗净衣物的目的

波轮上的凸筋主要作用是增加摩擦力，在波轮的底部设计有叶片(又称为强制水流循环叶片)，与波轮连接成一个整体，叶片相当于一个离心水泵的叶轮。波轮旋转时，叶轮驱动波轮下方的洗涤液旋转，洗涤液及洗涤液中的毛絮、纤维等细小杂物经循环水管被扬高到集水槽中，实现了洗涤液中毛絮的过滤收集

波轮轴孔
凸筋
底部叶片

❹ 波轮轴组件、减速器

波轮轴组件是支撑波轮，传递动力的重要部件，保证波轮轴密封不漏水，正常工作

波轮轴体结构常见的有两种：一种是采用滑动轴承的，由波轮轴、轴套、密封圈、上滑动轴承、下滑动轴承及轴承套等组成；另一种是采用滚珠轴承的，它由波轮轴、轴套、密封圈、上滚珠轴承、下滚珠轴承、轴承隔套及轴承盖等组成

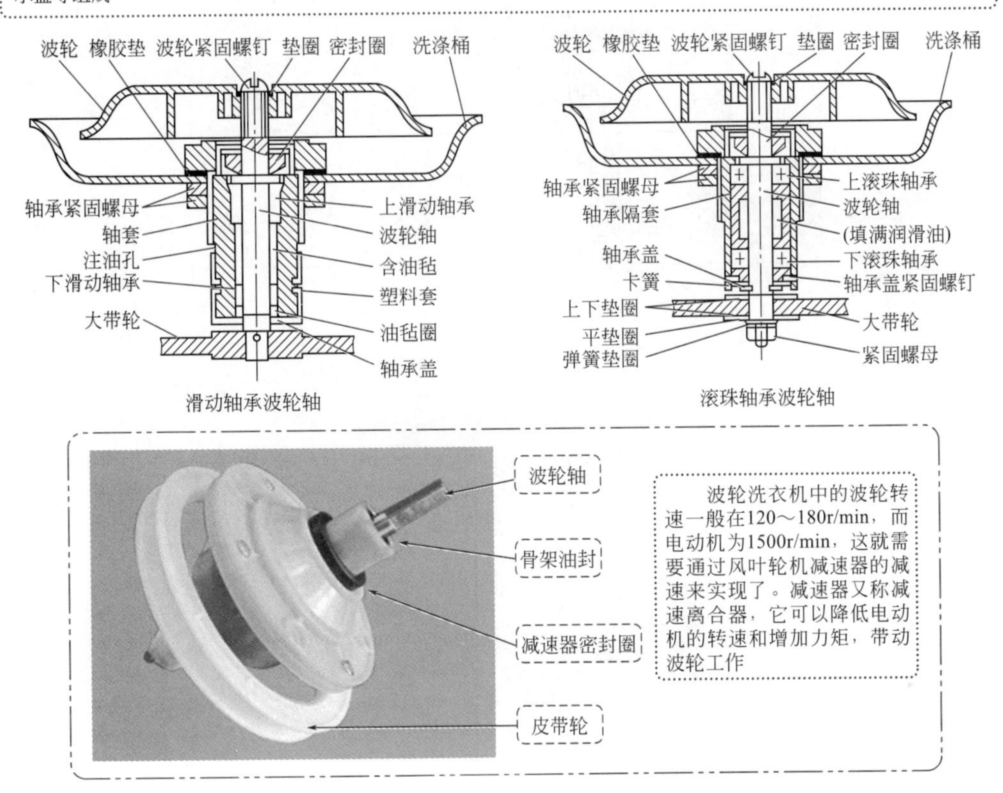

波轮洗衣机中的波轮转速一般在120～180r/min，而电动机为1500r/min，这就需要通过风叶轮机减速器的减速来实现了。减速器又称减速离合器，它可以降低电动机的转速和增加力矩，带动波轮工作

② 脱水系统

❶ 脱水外桶、内桶

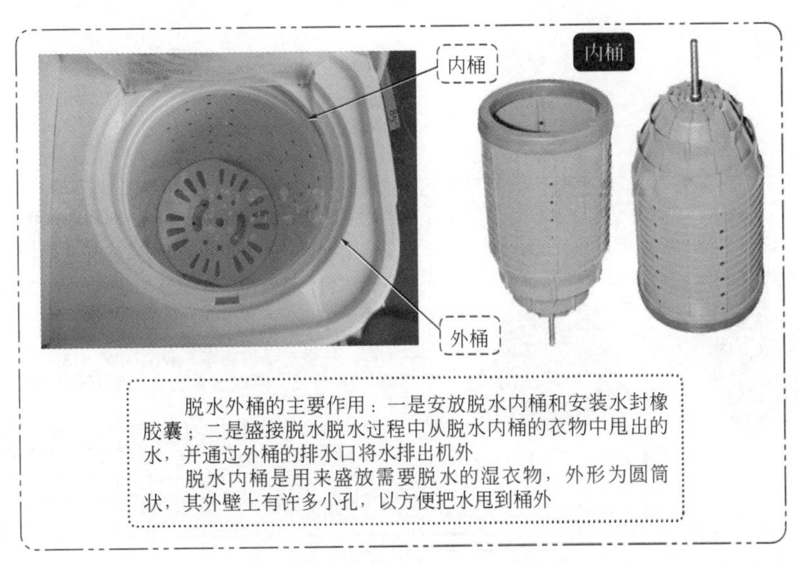

脱水外桶的主要作用：一是安放脱水内桶和安装水封橡胶囊；二是盛接脱水脱水过程中从脱水内桶的衣物中甩出的水，并通过外桶的排水口将水排出机外

脱水内桶是用来盛放需要脱水的湿衣物，外形为圆筒状，其外壁上有许多小孔，以方便把水甩到桶外

❷ 脱水轴组件

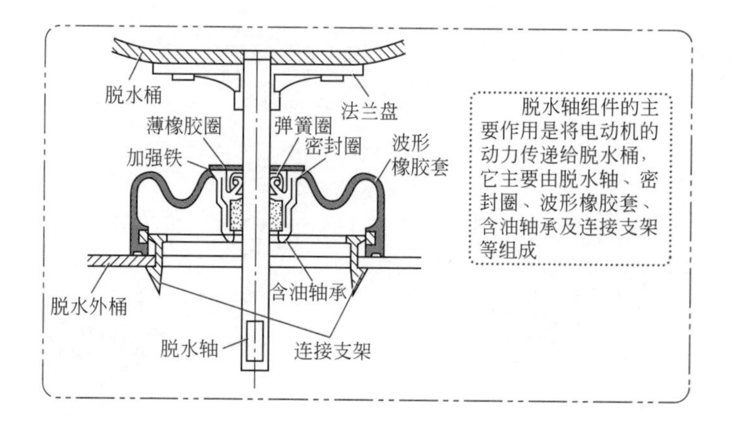

脱水轴组件的主要作用是将电动机的动力传递给脱水桶，它主要由脱水轴、密封圈、波形橡胶套、含油轴承及连接支架等组成

❸ 制动

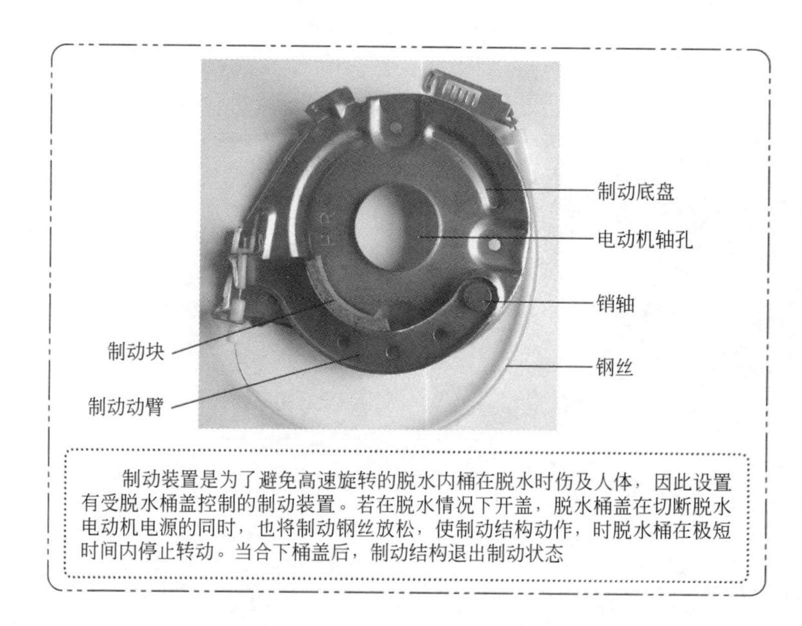

制动装置是为了避免高速旋转的脱水内桶在脱水时伤及人体，因此设置有受脱水桶盖控制的制动装置。若在脱水情况下开盖，脱水桶盖在切断脱水电动机电源的同时，也将制动钢丝放松，使制动结构动作，时脱水桶在极短时间内停止转动。当合下桶盖后，制动结构退出制动状态

3 传动系统

❶ 电动机

洗衣机中采用的电动机一般为电容运转式电动机，主要为洗涤、脱水提供动力。双桶洗衣机采用两个电动机，一个是洗涤电动机，另一个是脱水电动机

洗衣机在洗涤时，波轮正、反向运转的工作状态要求完全一样。为了满足这个要求，将洗涤电动机的主、副绕组设计得一样，即线径、匝数、节距和绕组分布形式一样。洗涤电动机功率一般为90W、120W、180W和280W四种规格。不同容量洗衣机所配备的电动机功率是不一样的

脱水电动机的结构与工作原理是洗涤电动机是一样的，主要区别是其功率较小，通常为75～140W，旋转方向都是逆时针方向，其定子绕组有主、副之分，主绕组线径粗，电阻较小，副绕组线径较细，电阻较大

❷ 电容器

洗衣机电动机中的电容是无极性的，洗涤电动机配用的电容，容量一般为8μF、10μF、12μF，耐压为450V。脱水电动机配用的电容，容量一般为4μF、5μF、6μF，耐压为450V。一般采用金属化聚丙烯电容器

❸ 洗涤系统传动

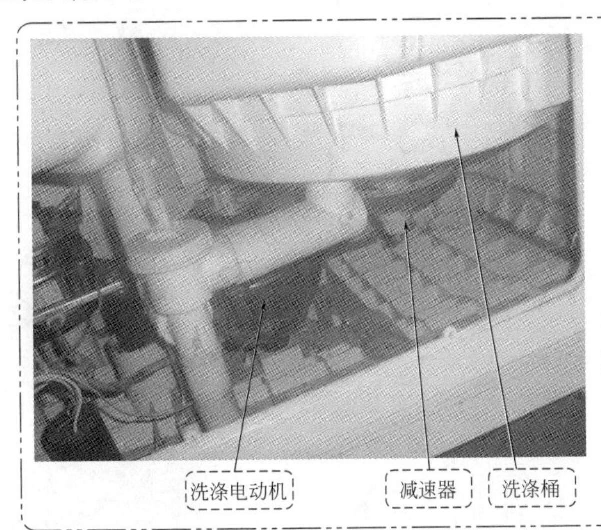

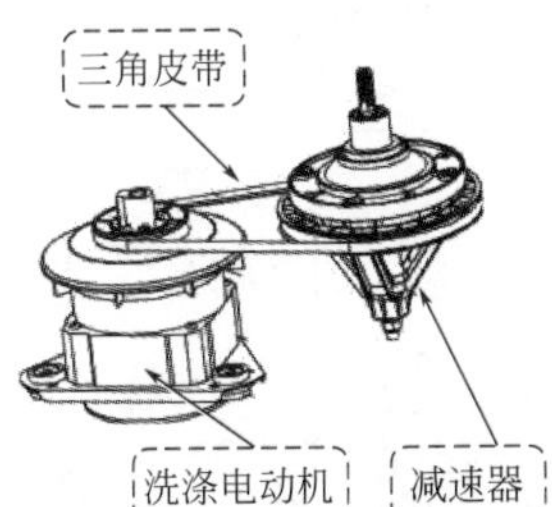

一般洗涤速度往往小于电动机转速许多，因此它们之间的传动需要一级减速器

由固定在洗涤电动机上端的小传动带轮通过传动皮带将动力传递给固定于波轮轴底端的大传动带轮，大传动带轮与减速器是一个整体，从而达到减速的目的

❹ 脱水系统传动

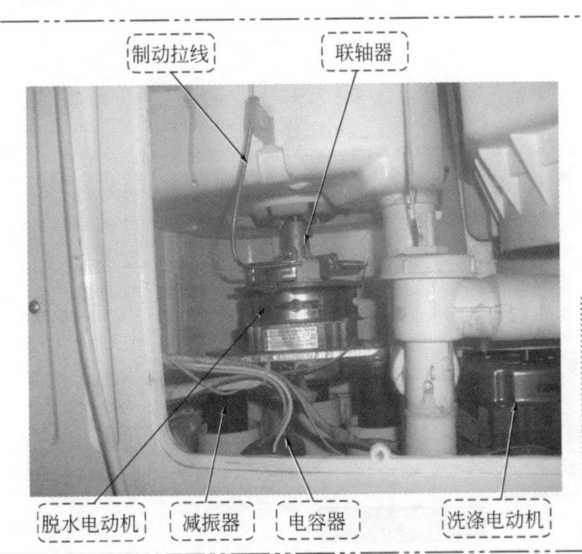

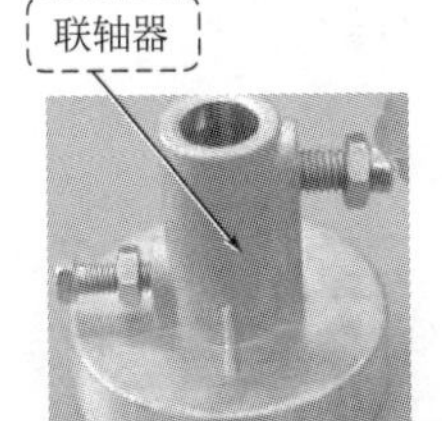

脱水系统的传动比较简单，脱水电动机就安装在脱水桶的正下方，采用联轴器连接。用紧固螺钉和锁紧螺母把脱水电动机轴与脱水轴固定在联轴器上。联轴器的下方即电动机的上方是制动装置

4 进、排水系统

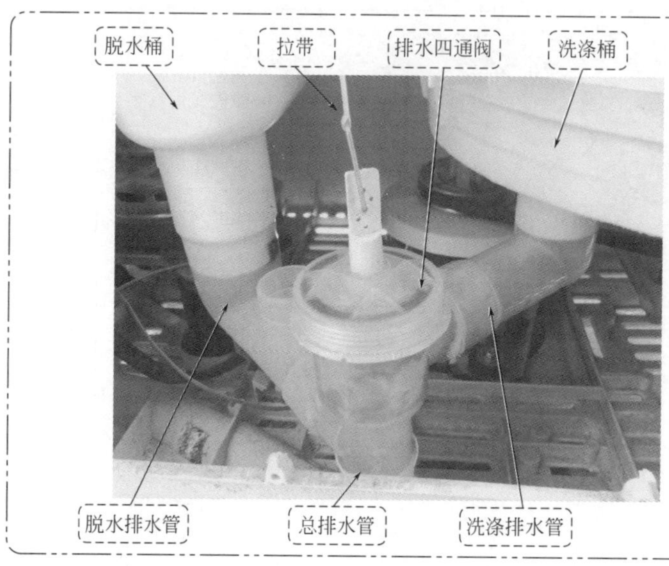

洗衣机的进水系统一般较为简单，大部分采用的是顶部淋洒注入

洗衣机的排水系统较进水系统复杂一些，常采用简单的排水阀或四通阀

当旋转控制钮处于排水状态下时，连杆和杠杆机构便将橡胶锥形塞上提，洗涤液便由排水管流出，反之，阀门关闭

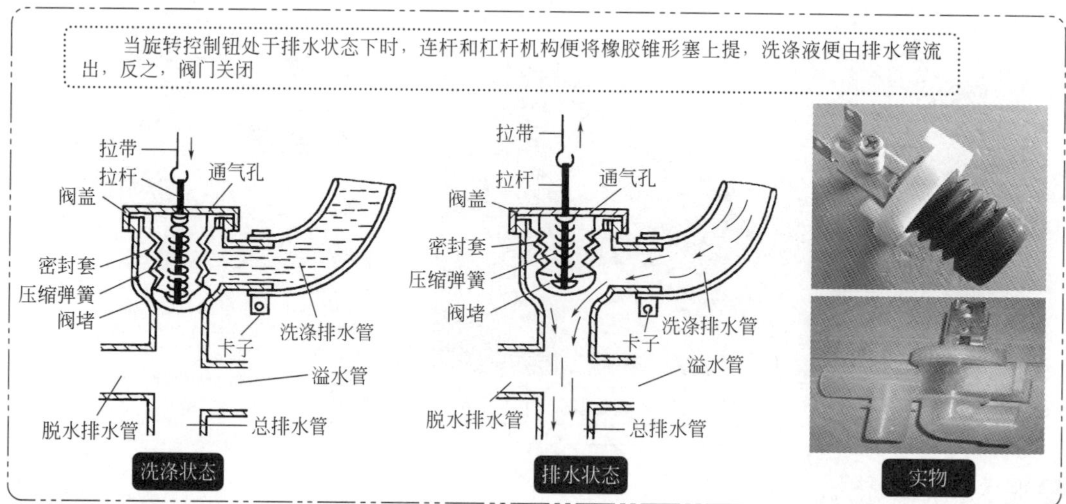

洗涤状态　排水状态　实物

5 电气控制系统

❶ 洗涤定时器

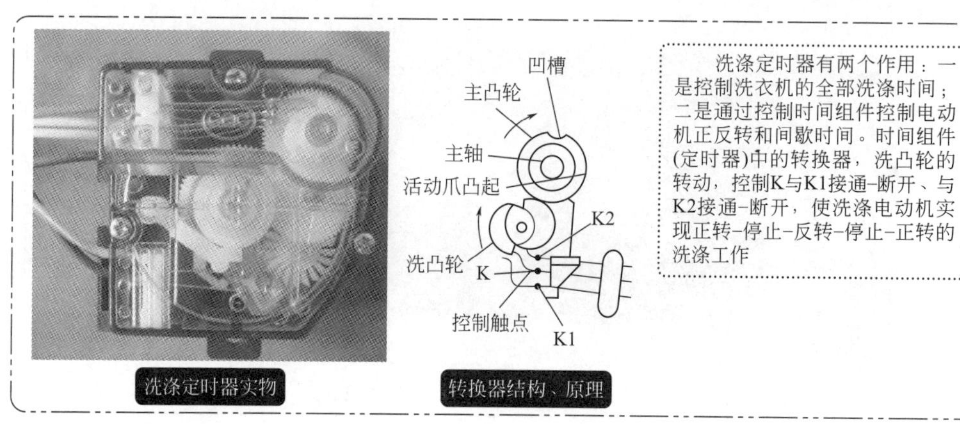

洗涤定时器实物　转换器结构、原理

洗涤定时器有两个作用：一是控制洗衣机的全部洗涤时间；二是通过控制时间组件控制电动机正反转和间歇时间。时间组件(定时器)中的转换器，洗凸轮的转动，控制K与K1接通-断开、与K2接通-断开，使洗涤电动机实现正转-停止-反转-停止-正转的洗涤工作

❷ 脱水定时器

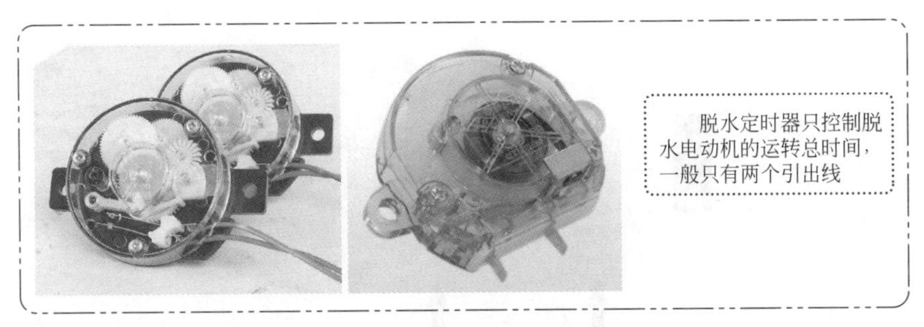

脱水定时器只控制脱水电动机的运转总时间，一般只有两个引出线

❸ 盖开关

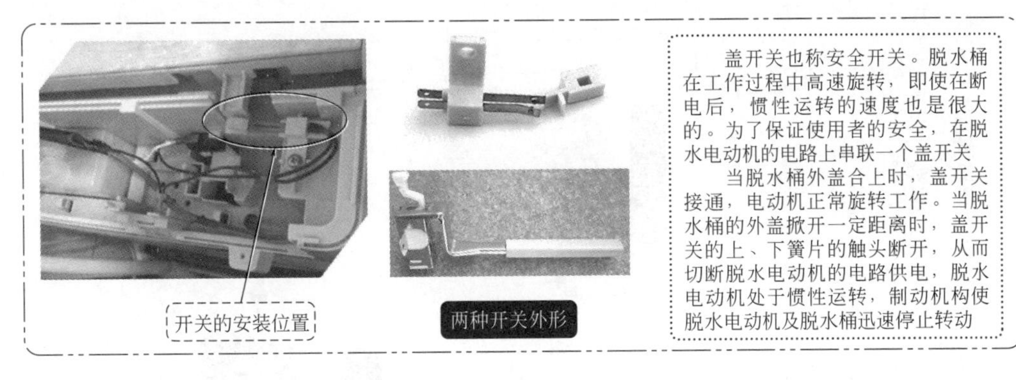

开关的安装位置

两种开关外形

盖开关也称安全开关。脱水桶在工作过程中高速旋转，即使在断电后，惯性运转的速度也是很大的。为了保证使用者的安全，在脱水电动机的电路上串联一个盖开关

当脱水桶外盖合上时，盖开关接通，电动机正常旋转工作。当脱水桶的外盖掀开一定距离时，盖开关的上、下簧片的触头断开，从而切断脱水电动机的电路供电，脱水电动机处于惯性运转，制动机构使脱水电动机及脱水桶迅速停止转动

❹ 洗涤电动机正反转控制的基本原理

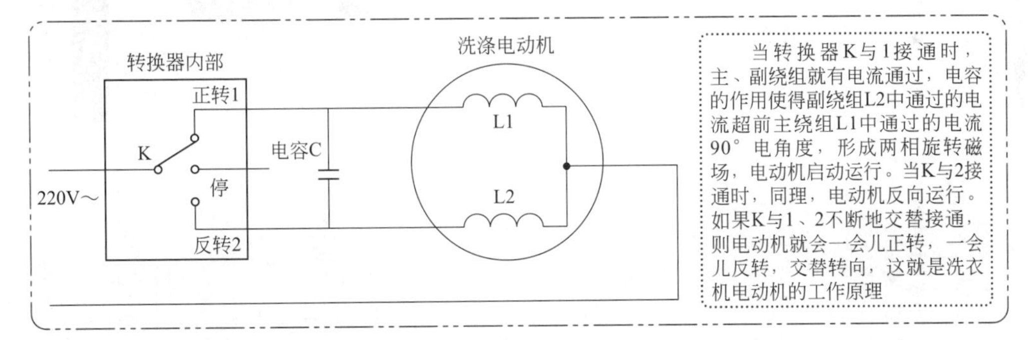

当转换器K与1接通时，主、副绕组就有电流通过，电容的作用使得副绕组L2中通过的电流超前主绕组L1中通过的电流90°电角度，形成两相旋转磁场，电动机启动运行。当K与2接通时，同理，电动机反向运行。如果K与1、2不断地交替接通，则电动机就会一会儿正转，一会儿反转，交替转向，这就是洗衣机电动机的工作原理

⑥ 支撑机构

支撑机构由箱体、底座及减振装置等组成

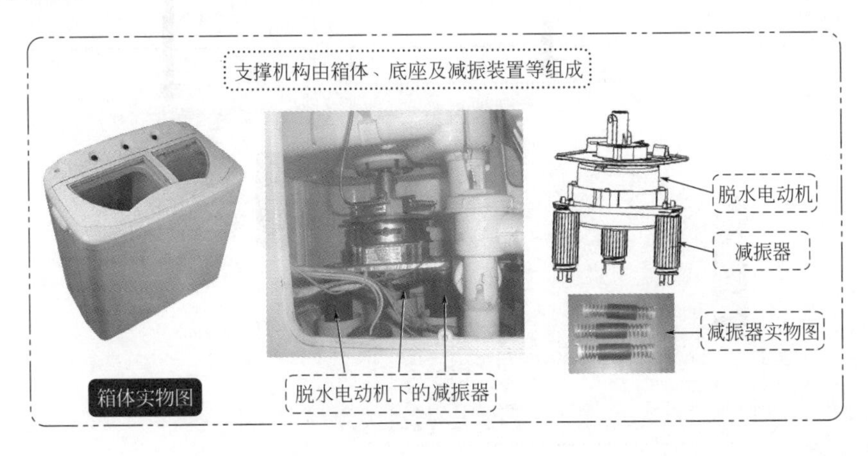

箱体实物图

脱水电动机下的减振器

9.2.3 普通波轮洗衣机的工作原理

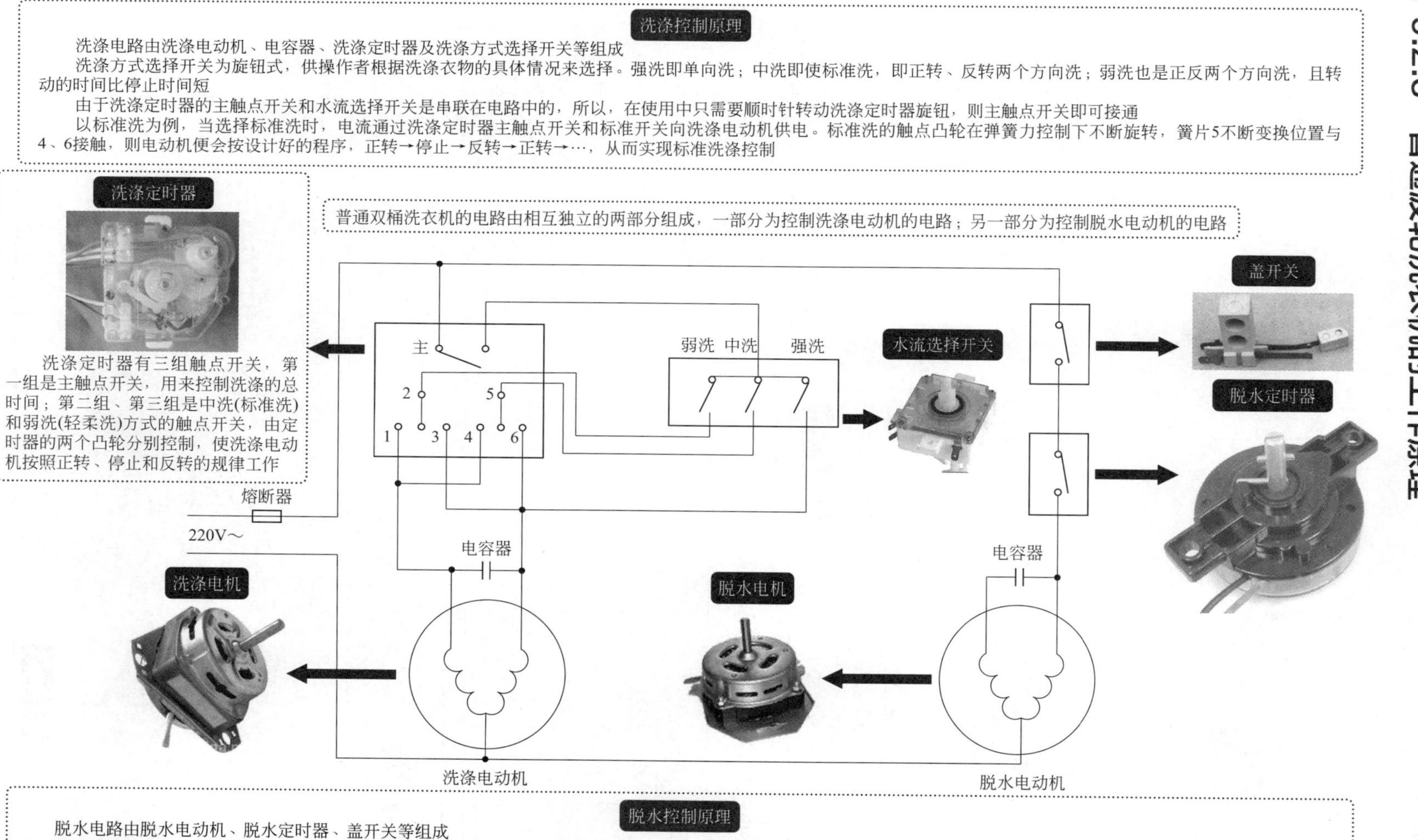

洗涤控制原理

洗涤电路由洗涤电动机、电容器、洗涤定时器及洗涤方式选择开关等组成

洗涤方式选择开关为旋钮式，供操作者根据洗涤衣物的具体情况来选择。强洗即单向洗；中洗即使标准洗，即正转、反转两个方向洗；弱洗也是正反两个方向洗，且转动的时间比停止时间短

由于洗涤定时器的主触点开关和水流选择开关是串联在电路中的，所以，在使用中只需要顺时针转动洗涤定时器旋钮，则主触点开关即可接通

以标准洗为例，当选择标准洗时，电流通过洗涤定时器主触点开关和标准开关向洗涤电动机供电。标准洗的触点凸轮在弹簧力控制下不断旋转，簧片5不断变换位置与4、6接触，则电动机便会按设计好的程序，正转→停止→反转→正转→…，从而实现标准洗涤控制

洗涤定时器有三组触点开关，第一组是主触点开关，用来控制洗涤的总时间；第二组、第三组是中洗(标准洗)和弱洗(轻柔洗)方式的触点开关，由定时器的两个凸轮分别控制，使洗涤电动机按照正转、停止和反转的规律工作

脱水控制原理

脱水电路由脱水电动机、脱水定时器、盖开关等组成

脱水电路中的脱水定时器触点和盖开关是串联的，两者中间任意一个断开都能使脱水电动机断电。所以，脱水时必须闭合桶盖。脱水定时后，定时器的触点就接通，直到定时时间到触点才断开，电动机才停止转动

9.2.4 普通波轮洗衣机的拆卸和检测

① 控制面板的拆卸

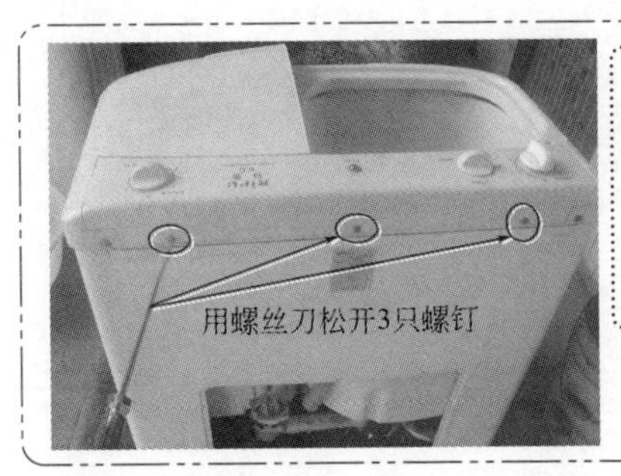

当怀疑或判断控制面板上的部件有故障时，为了进一步检查或更换这些部件，就要拆卸控制面板。首先从后背松开几只螺钉，用一字螺丝刀轻轻撬开几个卡簧，控制面板即可拆卸下来

② 拆卸脱水盖开关

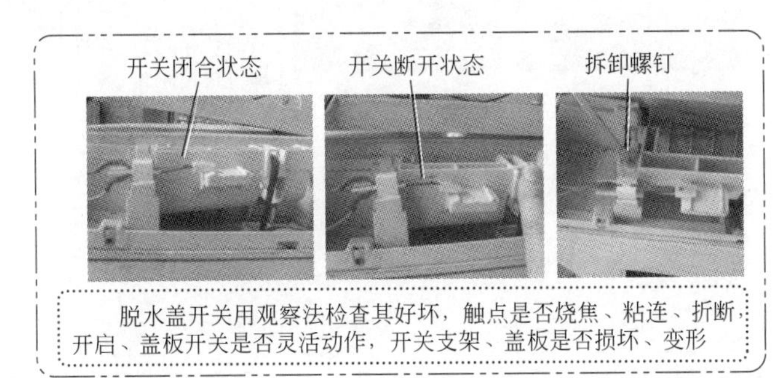

脱水盖开关用观察法检查其好坏，触点是否烧焦、粘连、折断，开启、盖板开关是否灵活动作，开关支架、盖板是否损坏、变形

③ 脱水定时器的拆卸

❶ 断开状态

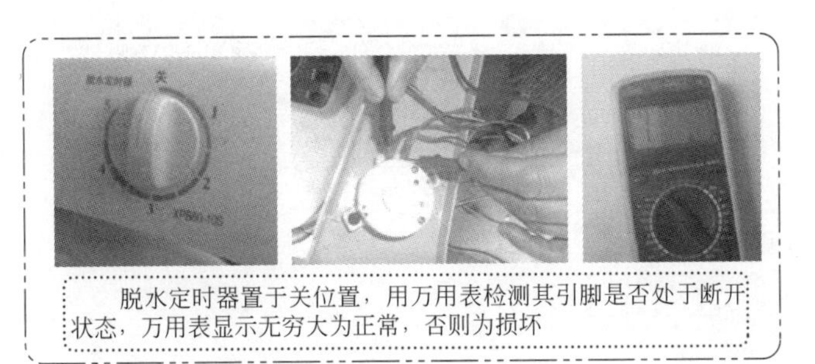

脱水定时器置于关位置，用万用表检测其引脚是否处于断开状态，万用表显示无穷大为正常，否则为损坏

❷ 接通状态

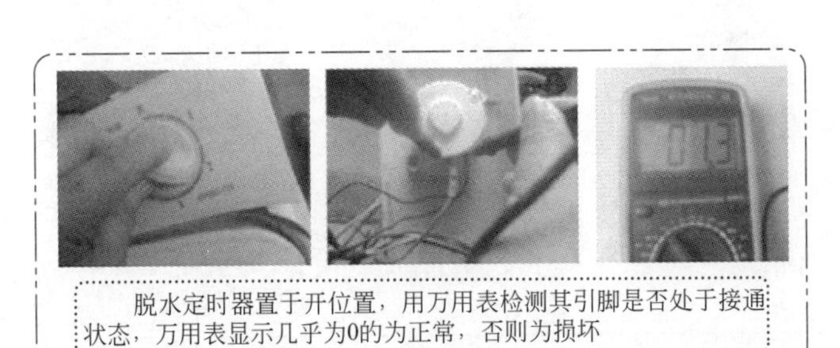

脱水定时器置于开位置，用万用表检测其引脚是否处于接通状态，万用表显示几乎为0的为正常，否则为损坏

❸“短路法”判断是否正常

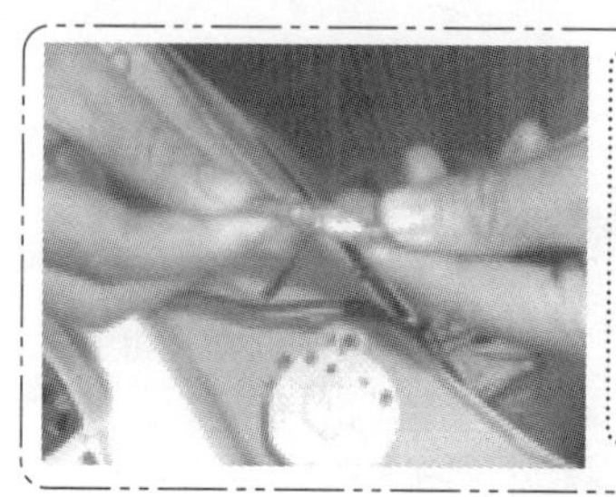

当怀疑脱水定时器断路损坏时，也可采用“短路法”判断其是否正常，即拔下脱水电动机引脚上的两个插片，临时连接两个插片，把洗衣机插上电源，同时盖上脱水桶盖，看脱水电动机是否旋转，若电动机正常转动，表明判断正确

❹拆卸脱水定时器

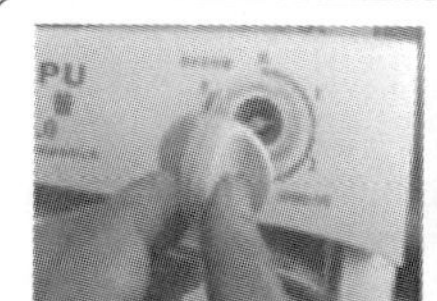

向上拔起旋钮

松开2只螺钉

当确定脱水定时器损坏后可将其拆卸，先从前面板上拔起旋钮，而后从后边松开2只螺钉即可将其拆下

④ 洗涤定时器的拆卸、检测

❶洗涤定时器的拆卸

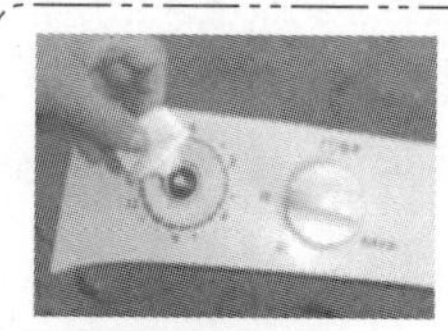

❶ 在前面板上，向上拔起洗涤定时器的旋钮

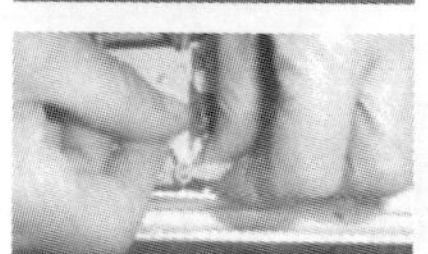

❷ 在后面拆卸下选择开关的杠杆

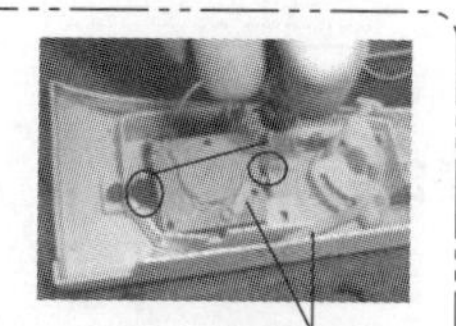

❸ 松开2只螺钉即可拆卸下洗涤定时器

❷洗涤定时器的检测

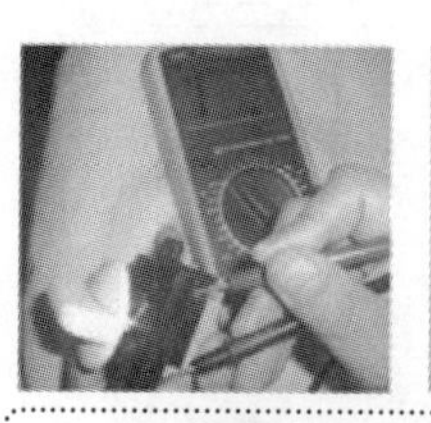

用万用表检洗涤测定时器：

设置定时时间，一只表笔固定于定片，另一只表笔接在一个动片上，随着时间的流逝，万用表显示一会通，一会断。然后再测另一只动片

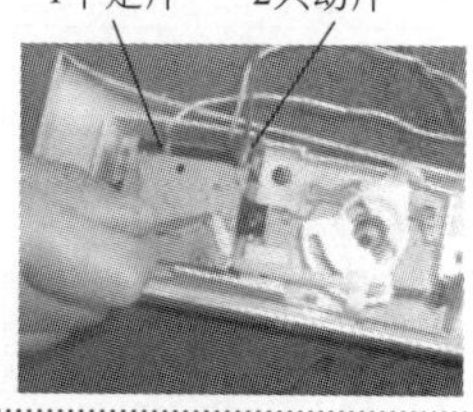

当怀疑或判断洗涤定时器内部有断路情况发生时，可用短路法确定，即用短路线连接一个定片和一个动片，若洗涤电动机转动正常，则为洗涤定时器损坏

5 波轮的拆卸

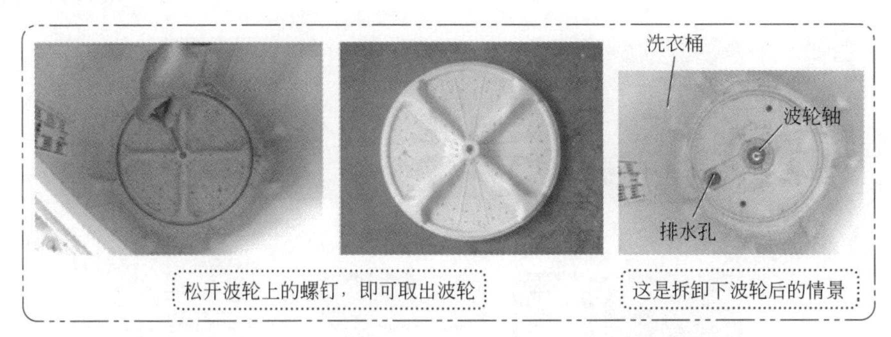

松开波轮上的螺钉，即可取出波轮

这是拆卸下波轮后的情景

6 脱水桶的拆卸

❶ 卸脱水桶桶盖

先拆卸脱水桶的桶盖。用手握桶盖，轻轻顺势左右晃动、提起桶盖，很容易拆卸下来

❷ 拆卸后盖

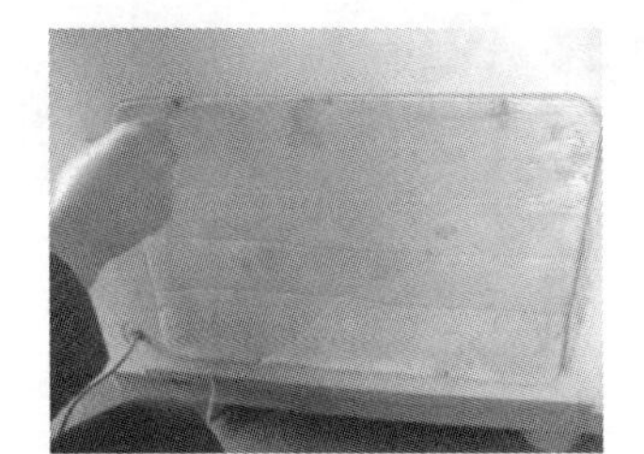

❸ 拆卸脱水桶

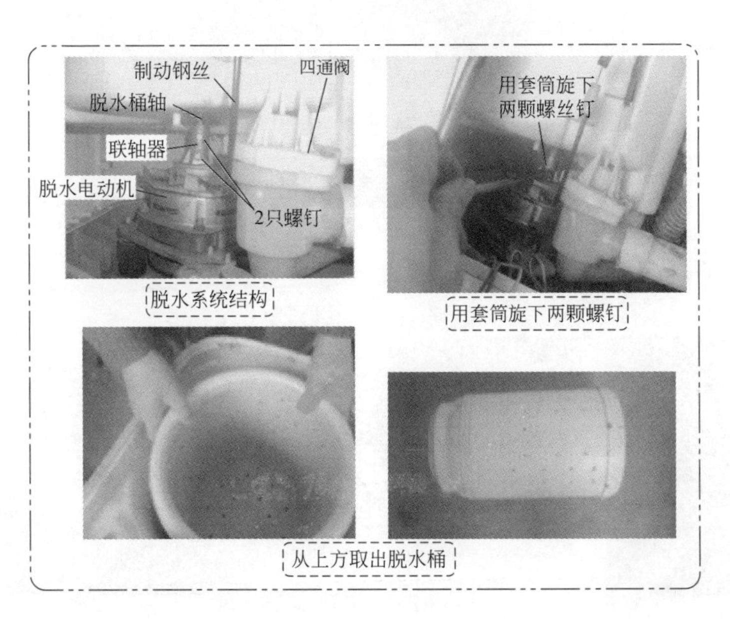

脱水系统结构

用套筒旋下两颗螺钉

从上方取出脱水桶

⑦ 拆卸洗涤、脱水外桶

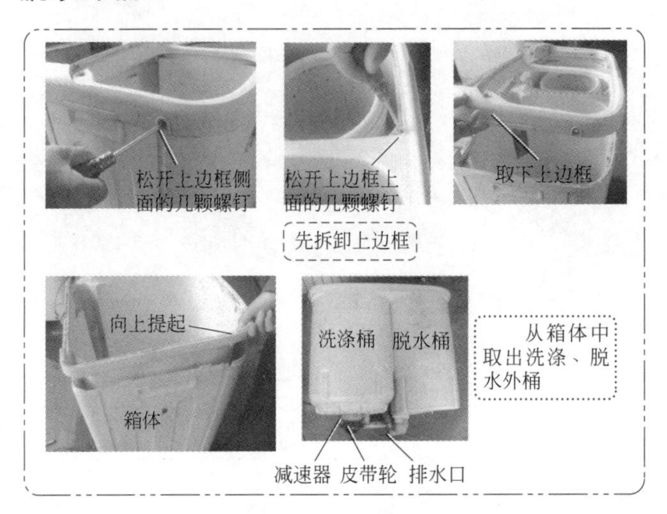

⑧ 拆卸波轮轴组件

松开减速器下的多只螺钉

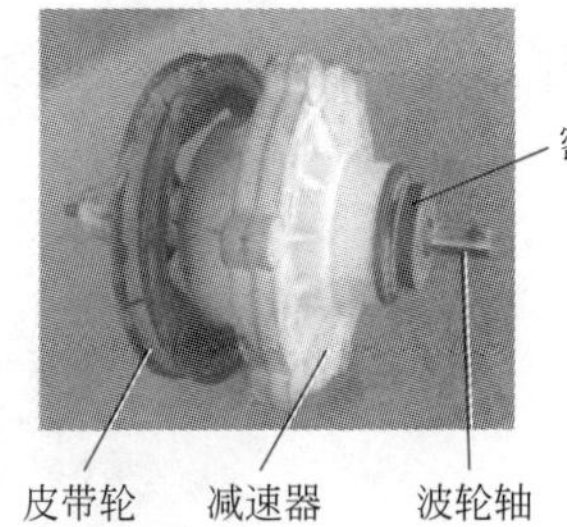

⑨ 拆卸电动机

松开3只螺钉即可取下电动机。洗涤电动机的拆卸与此相同，只不过它下面没有防振弹簧，是直接固定在底座上的

⑩ 拆卸四通阀

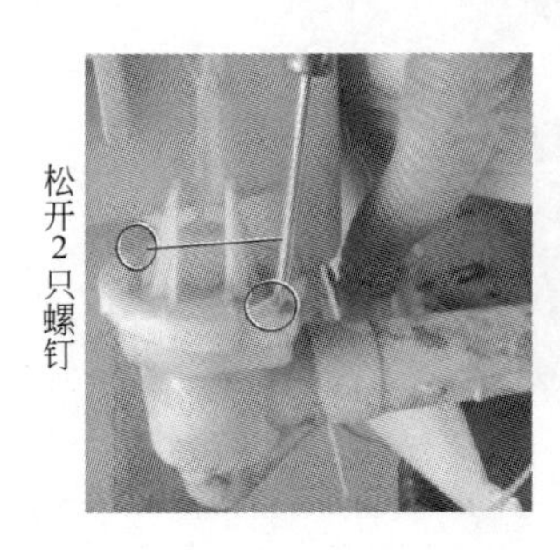

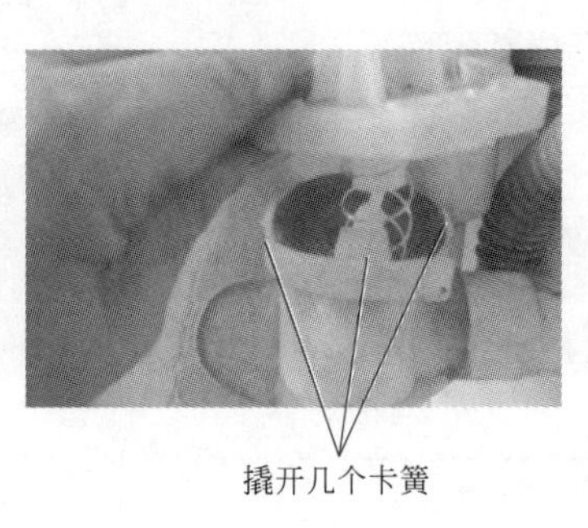

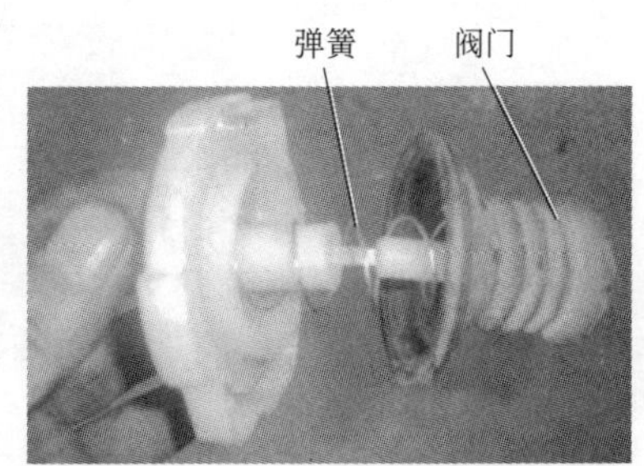

9.2.5 普通波轮洗衣机的检修

故障现象 1	洗涤、脱水均不能工作
故障原因分析	主要有两个原因：供电电源或机内电源供电线路有故障
检修方法与步骤	❶ 首先排除供电电源问题。用万用表测量供电电源插座是否有 220V 的交流市电，该电压若不正常，就要首先排除 ❷ 检测机内供电线路。在熔断器完好的情况下，可以采用电阻法或电压法排查断路源 ❸ 烧熔断器。对于烧熔断器，不要更换上新的熔断器就试机，而要查明烧熔断器的原因是否是短路故障发生而引起的 屡烧熔断器的原因：熔断器的规格选择不当。维修措施：选择适当的熔断器 有短路情况发生，例如电容器、电动机、导线有短路等。维修措施：检查并排除短路故障 操作板内进水或脱水桶皮碗漏水。维修措施：烘干操作板；更换皮碗

故障现象 2	洗涤系统不工作
故障原因分析	脱水能正常工作，说明电源和熔断器是正常的，故障主要就在洗涤系统。用手拉动传动皮带，若波轮转动灵活，则说明机械方面基本正常，故障在电路方面；否则，故障在机械部分
检修方法与步骤	主要应检查波轮传动系统、洗涤定时器、水流选择开关、洗涤电动机及连接导线等。参看洗涤系统不工作逻辑检修图

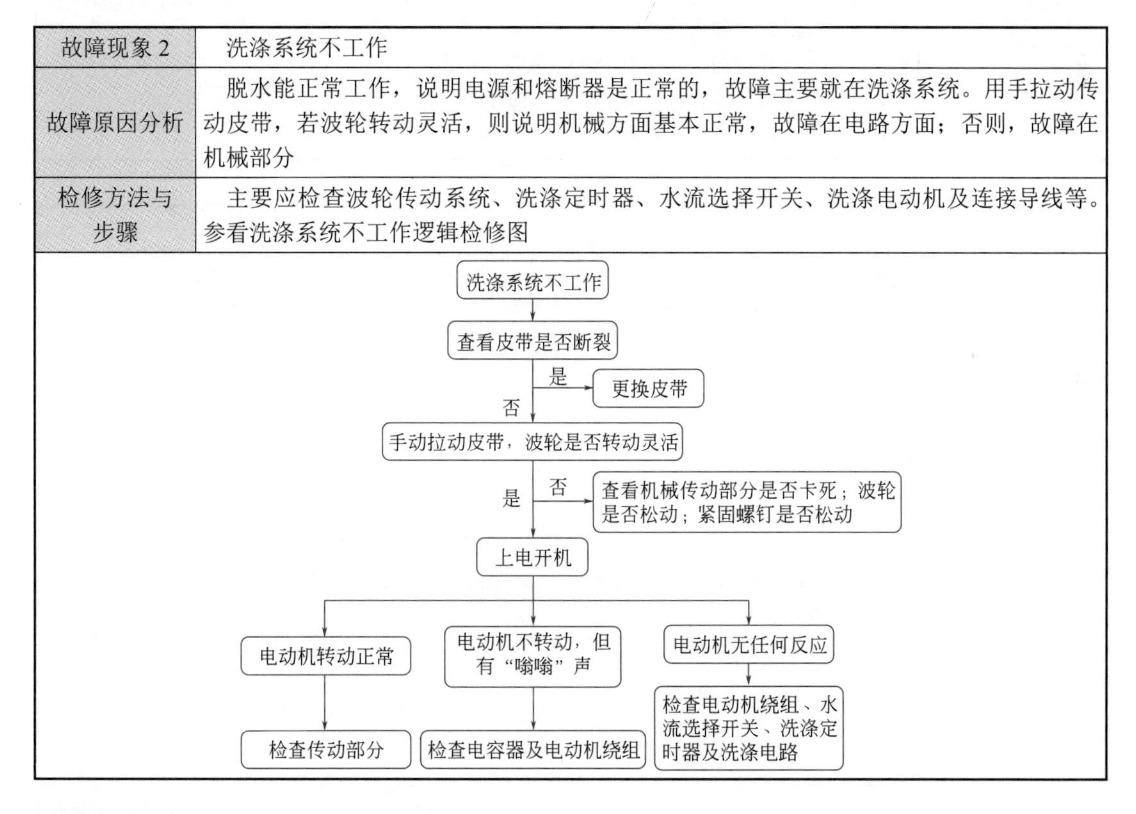

故障现象 3	脱水不能工作
故障原因分析	洗涤能工作，只是脱水不能工作，表明电源供电是正常的，熔断器也是完好的。故障在脱水系统电路（脱水电动机、电容器、脱水定时器、盖开关）或机械结构故障
检修方法与步骤	❶ 电源插头接入插座，设置一个脱水定时时间，细听脱水电动机的响声 ❷ 若有“嗡嗡”声，说明电源已经加到电动机上了 在断电的情况下，检查是否有洗涤物品等掉入脱水桶底，卡住或缠绕住转轴，排除缠绕物故障即可排除；如无异物掉出，打开洗衣机机箱后盖板，用手轻轻拨动脱水电动机上面的联轴器（需合上脱水外盖），看其旋转是否灵活，联轴器上的紧固螺钉是否有松脱现象等

续表

检修方法与步骤	若联轴器手动旋转正常，则可能是电动机主绕组短路或负绕组断路、电容器损坏等 若联轴器手动旋转受阻，则主要原因可能是制动机构有问题。例如制动钢丝松弛、断裂等 ❸ 若没有“嗡嗡”声，说明电源没有加到脱水电动机上或电动机绕组断路。用电阻法或电压法检测脱水电动机的线路

故障现象 4	波轮转速较慢，洗涤无力
故障原因分析	主要原因有：供电电源电压过低；洗涤的衣物过量；皮带打滑或有些松；波轮有衣物缠绕；电动机绕组有轻微短路现象、电容器断路或失容等
检修方法与步骤	❶ 检测电源电压是否异常，若电压过低，同供电部门联系 ❷ 洗涤的衣物过量，可以减少衣物放入量 ❸ 皮带若打滑，清洗皮带轮的油渍、更换皮带；皮带过松，可增大电动机与传动皮带轮中心之间的距离，或更换皮带 ❹ 波轮有衣物缠绕时，清除缠绕的衣物 ❺ 电动机绕组有轻微短路现象，一般是更换电动机 ❻ 电容器断路或失容，更换电容器

故障现象 5	故障原因分析	检修方法与步骤
脱水无力，衣物甩不干	供电电源电压低	与供电部门联系
	脱水衣物过多	减少衣物放入量
	脱水电机绕组有短路、电动机磨损或老化严重	更换脱水电动机
	电容器失容或开路	更换电容器
	制动有抱轴现象	检修制动系统
	有衣物缠绕	清理缠绕衣物
	联轴器松动	重新紧固联轴器
刹车性能不好	盖开关移位或损坏	更换或重新固定盖开关
	制动块磨损严重	更换制动块或更换制动机构
	制动弹簧疲劳、老化	更换制动弹簧
	制动块与制动鼓之间的距离过大	重新调整制动块与制动鼓之间的距离，或调整制动拉杆与制动挂板的孔眼位置
脱水桶抖动太厉害	衣物放置不均匀	重新把衣物往下压实、放平，减少衣物的放入量
	联轴器的紧固螺钉有松动	拧紧紧固螺钉
	洗衣机未放置平稳或放置偏斜	重新放置平稳或支脚下垫放物品使之平稳
	脱水桶本身有问题或损坏	更换脱水桶
	脱水电机下面的 3 根弹簧有损坏	更换弹簧

故障现象 6	故障原因分析	检修方法与步骤
洗衣桶漏水	波轮轴套的密封圈损坏	更换密封圈
	波轮轴组件有问题或磨损严重	更换波轮轴组件
脱水外桶漏水	脱水轴密封圈损坏或橡胶套损坏	更换密封圈或橡胶套
	脱水外桶破裂	用万能胶粘补或更换脱水外桶
排水系统漏水	排水管破裂	更换排水管
	排水管道有漏点	用万能胶粘补
	排水旋钮卡死或有问题、排水拉带有问题	维修或更换排水旋钮、调整排水拉带
	排水阀门损坏或被异物卡住	排出异物或更换阀门
漏电	保护接地线安装不良	重新安装保护接地线
	电动机内部受潮严重	电动机做绝缘处理或更换电动机
	电容器漏电	更换电容器
	导线接头密封不好	重新绝缘包扎

9.3 全自动波轮洗衣机的结构、工作原理与检修

9.3.1 全自动波轮洗衣机的整机结构

① 全自动波轮洗衣机的整机结构

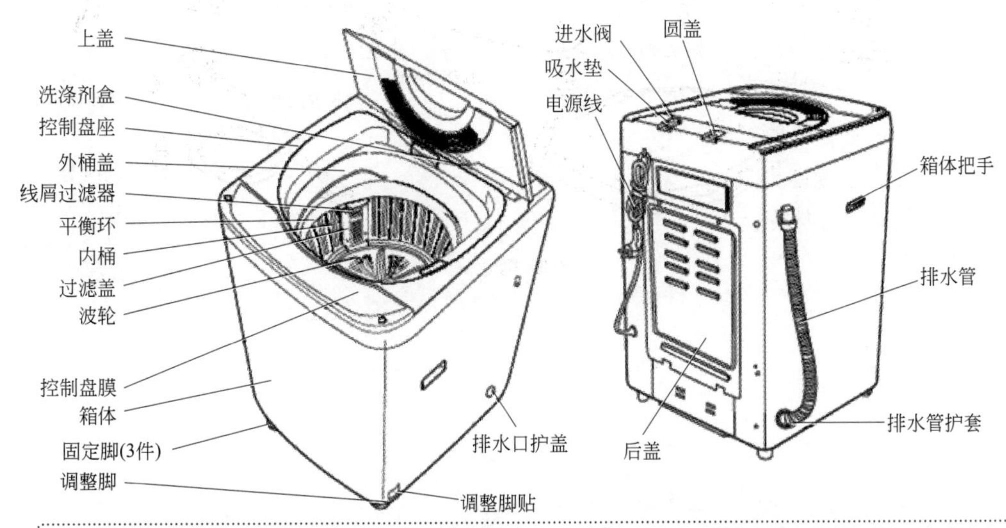

全自动波轮洗衣机在洗涤过程中，洗涤、漂洗、脱水三个过程之间的相互转换都能自动连续完成。全自动波轮洗衣机通常都采用将洗涤桶与脱水桶套装在盛水桶内的同轴套桶式结构。全自动波轮洗衣机一般都是由洗涤、脱水系统，进水、排水系统，电动机和传动系统，电气控制系统，支承结构等五大部分组成的

② 全自动波轮洗衣机的爆炸图

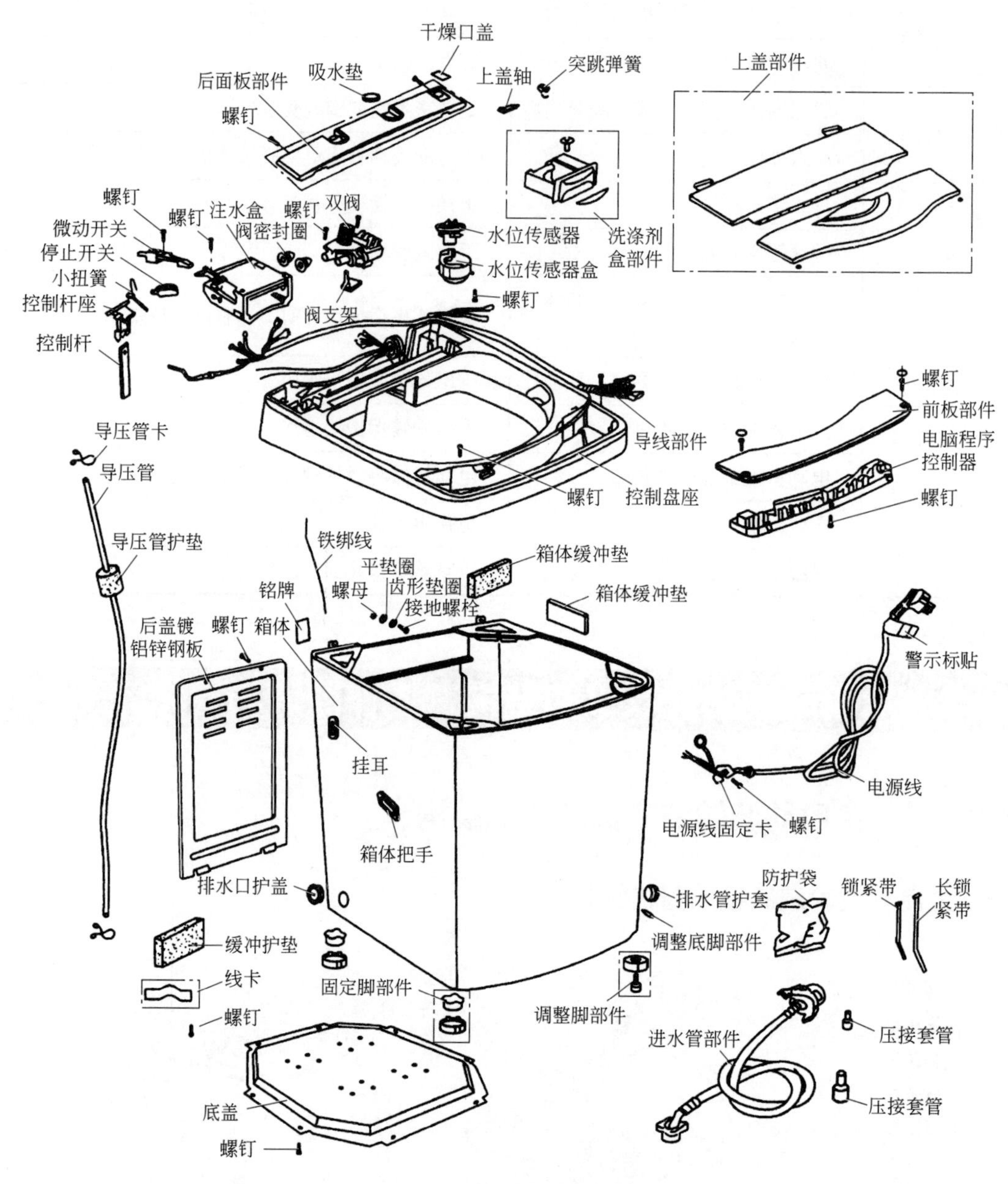

(a) 爆炸图之一

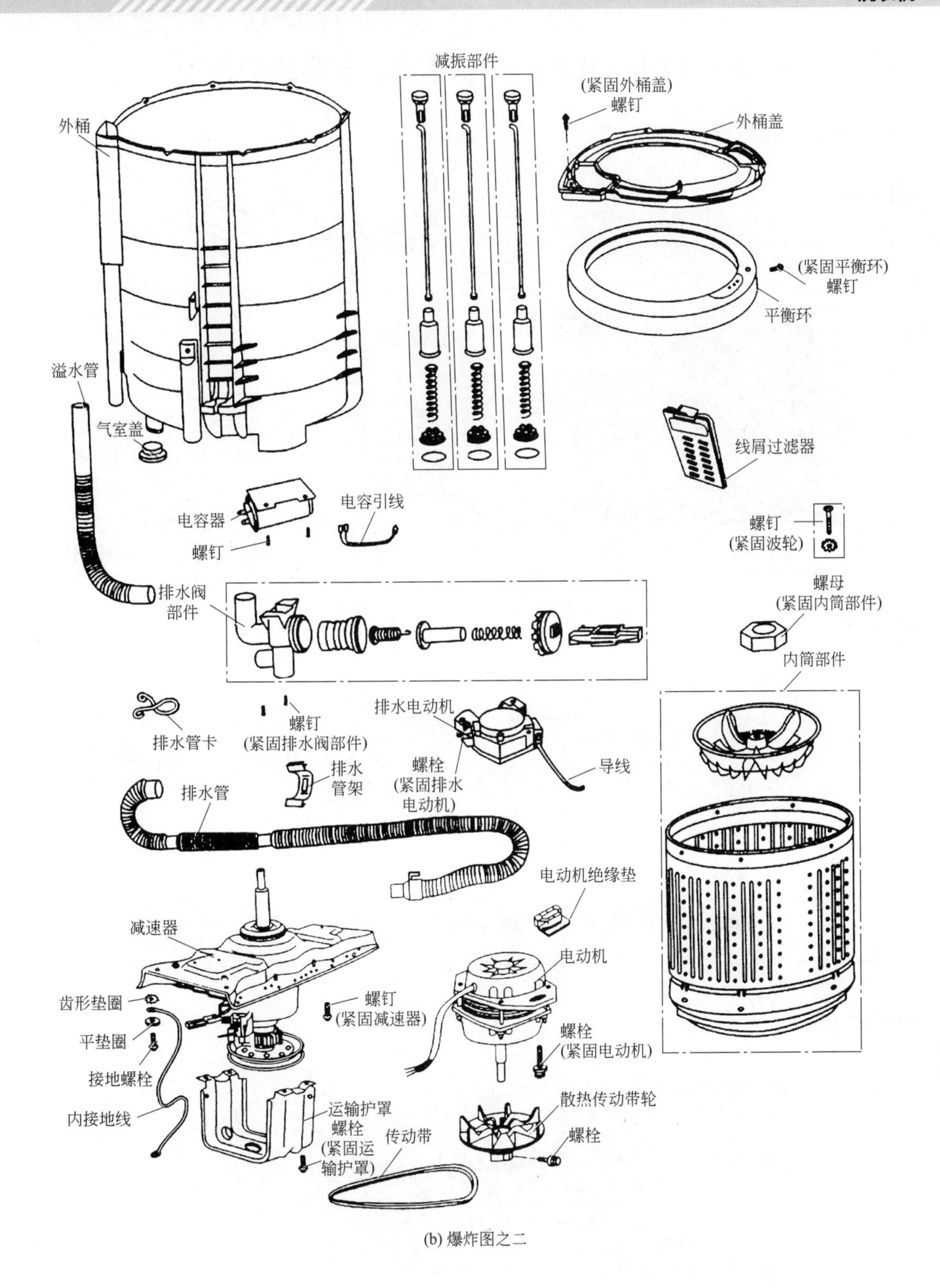
减振部件
(紧固外桶盖)
螺钉
外桶盖
外桶
(紧固平衡环)
螺钉
平衡环
溢水管
气室盖
线屑过滤器
电容器
电容引线
螺钉
螺钉
(紧固波轮)
排水阀
部件
螺母
(紧固内筒部件)
内筒部件
排水电动机
排水管卡
螺钉
(紧固排水阀部件)
导线
排水
管架
螺栓
(紧固排水
电动机)
排水管
电动机绝缘垫
减速器
电动机
齿形垫圈
螺钉
(紧固减速器)
平垫圈
螺栓
(紧固电动机)
接地螺栓
散热传动带轮
内接地线
运输护罩
螺栓
(紧固运
输护罩)
传动带
螺栓

(b) 爆炸图之二

9.3.2 全自动波轮洗衣机的系统组成及各系统的作用

1 洗涤、脱水系统

❶ 外桶

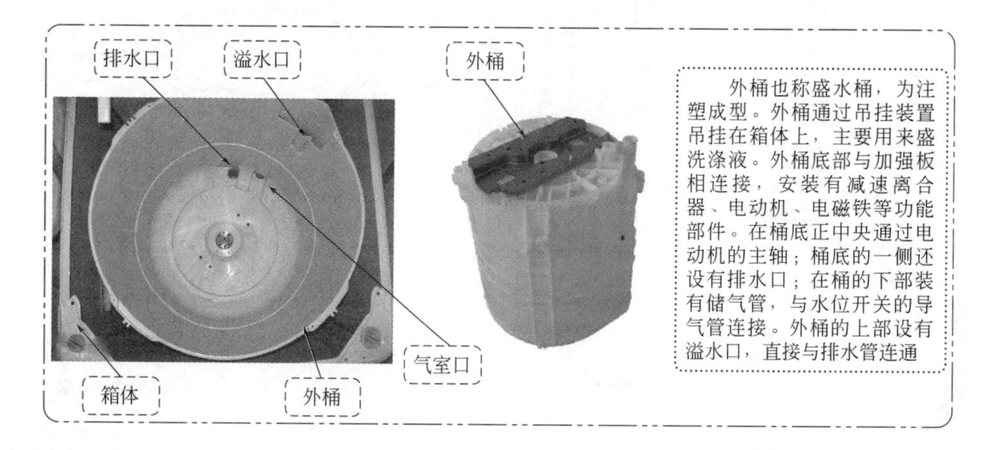

外桶也称盛水桶，为注塑成型。外桶通过吊挂装置吊挂在箱体上，主要用来盛洗涤液。外桶底部与加强板相连接，安装有减速离合器、电动机、电磁铁等功能部件。在桶底正中央通过电动机的主轴；桶底的一侧还设有排水口；在桶的下部装有储气管，与水位开关的导气管连接。外桶的上部设有溢水口，直接与排水管连通

❷ 内桶

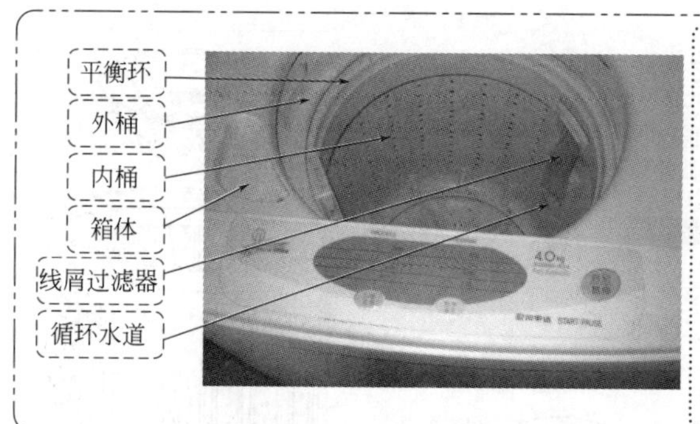

内桶安装在外桶内，洗涤时一般固定不动，脱水时同波轮一起高速旋转。一般在内壁上设有许多小孔，脱水时在高速离心力的作用下将衣物中的水通过小孔甩出，完成脱水程序

在内桶的上沿装有减振平衡圈，用来平衡因衣物在桶内分布不均匀而产生的脱水振动

在内桶侧壁还设有线屑过滤装置和软化剂自动投放装置。线屑过滤装置是在内桶的侧壁设置一根回水管，波轮运转时将其下部的水或洗涤液强制压入回水管，再经回水管上部的线屑过滤网返回到洗涤桶，如此不断往复循环，使洗涤过程中产生的线屑、绒毛及其他杂物收集在过滤网内，以使洗涤的衣物整洁

❸ 波轮

波轮通过电动机正反转带动产生水流对衣物进行洗涤，一般有塔形、棒形、碟形、盆形、S形等不同形状，用来产生不同的洗涤水流。全自动波轮洗衣机的波轮，一般采用高档新水流大波轮，材料多为ABS工程塑料或聚丙烯塑料

② 进、排水系统

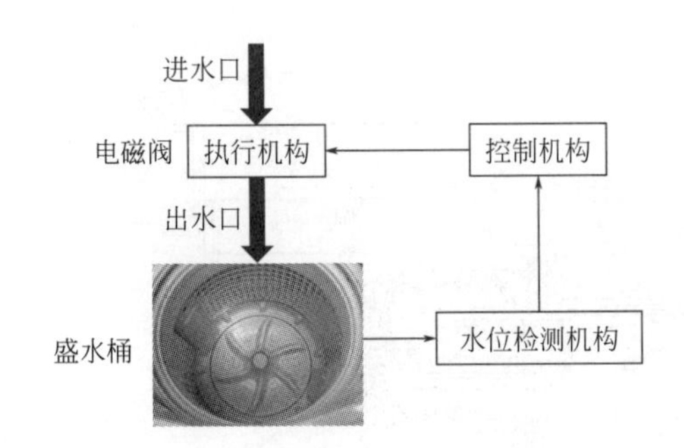

全自动波轮洗衣机都能自动进水和排水。进排水系统由进水管、进水电磁阀、内进水管、洗涤剂盒、溢水管、回旋进水管、排水阀、排水管及排水泵连接管等组成

洗衣机的进水工序，只要接好水源，进水电磁阀受控通电而开启进水阀，注水开始。当达到所设定水位后，水位开关动作，进水电磁阀断电停止工作，洗衣机转入洗涤程序

❶ 进水电磁阀

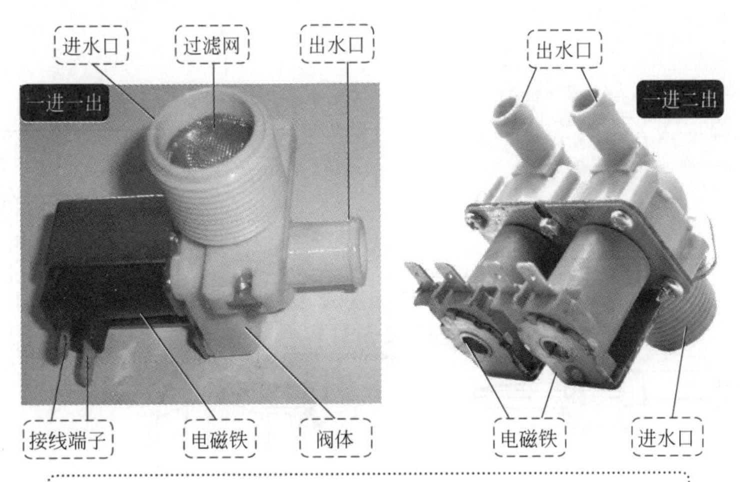

进水电磁阀的作用主要为控制自来水进水，为洗衣机提供适量的洗涤、漂洗用水。全自动进水阀主要有一进一出和一进两出两种类型

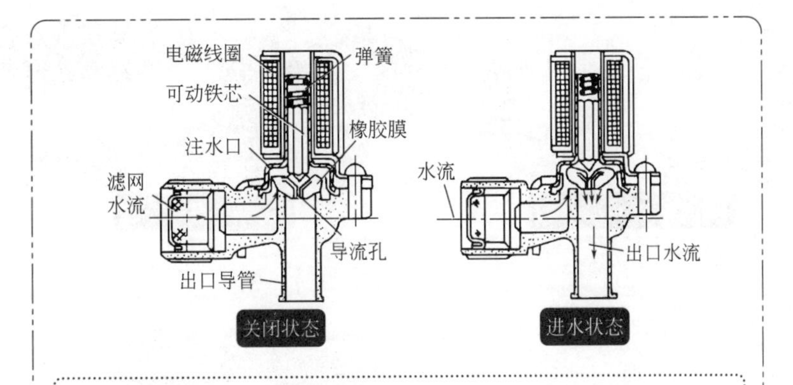

进水电磁阀主要包括电磁线圈、铁芯、橡皮阀和弹簧等功能部件

它的开关主要由阀内的线圈控制动铁芯来完成。如果线圈不通电，这时打开自来水龙头，水不会流入洗衣机；当线圈通电后，阀被打开，自来水通畅地流入洗衣机

进水电磁阀基本结构主要由一个螺管电磁铁和橡胶阀构成。其工作原理是，电磁铁线圈通电后，形成磁场，吸引铁质阀芯上移，离开膜片，水流导通。电磁铁线圈失电后，在复位弹簧及重力作用下，阀芯下沉压紧膜片堵住水道，停止向洗衣机内注水

❷排水电磁阀

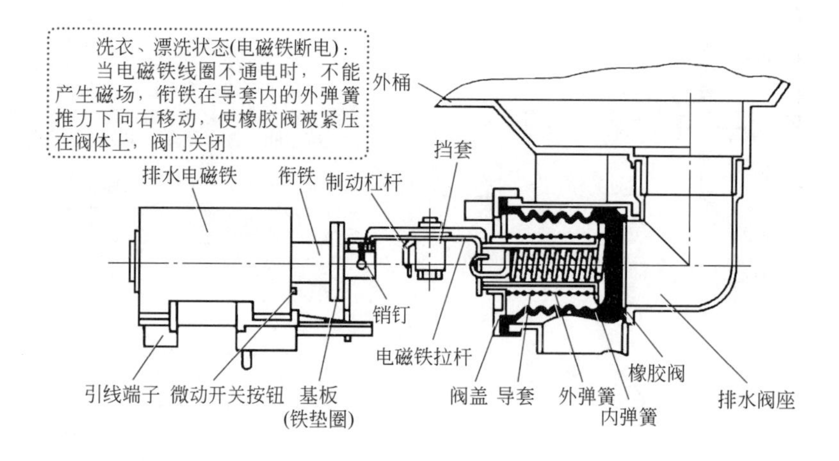

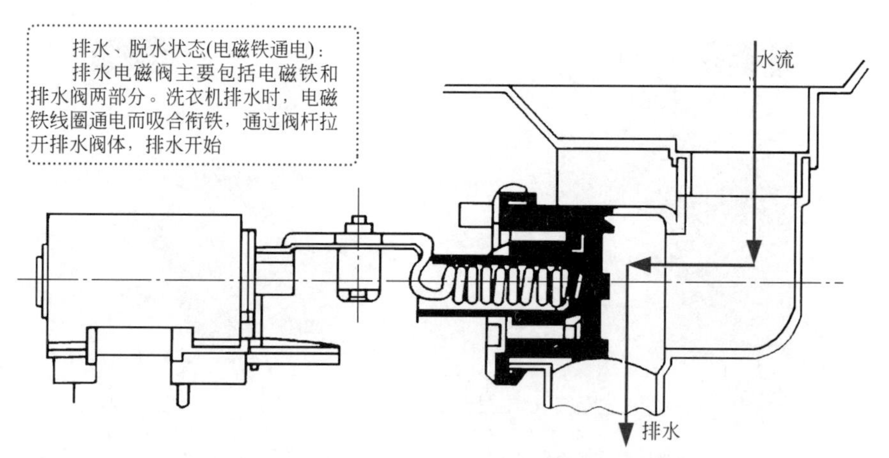

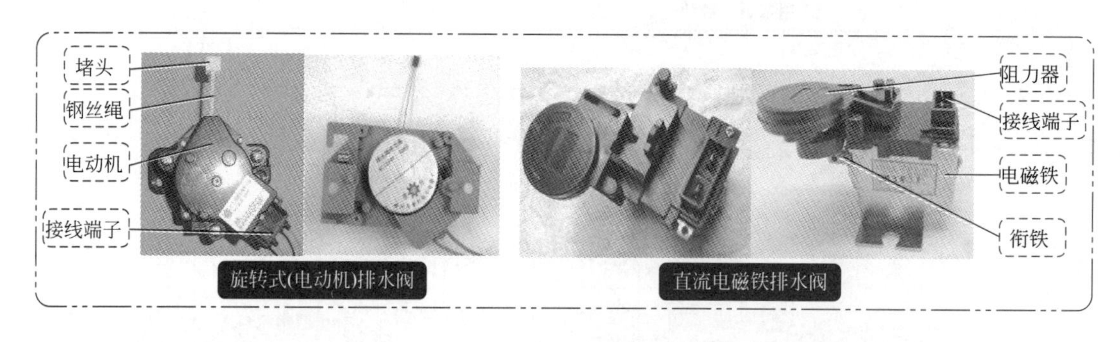

旋转式(电动机)排水阀　　直流电磁铁排水阀

排水阀是全自动波轮洗衣机上的自动排水装置，同时还起改变离合器工作状态(洗涤或脱水)的作用

排水阀除了控制排水外，还要带动离合器上的制动装置动作，使离合器的离、合状态发生改变，从而实现洗涤、脱水状态的切换

全自动波轮洗衣机的排水阀可分为两种：电磁铁牵引和电动机拖动式。排水电磁铁有两种：一种是交流电磁铁，另一种是直流电磁铁

盛水桶
溢水管
盛水桶出水口
溢水管
排水阀
电磁铁
拉杆
排水管

❸ 水位开关

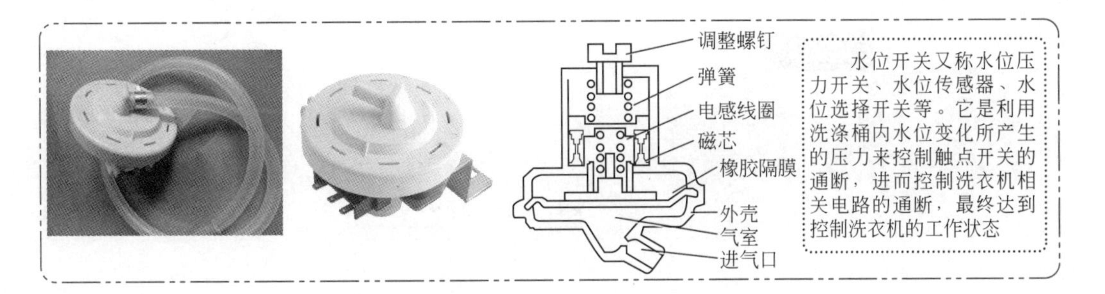

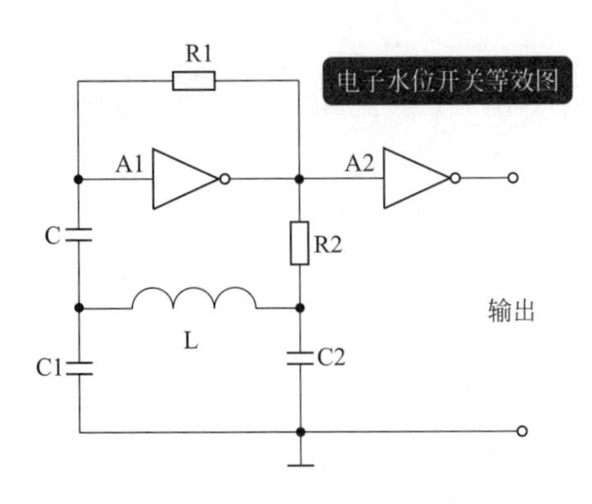

电子水位开关是通过空气推动铁芯在线圈内移动，使电感L发生变化，将水位传感器输出电感与外部电路组成LC振荡电路，就可将电感的变化转换成振荡频率的变化，不同的水位高度通过水位传感器可以产生不同的振荡频率，最后通过检测振荡频率与水位高度的对应关系，被单片机识别后，就可以确认水位的高低，不仅可实现进水、排水功能的控制，而且还可以实现进水超时、排水超时和溢水故障的检测

③ 传动系统

❶ 传动系统的结构

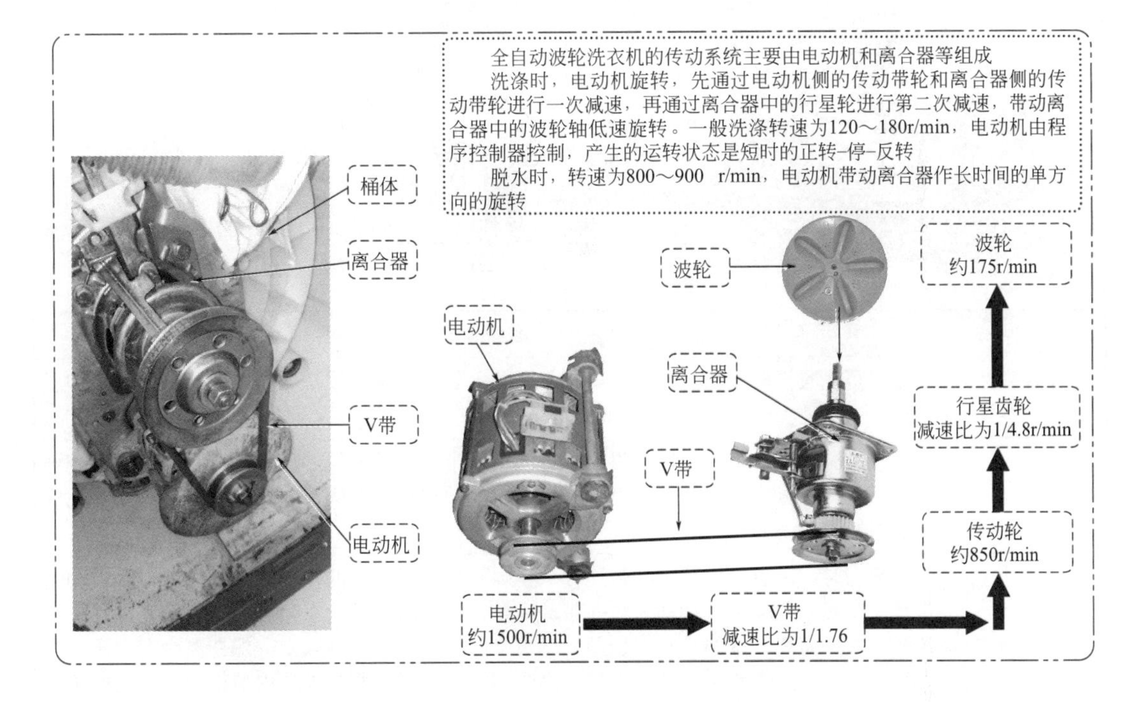

❷ 电动机

双速电动机

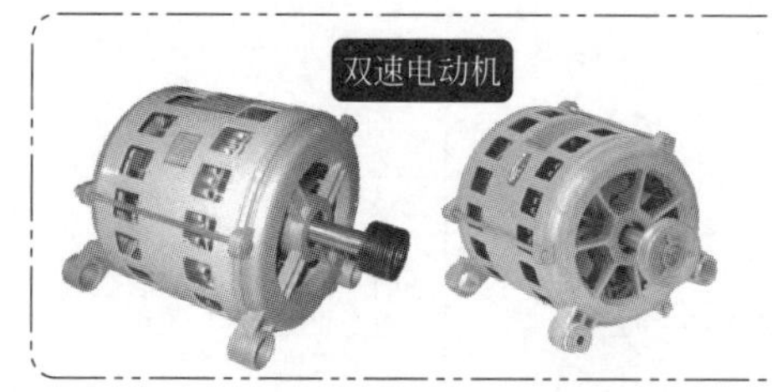

全自动波轮洗衣机长采用双速电动机或串励电动机

双速电动机的特点是：电动机的定子由高速绕组和低速绕组构成。高速绕组用于脱水，电动机单向高速旋转，力矩型，但旋转速度快；低速绕组用于洗涤、漂洗，工作时，电动机做正反方向旋转，低速但力矩大。双速电动机在工作时无摩擦噪声，但转速不可调，效率低

串励电动机

串励电动机将定子铁芯上的励磁绕组和转子上的电枢绕组串联起来使用，采用换向式结构，通过一定的控制回路来实现无极调速的交、直流两用调速电动机

❸ 离合器

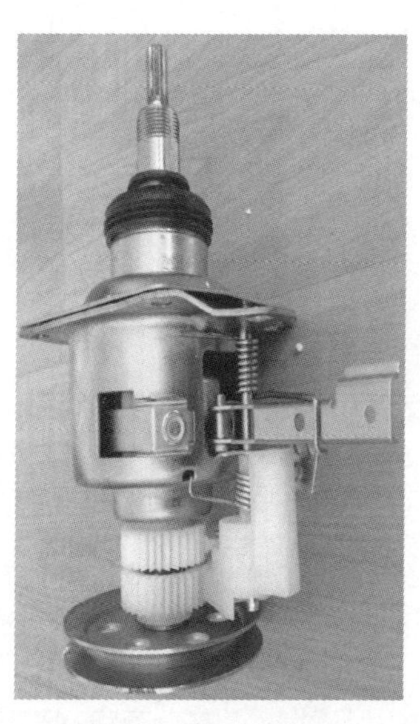

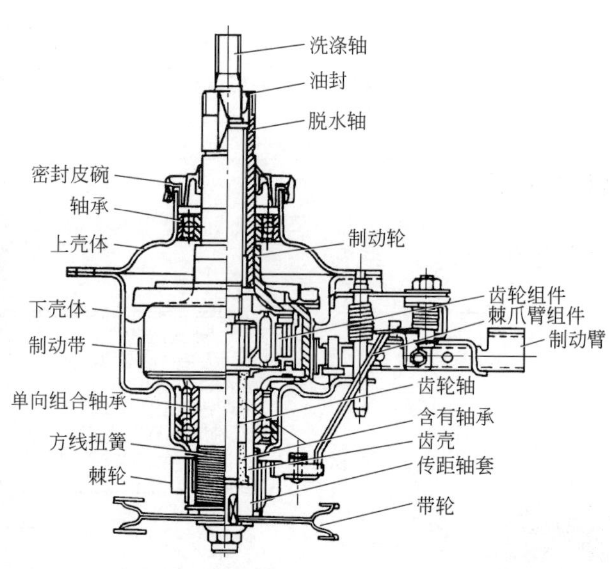

离合器特点、工作原理	
离合器主要作用	离合器是洗衣机的主要传动、减速部件。其主要作用是完成洗衣机的洗涤、甩干工作状态切换，甩干过程中的紧急制动等动作
甩干状态	甩干状态时，制动带连杆在牵引器的拉动下，带动制动带松开轮毂；同时，制动带连杆带动棘爪与棘轮分离，离合套被离合簧锁紧，内轴与外轴形同整体并保持同步转动，完成甩干状态的切换
洗涤状态	洗涤状态时，牵引器松开制动带连杆，在制动带连杆扭簧的作用下，制动带连杆带动制动带锁紧轮毂，联动棘爪拨动棘轮并带动离合簧的一端旋转一个角度，使离合套端的离合簧内径扩大；而离合簧的另一端仍锁紧在被单向轴承固定的外轴上，保持离合套端离合簧的内径一直处于扩大状态，使内轴带动离合套可以在离合簧的腔体内自由转动，完成洗涤状态的切换

④ 电气控制系统

全自动波轮洗衣机的电气控制系统一般是由程序控制器、电动机、进水电磁阀、排水电磁阀、水位开关、盖开关及各种功能选择开关等组成。

❶ 程控器

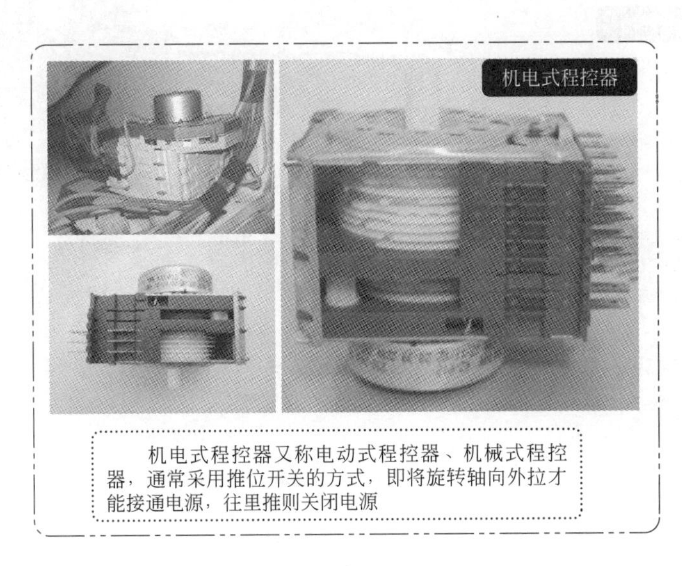

机电式程控器又称电动式程控器、机械式程控器，通常采用推位开关的方式，即将旋转轴向外拉才能接通电源，往里推则关闭电源

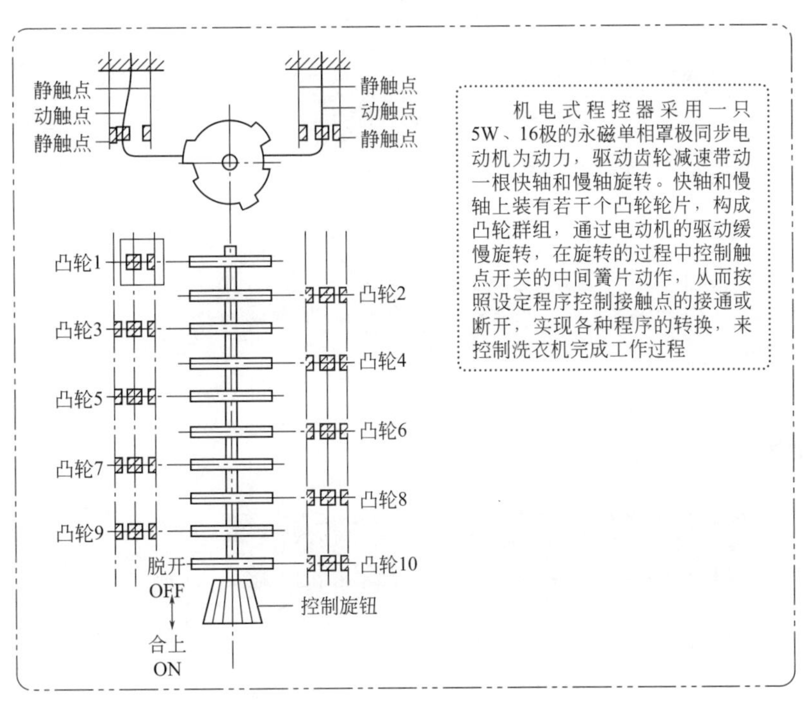

机电式程控器采用一只5W、16极的永磁单相罩极同步电动机为动力，驱动齿轮减速带动一根快轴和慢轴旋转。快轴和慢轴上装有若干个凸轮轮片，构成凸轮群组，通过电动机的驱动缓慢旋转，在旋转的过程中控制触点开关的中间簧片动作，从而按照设定程序控制接触点的接通或断开，实现各种程序的转换，来控制洗衣机完成工作过程

单片机式程控器俗称“电脑板”，是洗衣机的“指挥中心”。电脑板的正面通常有6个或8个插座与外部相连接，主要连接电源开关、水位压力开关、电动机、进水电磁阀、排水电磁阀等。其插座的大小及连接线都有颜色区分，防止在检修电路板时出现错接或插错

电脑板上主要电路有交流变压电路、整流滤波电路、程序控制电路、电动机驱动电路、过热保护电路、液晶驱动模块电路、触摸按键检测电路、传感器电路、蜂鸣器电路等各种电路组成的控制板

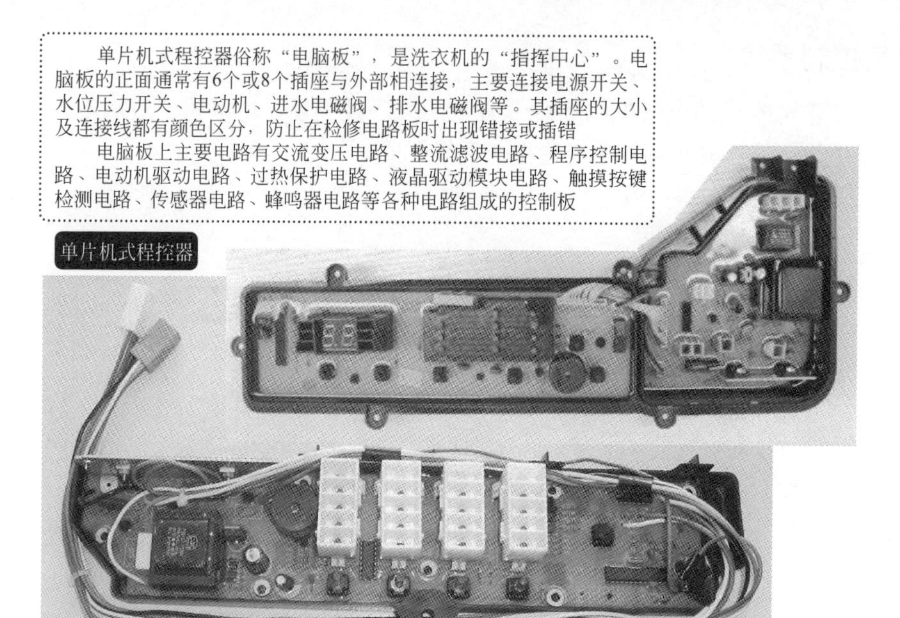

❷ 安全开关（盖开关）

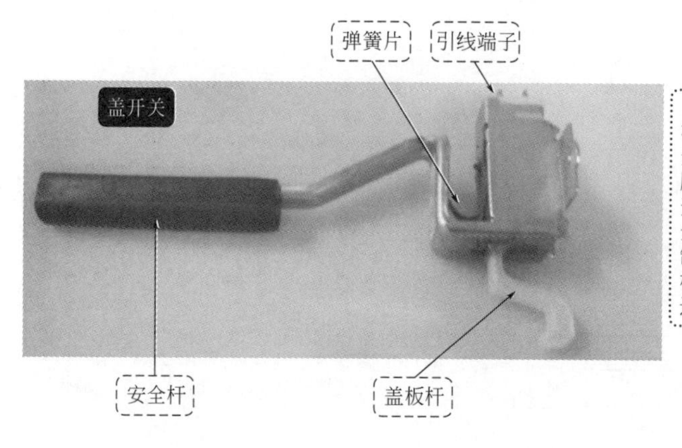

盖开关在洗衣机的运行过程中起安全保护作用。洗衣机脱水时，若上盖被打开到一定的高度，安全开关动作，离合器制动，并且断开电动机的电源，终止脱水运行

(5) 支承部分

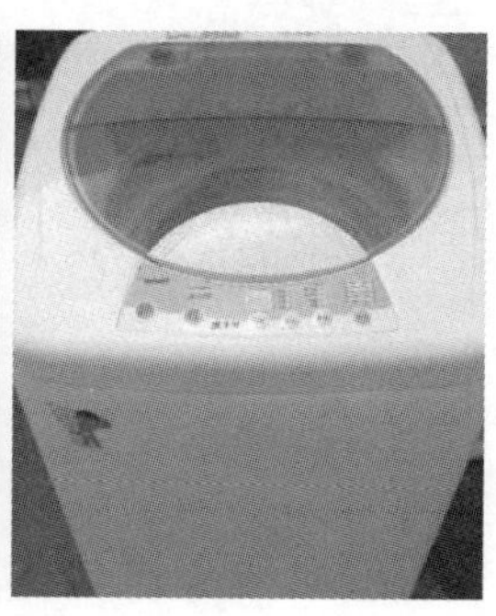

洗衣机的外桶、内桶和电动机组装一起后，软连接于洗衣机壳体的支承部分

9.3.3 电子程控器的结构及工作原理

① 电子程控器的方框图

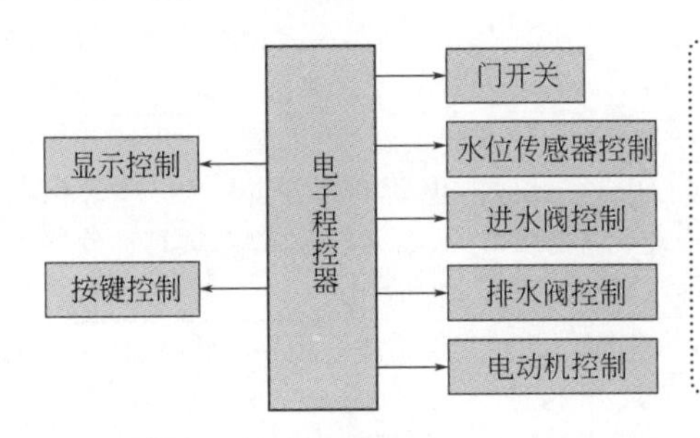

电子程控器与单片机配合，通过对显示、按键、门开关、水位传感器、进水阀、排水阀、电动机等其他外围电路的控制，从而实现各种程序的转换，来控制洗衣机完成整个工作过程

电子程控器通过插接器，分别连接电动机、压力开关、安全开关、注水阀、排水阀及电源开关。以实现控制进水、洗涤、脱水等工作程序按用户的设定有序进行

② 电子程控器的工作原理

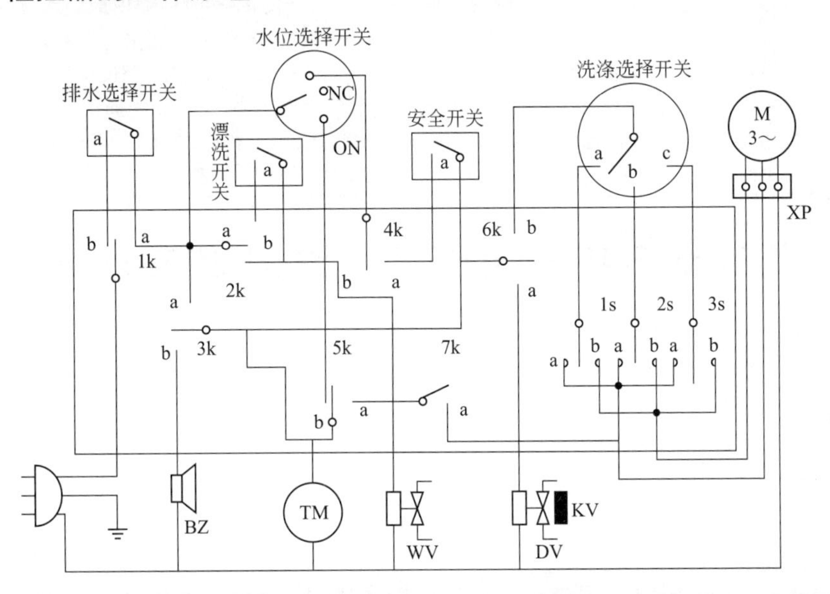

电子程控器工作原理	
电子程控器的作用	电子式程控器通过控制洗衣机的注水、洗涤、排水、脱水、储水漂洗、溢水漂洗从而控制洗衣机的整个工作过程
注水过程	开启电源，将程控器选择旋钮按顺时针方向转到所需位置。洗衣机开始按照设定的洗涤程序进行工作。当设定为标准洗涤时，电磁阀线圈通电，阀门开启，其电流通路为电源L→注水电磁阀WV→4Db→2Kb→1Ka→电源零线N，洗衣机开始注水。这时，程控器的定时电动机TM尚未接通电源，程控器的凸轮不动作。注水时，水位开关在NC位置。当洗涤桶内的水位达到设定水位后，水位开关由原来的NC位置转换到ON位置。这时，定时器电动机TM通电运转，程控器的凸轮在电动机的带动下开始运转，致使2Kb断电，注水电磁阀WV断电，洗衣机停止注水，并且转为洗涤程序
洗涤过程	转入洗涤过程后的电流通路为：电源相线L→定时器电动机TM→5k→水位开关的ON→1Ka→电源零线。洗涤程序开始时，程控器的定时电动机TM带动凸轮1s、2s、3s转动，使1s、2s、3s的动触点有规律地与a、b触点周期性地接通和断开，电动机M有规律地正转→停止→反转→正转……洗涤电动机M的电流通路为：电源相线L→电动机M→1s或2s或3s的a或b→洗涤选择开关a或b或c→6Kb→3Ka→1Ka→电源零线N。当洗涤程序结束后，程控器定时电动机TM带动凸轮使6Kb由闭合转为断开，当6Kb闭合，洗衣机进入自动排水程序

续表

电子程控器工作原理	
排水过程	由于6Ka接通，其电流通路为：电源相线L→电磁铁KV→6Aa→3Ka→1Ka→电源零线N。DV通电动作，打开排水阀门，洗衣机开始排水。同时，离合器的拨叉或制动杆爪钩和棘爪分别脱离制动盘和棘轮，使离合器扭簧制动抱紧离合器轴套，为下一步脱水做好准备
脱水过程	当洗衣机排水到一定水位后，水位开关由ON位置转换到NC位置。同时由于定时电动机TM带动凸轮转动，使3Ka、5Ka、7Ka闭合，此时，电动机通电线路为：电源相线L→电动机M→7Ka→5Ka→3Ka→1Ka→电源零线N。则电动机M单向顺时针旋转，洗衣机进入脱水工作状态。在脱水过程中，排水电磁铁线圈始终得电
储水漂洗过程	洗衣机第一次脱水完毕，自动进入注水程序，再转为储水漂洗程序。储水漂洗时7Ka断开，6Kb闭合，电动机M通过洗涤选择开关选择1s或2s或3s的a或b，使其正转→停止→反转→正转……对衣物进行漂洗。储水漂洗结束后，洗衣机再次进行排水和脱水
溢水漂洗过程	溢水漂洗故障开始时，电动机M作正转→停止→反转→正转周期性运行。此时，注水电磁阀呈关闭状态。当漂洗过程超过大约2.5min时，2Ka闭合，注水电磁阀通电，自来水注入洗涤筒内，洗涤桶水位上升到溢水口位置，这时电动机M仍周期性运行。洗衣机边注水边洗涤，这一过程延续到4min后，注水电磁阀关闭，排水电磁阀通电，洗衣机进入排水过程，接下来进行最后一次脱水，脱水结束前大约3s，蜂鸣器BZ间断性鸣叫6次，然后，1K动触点返回到中间位置，电源断电，洗衣机工作过程全部完成

9.3.4 海尔XQB45-A全自动波轮洗衣机的工作原理

海尔XQB45-A全自动波轮洗衣机整机原理图参看附录部分。主要单元电路分析如下。

① 单片机

单片机MN15828引脚的主要功能

脚号	符号	主要功能	脚号	符号	主要功能
1	CHOP	供电	15	P70	电动机供电触发信号输出（反转输出）
2	SNS	同步控制信号输入	16	P71	电动机供电触发信号输出（正转输出）
3	P20	地	17	P72	排水电磁阀供电触发信号输出
4	P21	操作键信号输入	18	BZ	蜂鸣器驱动信号输出
5	P22	操作键信号输入	19	VSS	地
6	P23	操作键信号输入	20	P30	进水电磁阀供电触发信号输出
7	RST	复位信号输入	21	P31	电源开关线圈供电触发信号输出
8	OSC1	振荡器端子1	22	P32	地
9	OSC2	振荡器端子2	23	P33	地
10	P00	键扫描信号输出	24	P40	操作键信号输入
11	P01	键扫描信号输出	25	P41	操作键信号输入
12	P02	键扫描信号输出	26	P42	操作键信号输入
13	P12	桶盖检测信号输入	27	P43	地
14	P13	水位检测信号输入	28	VDD	供电

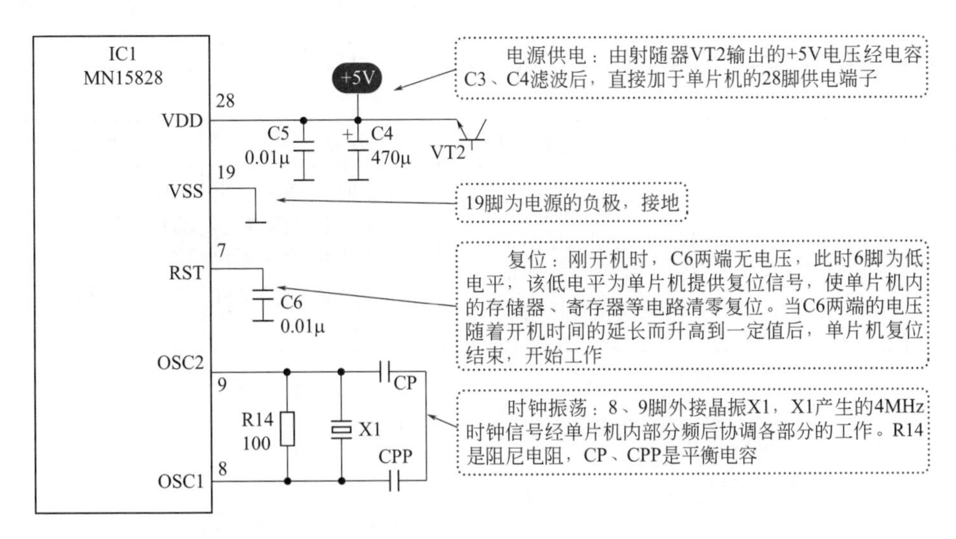

② 操作、显示、水位判断、盖开关电路

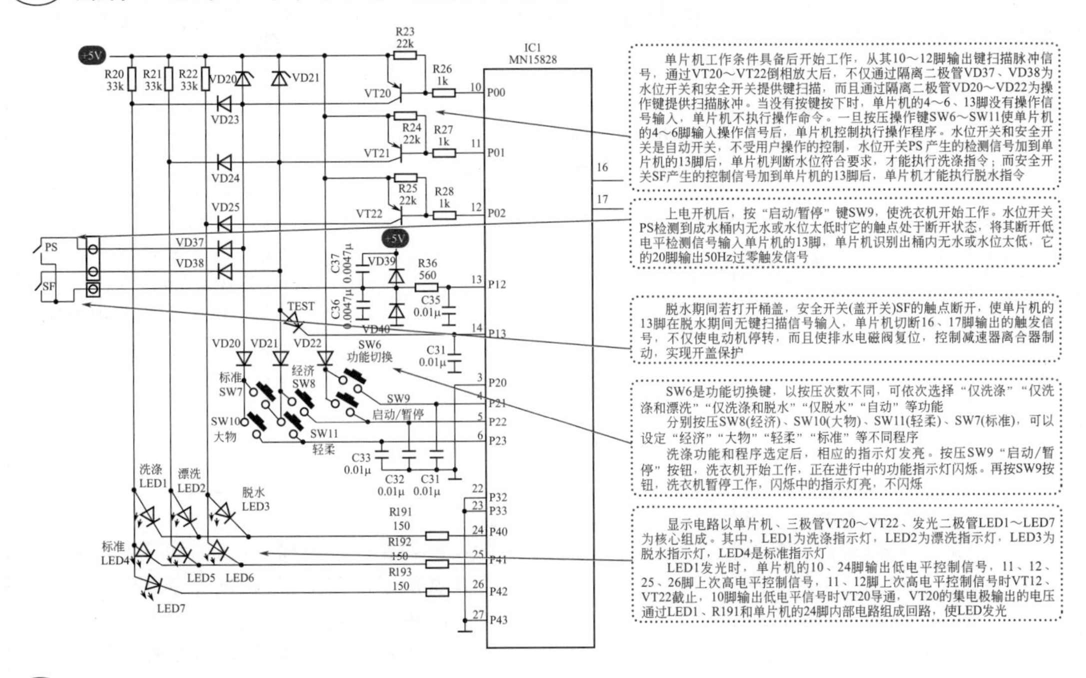

③ 电源电路与市电过零检测电路

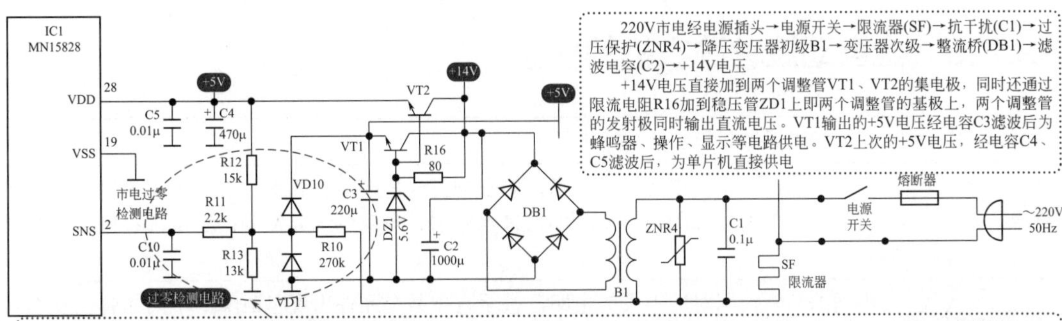

市电过零检测电路：为了防止双向晶闸管在导通瞬间因功耗大损坏，该电路设置了市电过零检测电路，主要由R10～R13、VD10、VD11等组成

市电电压通过R10、R13分压限流产生50Hz的交流检测信号，利用VD11将负半周信号对地旁路，产生正半周交流信号，即市电过零检测信号。该信号通过R11限流、C10滤除高频杂波干扰后，加到单片机的2脚。单片机对2脚输入的信号检测后，输出双向晶闸管触发信号时，可确保双向晶闸管在市电的过零点处导通，避免了它在导通瞬间过流损坏，实现双向晶闸管导通的同步控制。VD10是钳位二极管，确保单片机的2脚输入的电压低于5.4V，以免单片机过压损坏

9.3.5 洗衣机主要部件在洗衣程序中的正常工作状态

部件	进水程序	洗涤（漂洗）程序	排水程序	脱水程序
程控器	当按下洗衣机“启动/暂停”键后，程控器向进水阀和水位开关输出电压	程控器接到水位开关动作的信号后，控制洗涤电动机间隙正反向交替运转	洗涤时间终了，调整向洗涤电动机供电，转向排水电磁铁输出工作电压，向安全开关输出直流电压	排水时间终了，向电动机逆时针方向旋转的接线端输出工作电压，并继续向排水电磁铁输出工作电压
进水阀	按下“启动/暂停”键后，得电开启阀门（可听到轻微的电磁声，并有轻微的振动）	断电	断电	断电
水位开关	当洗衣机进水达到所设定的水位时，内部动簧片动作，开关触点接通	保持接通状态不变	排水程序开始时为接通状态；当水位下降到一定值（一般为额定水位的一半）时，转换为断开状态	保持接通状态不变
电动机	断电	按所设定的运转程序（即水流）间歇正、反向运转	断电	逆时针方向间歇或连续运转到预定时间终了
安全开关	不起作用	不起作用	不起作用	必须盖好机盖，安全开关才能接通，否则不能接通，脱水程序不能进行，蜂鸣器报警
电磁铁	断电，排水阀复位	断电，排水阀复位	得电吸合衔铁，通过阀杆拉开排水阀体	电磁铁保持排水时状态不变，在电动机断电30s后，断电
离合器	呈洗涤状态，即棘爪伸入棘轮内，方丝离合弹簧被旋松，刹车带抱紧。用手旋动皮带轮可使波轮双向转动	呈洗涤状态	呈脱水状态，即棘爪脱离棘轮，方丝离合弹簧旋紧，刹车带松开。手旋带轮，顺时针时内桶转动，相反波轮转动	在电动机通电和电动机断电30s内，呈脱水状态；电动机断电30s后，转变为洗涤状态

9.3.6 全自动波轮洗衣机的检修

故障现象1	工作时出现报警和显示故障代码
故障原因分析	主要原因：一是使用者操作不当，如衣物投放量超限、脱水时上盖未关闭等；二是洗衣机正常工作的外部因素异常，如自来水停水、电源电源异常等；三是洗衣机本身有故障等
检修方法与步骤	不同的故障代码对应不同的电路，甚至直指某个元件出现了故障。不同品牌以及不同机型的洗衣机，其故障代码也不相同 搜集和熟悉各种洗衣机的故障代码含义，对维修工作能够起到事半功倍的效果

<table>
<tr><th>故障现象 2</th><th colspan="2">可能故障部位</th><th>排除方法或措施</th></tr>
<tr><td>进水系统正常的状态</td><td colspan="3">在正常的情况下，进水系统应能自动地进水、补水和停水</td></tr>
<tr><td rowspan="3">不进水</td><td colspan="2">进水电磁阀</td><td>❶ 当洗衣机启动后，进水时用手触摸进水阀口应能感到有轻微的振动，并有“嗡嗡”的电磁声
❷ 如果听不到进水阀有任何声音，可能是进水阀有问题
❸ 检测进水阀线圈是否有 220V 交流电。若有交流电，再用电阻法检测线圈是否开路；若无，则检查交流供电。线圈损坏可更换线圈或电磁阀
❹ 阀门不能开启。进水阀内的水道或中心孔被堵塞，或动铁芯被卡死，应拆开检查，清理；在不能修理时，可直接更换进水阀</td></tr>
<tr><td colspan="2">水位传感器</td><td>❶ 先检查、确认盛水桶内无剩水，导气软管路无折叠、扭结或堵塞现象。若桶内有水或空气管路不通，则可能会使水位传感器的储气室内的气压过高，造成水位传感器输出错误。排除这些故障原因后再做进水实验。如果仍不进水，则故障出在水位传感器上
❷ 机械式水位传感器的检查。用万用表电阻挡检测其两个接线端子之间的电阻值，若阻值较小，说明开关触点没有断开。维修或更换水位传感器
❸ 电子式水位传感器的检查。检查是否是电感线圈损坏，若线圈损坏，则洗衣机在通电后单片机检测到进水异常时将停止运行而报警</td></tr>
<tr><td colspan="2">电脑程控器</td><td>❶ 进水时，测量进水阀插座的输出电压是否有交流 220V，若有说明程控器输出正常；否则说明程控器有问题
❷ 电脑程控器可能原因有：进水阀供电的晶闸管损坏或单片机输出有问题等。更换晶闸管或检修单片机电路</td></tr>
<tr><td rowspan="3">进水缓慢</td><td colspan="2">进水阀过滤网罩有污垢而堵塞进水网眼</td><td>清理或更换过滤网罩</td></tr>
<tr><td colspan="2">管件损坏或密封不严产生漏水</td><td>查找漏水处，进行修复。或更换漏水管、密封件</td></tr>
<tr><td colspan="2">进水阀有问题</td><td>更换进水阀</td></tr>
<tr><td rowspan="3">进水不停</td><td colspan="2">如在切断电源后洗衣机仍进水，是进水阀的阀门没有闭合造成的</td><td>进水阀本身损坏。线圈阻值一般在 4.5 ～ 5.5kΩ，说明线圈基本正常，否则线圈有问题。进水电磁阀主要故障有：橡胶阀门变形、开裂，复位弹簧是否断裂、锈蚀，孔有堵塞等。可维修或直接更换进水电磁阀</td></tr>
<tr><td rowspan="2">断电后洗衣机停止进水，表明进水阀正常</td><td>波轮不转。说明程序仍处于进水状态</td><td>❶ 排水系统故障，例如有杂物堵塞排水阀。将排水阀内的杂物清除即可
❷ 空气管路和水位传感器故障。检查空气管路是否畅通，导气软管是否完好；检查、更换水位传感器
❸ 程序控制器有故障。检修或更换程序控制器</td></tr>
<tr><td>波轮运转。说明程序已由进水过程转为洗涤或漂洗过程</td><td>主要应检查进水阀门为什么不能关闭。用万用表测量程序控制器上连接进水阀的删除端子之间是否有 220V 交流电压，若有电压，则为晶闸管可能损坏，更换晶闸管或更换电脑板</td></tr>
</table>

故障现象 3	可能故障部位	排除方法或措施
不能排水	一般故障	检查排水管路是否畅通；排水管是否放倒；排水管是否有压扁现象；排水口是否有杂物堵塞等
	程序控制器 / 电脑板故障	将排水电动机或排水电磁铁连接导线拔下，将洗衣机设定为“脱水”程序，上电开机，用万用表测量两个导线间的电压，若无电压，则故障在程序控制器 / 电脑板故障 检修或更换程序控制器 / 电脑板故障
	排水阀故障	上述检测若有电压，其他排水部件正常，则为排水阀有故障。检修或更换排水阀
排水缓慢或不畅	排水管路不畅通	检查是否有堵塞、压扁等；是否外接管路过长等
	排水阀异常	检查是否排水阀老化、堵塞，根据不同情况采取相应的维修方法
	电磁铁异常	电磁铁发热变形等，更换电磁阀
水排不净	水位开关损坏	更换水位开关
	水位开关的空气管路漏气	维修漏气处或更换漏气的部件
	程序控制器 / 电脑板故障	维修或更换程序控制器 / 电脑板
排水不止	排水拉杆有问题	更换拉杆或维修卡滞部位
	排水阀有问题	检查阀座是否变形、有杂物、破裂等。更换电磁阀
	外弹簧有问题	检查外弹簧是否断裂、失去弹性等，更换外弹簧

故障现象 4	可能故障部位		排除方法或措施
洗涤时波轮不转动	电动机转动正常	波轮松脱或异物卡住	紧固波轮螺钉；清除异物
		V 带断裂或松弛、打滑	更换 V 带，调整电动机与离合器的间距
		离合器有问题	维修或更换离合器
		皮带轮紧固螺钉松脱	重新固定皮带轮紧固螺钉
	电动机不转动	电动机损坏	更换电动机
		电容器损坏	更换电容器
		电脑板或电路连线有问题	维修电脑板或检修连接线路
洗涤时，波轮启动缓慢，转速下降	电源电压过低		与供电部门沟通
	电容器失容或漏电		更换电容器
	衣物放的过量		减少衣物重量
	波轮与洗衣桶间有杂物		清理杂物
	机械传动部件有打滑、相互有碰撞现象		检查、维修
	离合器有问题		检修或更换离合器
洗涤时，脱水桶跟着转	顺时针跟着转，一般是因制动带造成的		应紧固或更换制动带，并通过旋转调节螺钉，将棘爪位置调节适当
	逆时针跟着转，一般是因离合器扭簧故障造成的		更换离合器制动弹簧或拨叉弹簧，或重新紧固或更换制动带

故障现象5	可能故障部位	排除方法或措施
脱水时有报警声响	开盖报警	盖板没有盖好，重新将洗衣机盖板盖好
	脱水桶转动不平衡报警	❶重新将洗衣机再放置平稳 ❷脱水桶的紧固螺钉松动，重新紧固或更换螺钉 ❸脱水桶平衡圈破裂或漏液，失去平衡作用。维修或更换平衡圈；或从注入口补注浓度为24%的食盐水 ❹吊杆脱落或有移位现象，重新安装或调节吊杆 ❺安全开关紧固件松动、严重变形、断路或接触不良等，维修或更换安全开关 ❻电脑板有问题，检修或更换电脑板
脱水桶不转动	电磁铁或牵引器不能将排水阀打开	❶检查排水阀及驱动电路 ❷检查安全看后是否闭合 ❸检查、维修电脑板 ❹盛水桶与脱水桶之间有衣物，排除、清理异物 ❺离合器弹簧损坏，更换弹簧或离合器 ❻制动带未松开，检查制动装置 ❼单片机本身有问题，维修电路或更换单片机、更换电脑板
停止脱水时，制动时间过长	开盖50mm，安全开关没有断电	开关、盖板等变形，开关移位，调整开关或更换开关
	程控器损坏	维修或更换程控器
	脱水桶内的衣物放置不平衡	重新放置衣物
	紧固制动带的螺钉松脱	重新固定紧固制动带的螺钉
	离合器上的制动带安装歪斜	重新安装、调整制动带

第10章

电风扇、暖风扇

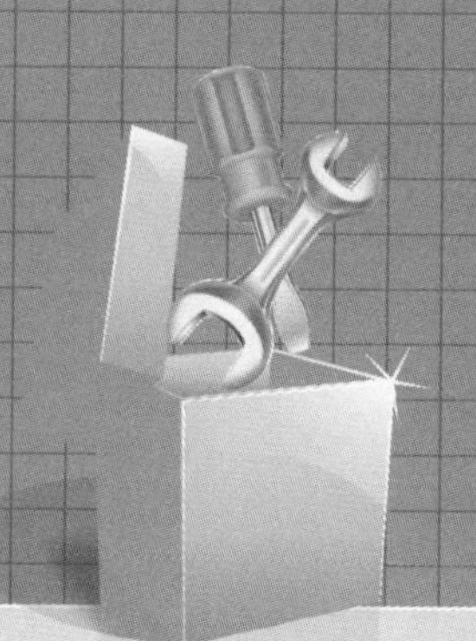

10.1 电风扇的类型及型号

10.1.1 电风扇的类型

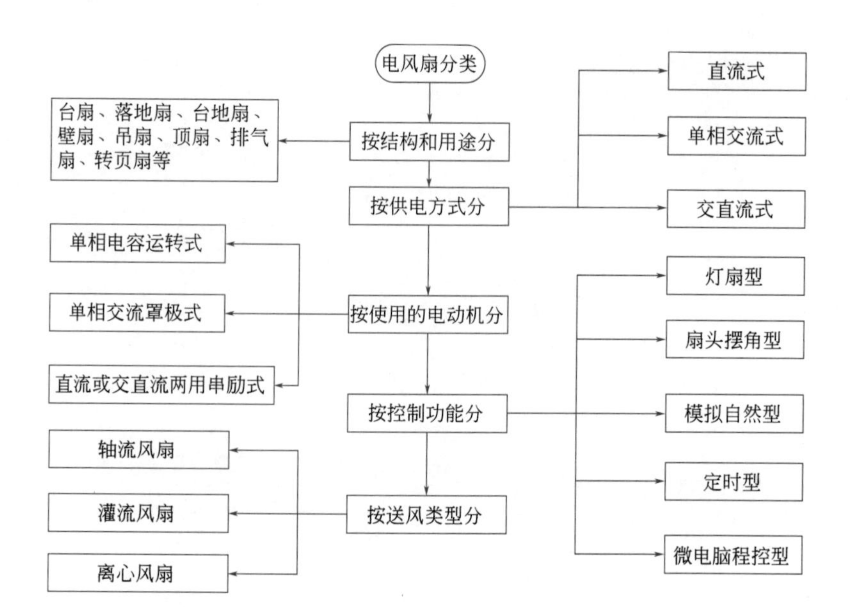

10.1.2 电风扇的型号

目前，电风扇没有统一的国家标准，各生产厂家一般遵循的规则如下。

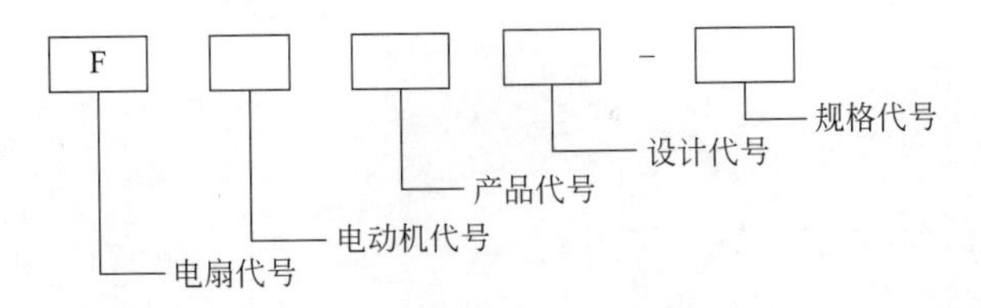

第一个阿拉伯数字表示生产厂家的设计序号，第二个阿拉伯数字表示电风扇的规格即扇叶直径。电风扇的系列、形式代号如下表所示。

系列代号	形式代号	
H—单相罩极式	A—轴流排气扇	H—换气扇
R—单相电容式（一般省略）	B—壁式	Y—转叶扇
T—三相式	C—吊式	R—热风式
	D—顶式	S—落地式
	E—台地式	T—台式
实例	❶ FT8-20　表示交流电容式电动机台地扇，厂家第8次设计，规格为200mm ❷ FS6-40　表示交流电容式电动机落地扇，厂家第6次设计，规格为400mm	

10.2 台扇类电扇的结构

台扇是扇头采用防护式电动机，有往复摇头机构，利用底座支撑，置于台上。如果将台扇底座的形式加以改装，即可派生出落地扇、台地扇及壁扇。它们与台扇的不同之处在于：落地扇和台地扇均可通过底座上的升降杆来调节扇头的高度；而壁扇则适宜装在墙壁上。因此台扇类电扇，包括有台扇、落地扇、台地扇及壁扇等

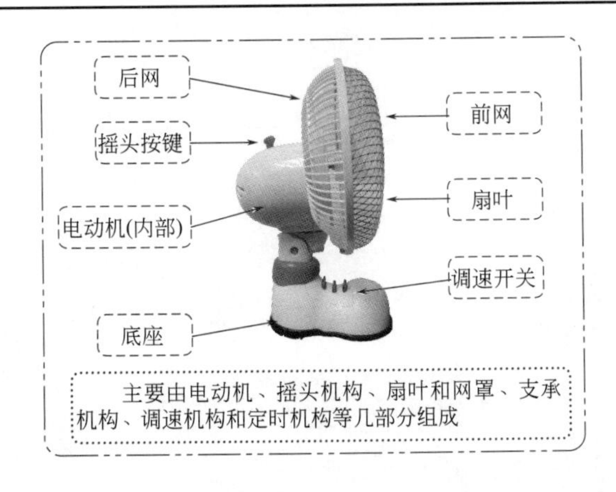

① 电动机

家用台扇电动机均用单相交流异步电动机，常采用罩极式或单相电容运转式。

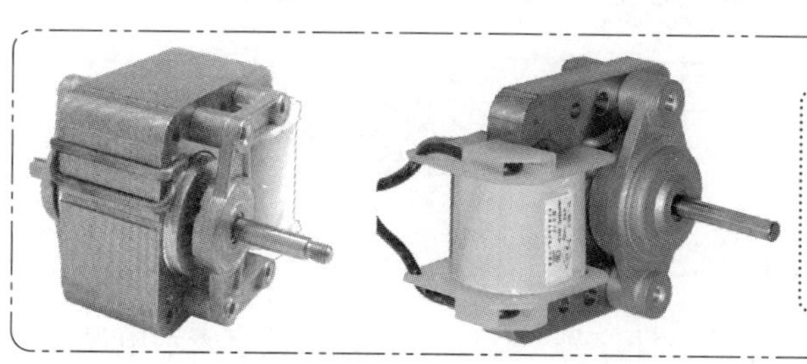

罩极式电动机的结构简单，可靠性高，价格低廉，维修方便，但启动性能及运转性能稍差，常用于扇叶直径小于250mm的小型风扇

单相电容运转式电动机，启动性能及运转性能均优于罩极式，故广泛用于扇叶直径大于300mm的风扇

② 电容

单相电容运转式电动机上配用的电容，一般选用金属膜电容器，容量在1～1.5μF

③ 扇叶

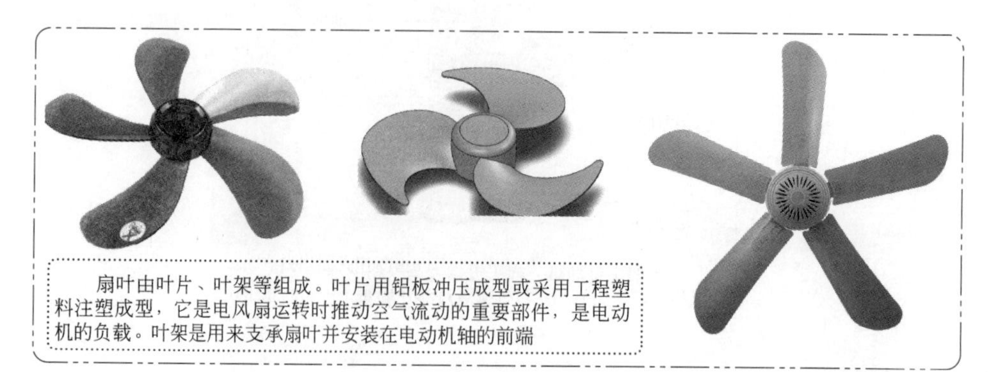

扇叶由叶片、叶架等组成。叶片用铝板冲压成型或采用工程塑料注塑成型，它是电风扇运转时推动空气流动的重要部件，是电动机的负载。叶架是用来支承扇叶并安装在电动机轴的前端

④ 网罩

网罩主要用于防止人体触及风叶而发生伤害，并兼外观装饰，因此网罩应具有足够的机械强度，并要求造型美观。网罩一般分前后两部分，后网罩固定在扇头前端盖上，前网罩通过扣夹连接在后网罩上

⑤ 摇头机构

❶ 揿拔式摇头机构

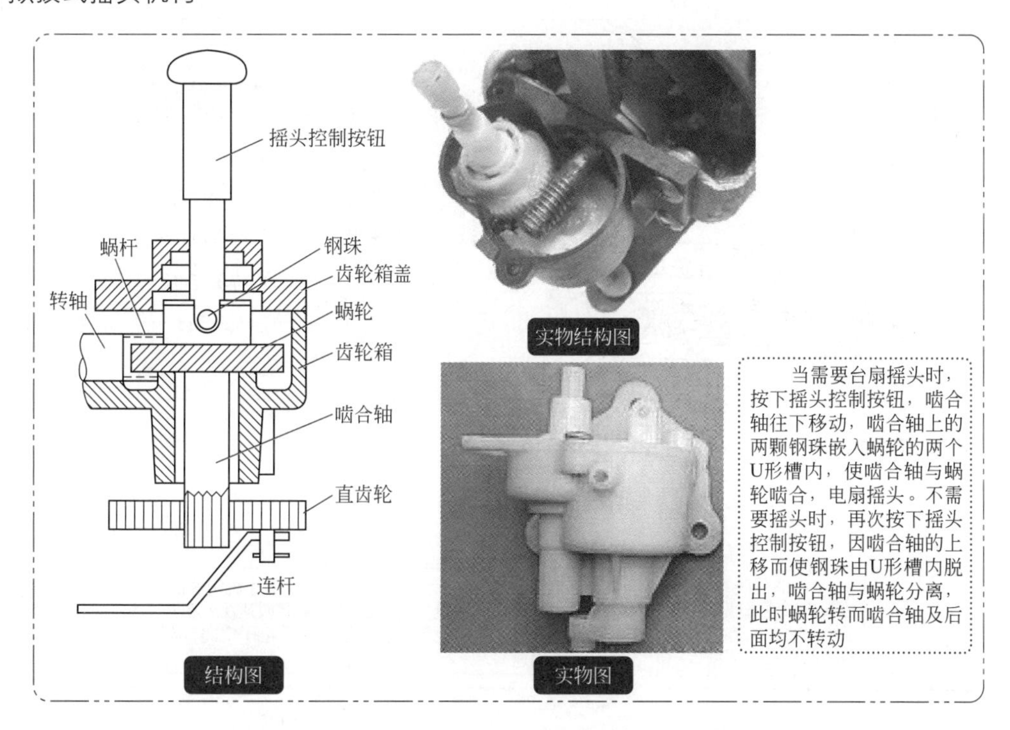

结构图

实物结构图

实物图

当需要台扇摇头时，按下摇头控制按钮，啮合轴往下移动，啮合轴上的两颗钢珠嵌入蜗轮的两个U形槽内，使啮合轴与蜗轮啮合，电扇摇头。不需要摇头时，再次按下摇头控制按钮，因啮合轴的上移而使钢珠由U形槽内脱出，啮合轴与蜗轮分离，此时蜗轮转而啮合轴及后面均不转动

❷ 电动式摇头机构

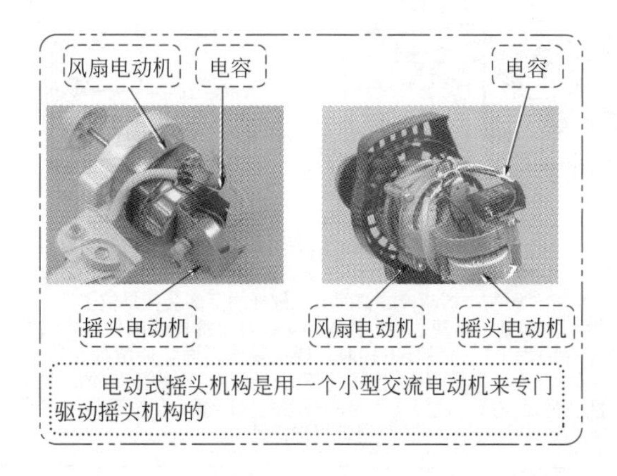

电动式摇头机构是用一个小型交流电动机来专门驱动摇头机构的

⑥ 支撑机构

支撑机构是整机的连接机构，主要由连接头和底座组成。

❶ 连接头

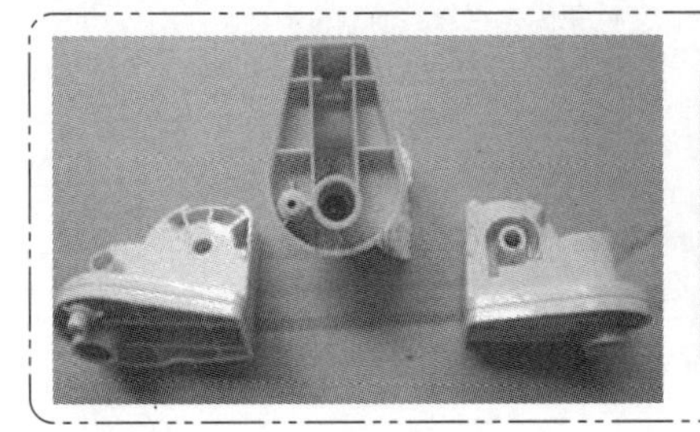

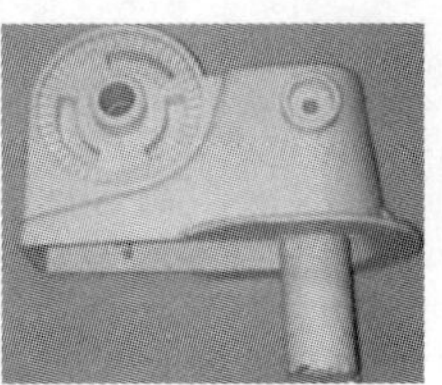

连接头是连接扇头和底座的部件，它的前端开有竖直插孔，电动机的摇摆轴即插在此孔内，通过侧壁上的顶丝，将摇摆轴锁定。扇头与连接头之间还装有滚珠，便于扇头在摆头时能灵活转动。连接头的下端通过销钉与底座相连，通常还有竖直方向的俯仰角调节功能，一般仰角为20°，俯角为15°

❷ 底座

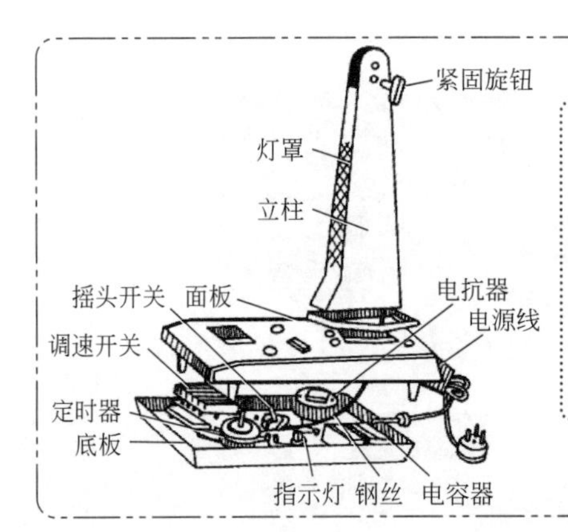

台扇支承机构的主要部件通常称为底座。底座一般由立柱、面板、底盘等几部分组成

立柱的上部用以安装连接头，中部柱内通常安有装饰灯，外配灯罩。面板上装配各种控制操作旋钮和按键，如调速开关、摇头控制旋钮、指示灯、定时器开关等。底盘内安装有定时器、电抗调速器、电容器等电路控制组件和其他附件

⑦ 调速机构

常见的调速方法

- 抽头法：抽头法调速采取增加定子绕组匝数的方法来减弱电动机磁场强度
- 电抗法、电容法：电抗法、电容法调速是采用直接降低电动机端电压的方法来调速
- 晶闸管、单片机调速法：晶闸管无极调速法、单片机控制属于电子电路控制调速

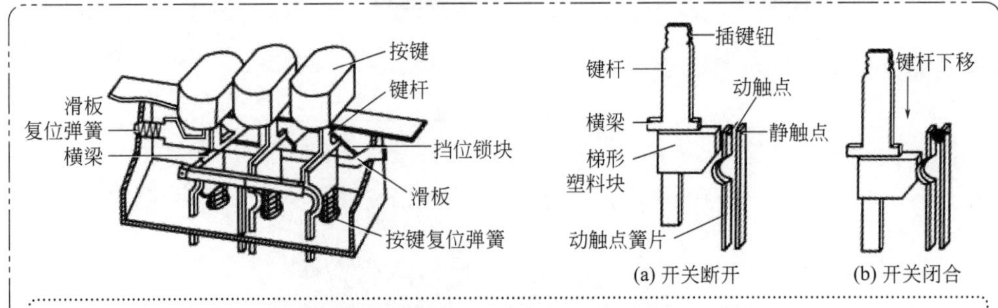

(a) 开关断开　　(b) 开关闭合

风扇上的调速开关普遍使用按键式(琴键式)，由按键组件、滑板机构和触点开关组成

每个按键组件都包括按键、键杆、按键复位弹簧等。键杆中端有一凸出的横梁，横梁的大部分压在一个梯形塑料块上，而其余部分压在滑板凸榫的斜面上。键杆的下部套在复位弹簧上

滑板机构包括滑板、滑板复位弹簧、挡位锁块等。在每个键杆处都有一个凸榫，上方为斜面，下方有一凹槽。键杆的横梁压在斜面上，当键杆下移时，横梁紧压斜面，使滑板左移。当横梁嵌入凸榫凹槽中时，在滑板复位弹簧的作用下，滑板复位，凸榫将该键杆锁定，实现了该键的自锁。此时，如果按下第二个按键，该键的横梁推动滑板左移，使第一个键的横梁脱出凹槽，在按键复位弹簧的作用下弹起，电触点断开。第二个按键下移，接通对应的触点，且滑板将键杆锁定

⑧ 机械式定时器

风扇上的定时器主要用于控制电动机的工作时间，常用的有两种：电子式和机械式。

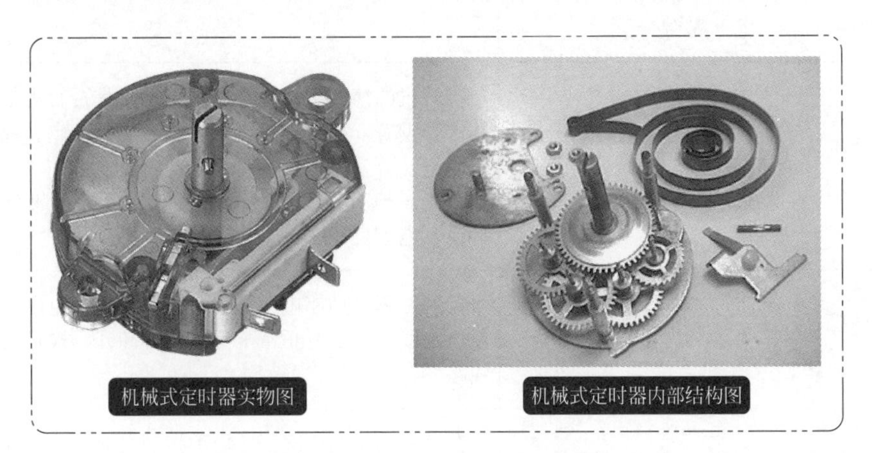

机械式定时器实物图　　机械式定时器内部结构图

10.3 格力机械控制型KYSK-30电扇电路的原理与维修

10.3.1 格力机械控制型KYSK-30电扇电路的原理

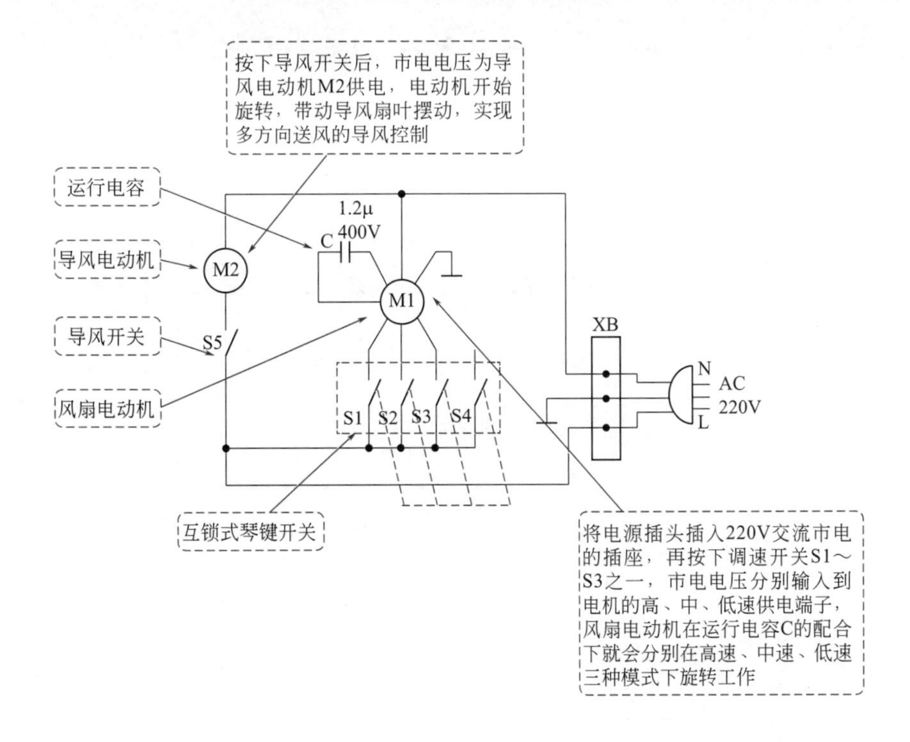

10.3.2 实战39——格力机械控制型KYSK-30电扇的维修

常见故障现象	故障分析	排除方法
风扇电动机不工作	一是运行电容失容或开路；二是电动机本身有问题；三是供电线路有问题	在开机的情况下，测量电动机端子是否有正常的工作电压；若没有，检查线路；若有。说明运行电容或电动机有问题 首先，检查运行电容是否良好，若失容或断路，可更换；若电容良好，检查、更换电动机
两个电动机都不工作	主要原因是市电供电线路开路	首先，测量插座电压是否正常，若没有电压，检查插座及供电线路；若有正常电压，就拆卸开，检查内部电路的线路
风扇电动机转速慢	一是运行电容容量减小；二是电动机轴承异常	在没有通电的情况下，用手拨动电动机的扇叶，若转动不灵活，说明电动机的轴承动机械系统有问题；若转动灵活，则检查运行电容
导风电动机不工作	一是导风开关S5开路性损坏；二是导风电动机M2异常。	检测、判断导风开关、导风电动机是否损坏，更换损坏元器件

10.4 普通电扇电路的原理与维修

10.4.1 普通电扇电路的原理

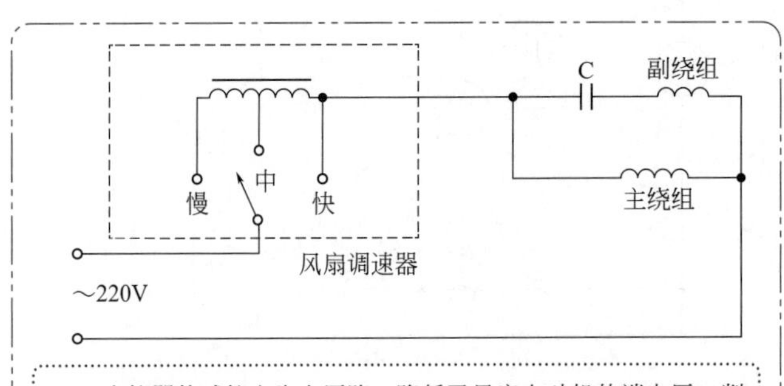

电抗器的感抗产生电压降，降低了风扇电动机的端电压，削弱了风扇电动机的磁场强度，实现多挡调速。当调速开关与高速挡接通时，电抗器上的调速线圈未被接入，风扇电动机定子绕组两端的工作电压最高，电动机转速最高，电扇风量最大；当调速开关与中挡或低挡接通时，电动机绕组回路中串入了调速线圈，使电动机绕组两端的工作电压下降，从而获得较低的转速，达到调节风量的目的

10.4.2 实战40——普通台风扇类常见故障及排除方法

常见故障现象	故障分析	排除方法
通电后风叶不转	通电后风叶不转，主要是机械或电路部分有故障，但同一种故障现象也可能是不同的原因、不同的元器件引起的，为了尽快、迅速地找到故障部位进行修理，可采用如右所示的故障检修程序，逐步缩小故障范围	❶ 在未通电的情况下，用手拨动扇叶，观看转动是否灵活，目的是区分是机械还是电路部分故障。若无法转动或转动不灵活，一般是机械故障。机械性故障一般有：轴承缺油、机械磨损严重残缺、杂物堵塞卡死等，仔细检查后，进行维修、调整或更换，直至扇叶转动灵活为止 ❷ 在未通电的情况下，用手拨动扇叶转动灵活，则是电路部分有故障。通电可听电动机是否有“嗡嗡”声。若无“嗡嗡”声，则表明电路有断路故障存在，应对电源线、插排、琴键开关、定时器、电抗器、定子绕组等逐一进行检查。可采用电压法或电阻法，电阻法具体操作方法是：在不通电的情况下，接通琴键开关、定时器。把万用表置于欧姆挡，将一只表笔固定在插头的一个插片上，另一只表笔依次测量各个元器件和各段线路，直至插头的另一插片上。在测量过程中，如发现示数在“∞”，则该点的前一个电器或线路即是故障点，应予以排除 ❸ 通电后，若有“嗡嗡”声而不转动，则故障原因一般在电动机定子绕组或副绕组的外部电路上。可用万用表检测电动机定子绕组、电容器的好坏或用替换法确定
低速挡不启动	低速挡不启动，高速挡勉强可以启动的主要原因有，电容器容量变小或漏电、电动机主副绕组匝间短路、电抗器绕组断路、轴承错位或损坏等	❶ 首先用手拨动扇叶看其转动是否灵活，若不灵活，说明是机械受阻。主要应检查轴承是否定位不准，轴承是否缺油，端盖固定螺钉是否松动，各机械转动部分有异物等，使转子阻力增大，逐项检查后排除 ❷ 用万用表测量判断电抗器、电容器质量的好坏。也可用替换法替代 ❸ 最后用万用表测量判断电动机质量的好坏，或用替换法确定
风扇转速慢	造成风扇转速慢的故障原因有，电源供电电压偏低、机械部分阻力过大、电容器容量变小或漏电、电动机主副绕组匝间短路、电动机绕组接线错误等	首先应检查电源供电电压是否偏低。机械部分阻力过大，可视具体情况维修排除。接着用万用表测量判断电容器、电动机质量的好坏。最后还要考虑人为性故障，如维修时电动机绕组接线错误，代换的电动机型号不对等
不能摇头或摇头失灵	产生不能摇头或摇头失灵的主要原因有，蜗轮损坏或严重磨损，不能啮合传动；离合器损坏、离合器中的钢珠脱落、钢丝绳断或受阻，使上下离合块不能啮合；连杆机构、摇头开关或轴、杠杆或拉板等严重磨损或损坏，致使不能操作或操作失灵；揿拔式摇头机构结构多采用塑料配件，断齿、扫齿打滑、变形、严重磨损或损坏等，造成不能操作	摇头机构的结构比较复杂，查到故障原因后，可作相应的维修、装配或代换。目前，各厂家的配件差异性较大且供应量又少，互换性较差，因此，这部分维修恢复率较低

续表

常见故障现象	故障分析	排除方法
电动机温升过高	绕组短路；扇叶变形，增加了电扇的负荷；定子与转子间隙内有杂物卡阻；轴与轴之间或轴承润滑干涸；绕组极性接错	重新绕制或更换电动机；校正维修或更换新的扇叶；检查并清除杂物；加注适当润滑油；检查并纠正接错的绕组。另外，长时间地通电不停机，也是形成温升过高的原因
扇叶送风方向相反	这种现象往往是人为性故障，是在维修或装配过程中，主、副绕组接线接错	对调主、副绕组接线即可排除故障
运转时抖动、噪声大或异常	运转时抖动、噪声大或异常主要原因有风叶变形或不平衡、风叶套筒与轴公差过大、电动机轴头微有弯曲、轴承缺油或磨损严重等	可校正、更换扇叶；轴承加油或更换轴承；校正电动机轴、更换转子或更换电动机；检查维修机械性松动部件等
外壳漏电	产生漏电的主要原因有电动机绕组、电源线或连接线绝缘破损；绕组绝缘老化；机内进水或潮湿严重；电容器漏电等	维修可采用对应的措施，重新绕制绕组或更换电动机；更换连线或引出线；烘烤去潮；更换电容器；检查外露焊点是否与外壳相碰等
指示灯不亮	指示灯不亮主要原因有灯泡本身损坏、这部分连线断路、灯开关损坏、灯泡绕组损坏等	维修可采用对应的措施，更换灯泡、灯开关或更换灯泡绕组，检查连接线等
不能定时或定时不准	不能定时或定时不准主要原因在定时器本身，一般维修率很低	可采用整体代换

10.5 富士宝 FS40-E8A 遥控落地扇电路的原理与维修

10.5.1 富士宝 FS40-E8A 遥控落地扇电路的原理

① 单片机 BA8206A4K 引脚的功能

脚号	主要功能	脚号	主要功能
1	遥控接收信号输入	10	风扇电动机低速驱动信号输出
2	电源控制信号输入 / 指示灯控制信号输出	11	风扇电动机中速驱动信号输出
3	定时器控制信号输入 / 指示灯控制信号输出	12	风扇电动机高速驱动信号输出
4	风速控制信号输入 / 指示灯控制信号输出	13	摇头电动机驱动信号输出
5	风类控制信号输入 / 指示灯控制信号输出	14	正极供电
6	指示灯控制信号输出	15	蜂鸣器驱动信号输出
7	指示灯控制信号输出	16	外接晶振
8	指示灯控制信号输出	17	外接晶振
9	摇头控制信号输入	18	电源地

② 富士宝 FS40-E8A 遥控落地扇电路的原理

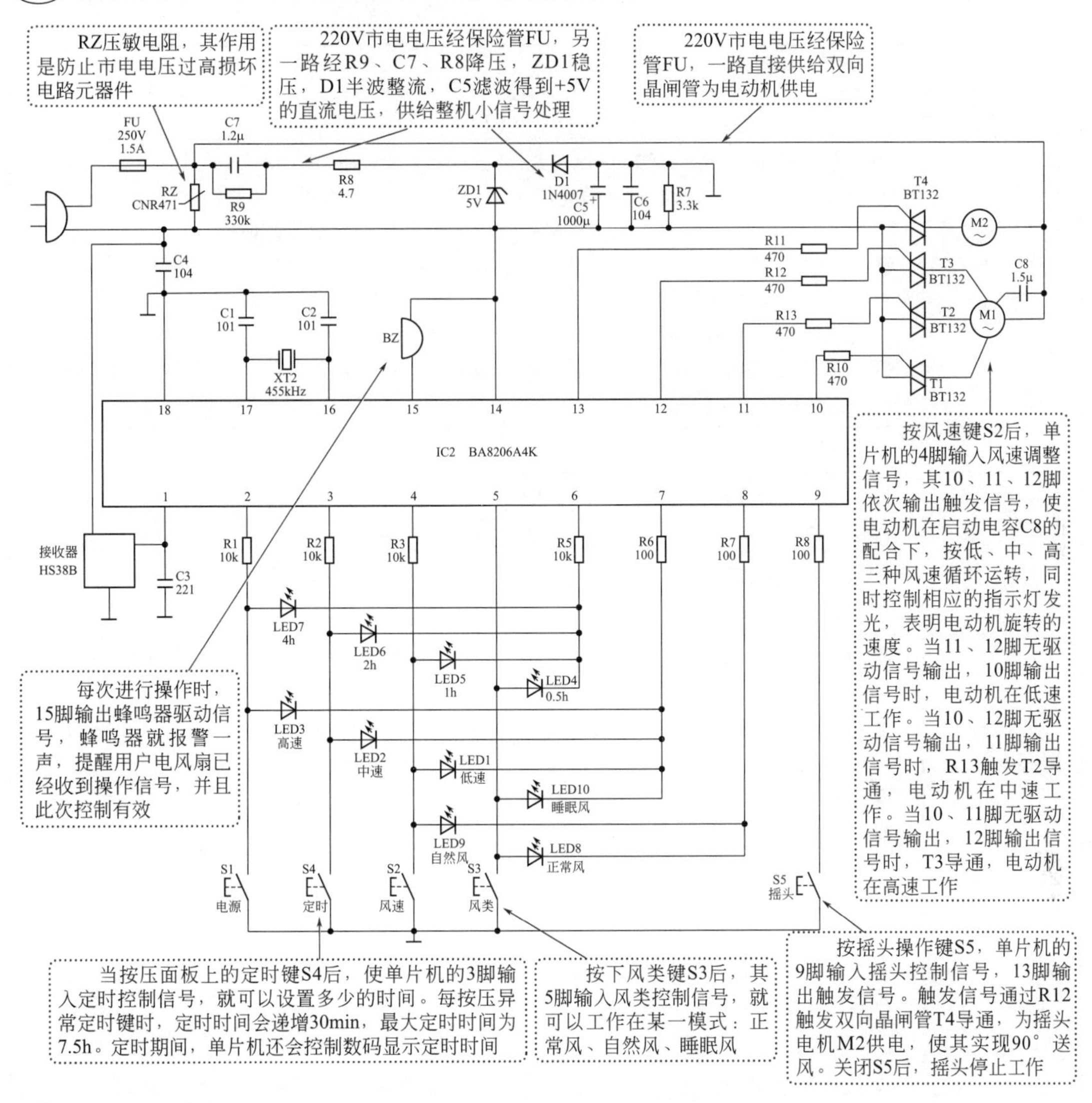

③ 富士宝 FS40-E8A 遥控落地扇的遥控电路原理

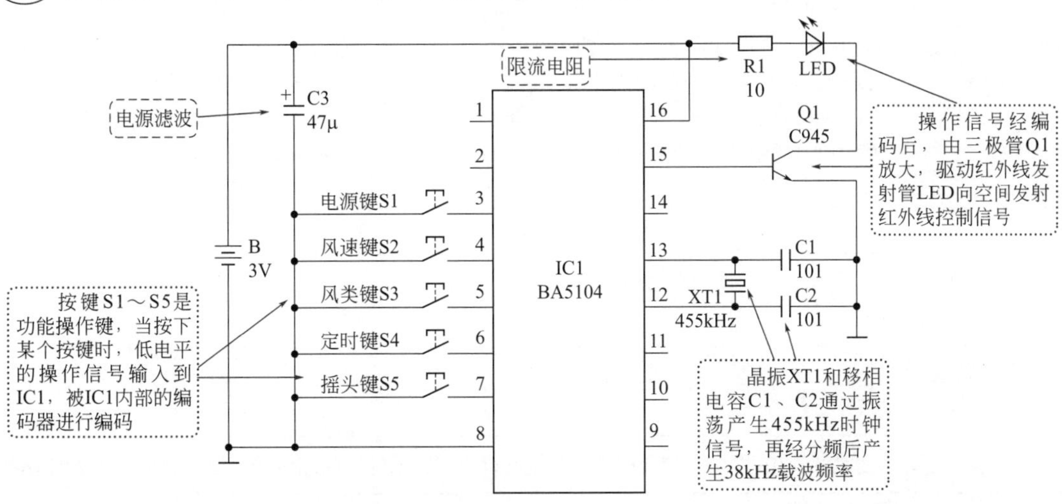

10.5.2 实战41——富士宝FS40-E8A遥控落地扇的维修

故障现象	不工作，指示灯不亮
故障分析	主要原因是供电线路、电源电路、单片机等有异常
工作检修及步骤	❶ 先检查供电电路、电源插座的电压是否正常，若不正常，检修或更换损坏的元器件 ❷ 烧熔断器。主要应检查压敏电阻RZ、稳压二极管ZD1、滤波电容C5和C6、电阻R7、单片机等是否有短路现象，更换短路的元器件后，再更换熔断器 ❸ 检查单片机的工作条件。检查单片机的14脚电压应为+5V，18脚电压应为0V。检查单片机的16、17脚外接的晶振XT2和电容C1、C2是否有问题。其中晶振的损坏率较高，可用代替法区别、判断其质量的好坏 ❹ 检查降压电容C7是否失容或开路，电阻R9是否阻值增大许多或开路。若有异常，可更换损坏的元器件

故障现象	摇头电动机不工作，风扇电动机工作正常
故障分析	风扇电动机工作正常，说明电源供给是正常的，单片机的工作条件也是正常的；故障应在摇头控制电路部分：摇头电动机本身、双向晶闸管T4、摇头控制键S5、单片机的13脚等
工作检修及步骤	❶ 检查摇头电动机有无供电电压，如无，检查供电线路；若有，电阻法判断电动机是否损坏，若损坏，更换电动机 ❷ 检测单片机的13脚在开机的情况下，是否有驱动信号电压输出，若有正常的高电平，则表明故障在之后的电路；否则，单片机有问题，更换单片机 ❸ 检查、更换双向晶闸管T4。检查R13是否有问题等 ❹ 检查摇头控制键S5是否老化、损坏，可更换S5开关

故障现象	风扇电动机不工作，摇头电动机工作正常
故障分析	摇头电动机工作正常说明电源供给是正常的，单片机的工作条件也是正常的；故障应在风扇电动机控制电路部分：单片机本身、风速控制键S2、风扇电动机本身及运行电容C8等
工作检修及步骤	❶ 检查风扇电动机有无供电电压，如无，检查供电线路；若有，电阻法判断风扇电动机是否损坏，若损坏，更换电动机 ❷ 检测单片机的10、11、12脚在开机的情况下，是否有驱动信号电压输出，若有正常的高电平，则表明故障在之后的电路；否则，单片机有问题，更换单片机 ❸ 检查、更换双向晶闸管T1、T2、T3（一般情况下这三个晶闸管同时损坏的情况极少）。检查R10、R13、R12是否有问题等 ❹ 检查风速控制键S2是否老化、损坏，可更换S2开关 ❺ 检查、更换运行电容C8

故障现象	一通电，风扇电动机就高速运转
故障分析	晶闸管T3击穿
工作检修及步骤	更换晶闸管T3
	若晶闸管T3开路，则会产生风扇电动机可以在低速、中速运转，但不能高速运转的故障

故障现象	遥控功能失效
故障分析	故障可能的原因是：遥控器、遥控接收头、单片机等有异常
工作检修及步骤	❶检查、判断遥控器是否良好。若遥控器有问题，更换、维修遥控器。遥控器最易损坏的是晶振 ❷检查、更换接收头 ❸检查、更换单片机

10.6 暖风扇

10.6.1 电热丝型暖风扇的工作原理

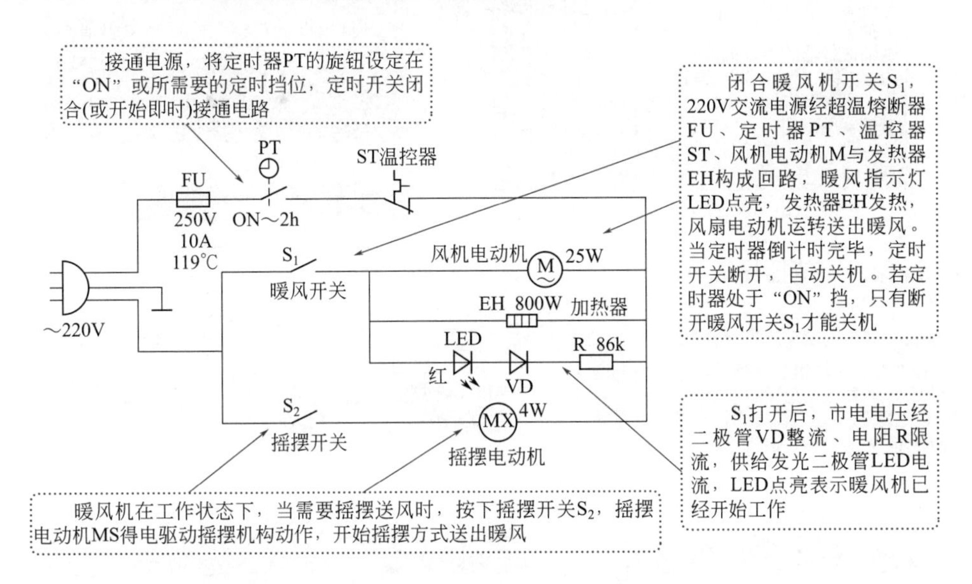

10.6.2 实战42——电热丝型暖风扇的检修

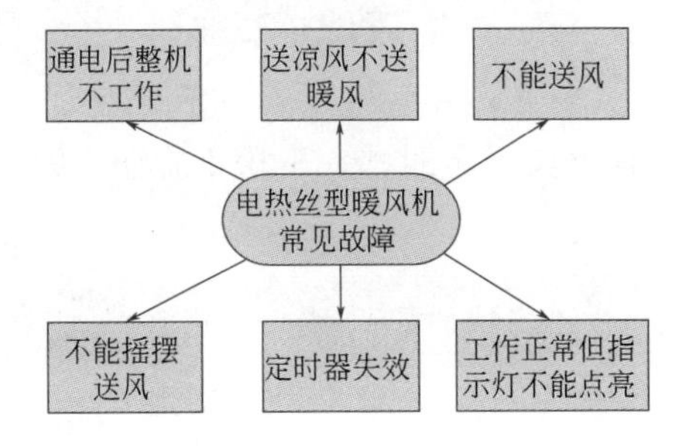

❶故障现象：通电后整机不工作

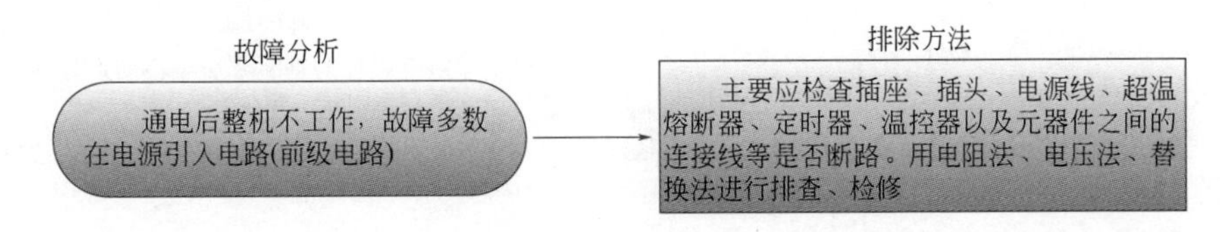

❷ 故障现象：送凉风不送暖风

故障分析

该故障出在暖风电路部分。能送凉风，说明超温熔断器、定时器、温控器、风扇电动机的工作基本正常。不送暖风是发热器有故障，可能原因有发热器断路损坏(正常阻值为60Ω左右)，发热器外接连线脱落、接触不良、插接件损坏等

排除方法

检查、维修或更换这部分元器件，故障即可排除

❸ 故障现象：不能送风，指示灯亮灭不停

故障分析

能正常发热而不能送风，指示灯亮灭不停，手摸外壳很烫，引起该故障多是风扇电动机损坏所致。因发热器通电发热，当加热温度达到温控器的上限温度时，装在出风口支架上的温控器断开，发热器停止发热，指示灯熄灭。当加热温度降温到温控器的下限温度时，温控器触点闭合，发热器又开始发热，指示灯又点亮。由于温控器动作保护，致使指示灯亮灭不停

排除方法

步骤1：
首先判断风扇电动机是机械性故障还是绕组电路故障。用手指拨动扇叶，若扇叶转动灵活，则为电动机故障

步骤2：
风扇电动机绕组的正常电阻值为250Ω左右，可用万用表欧姆挡测其阻值，判断绕组是否损坏。风扇电动机若严重磨损、绕组损坏严重，无法修复或修复后不理想时，应整体更换

步骤3：检查风扇电动机的供电电路

❹ 故障现象：不能摇摆送风

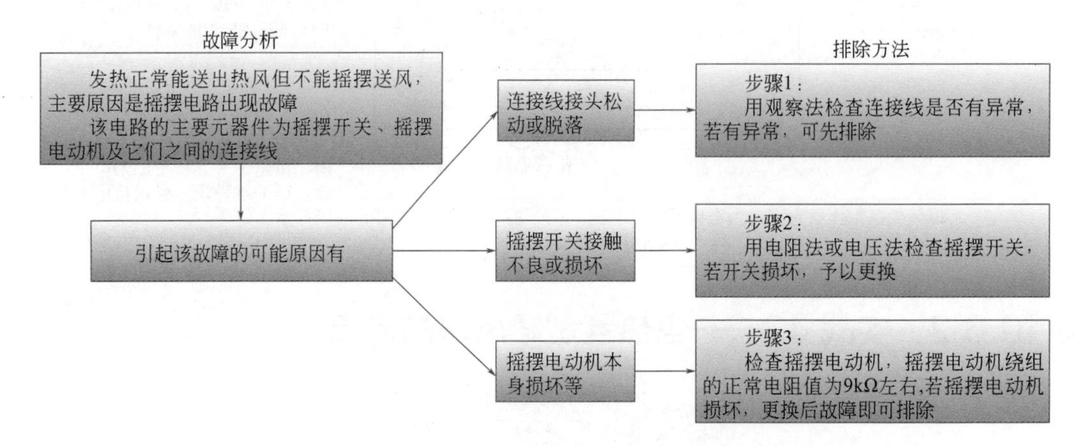

❺ 故障现象：转动定时器旋钮置某一定时挡，一松手旋钮立即返回原位

❻ 故障现象：定时器失效

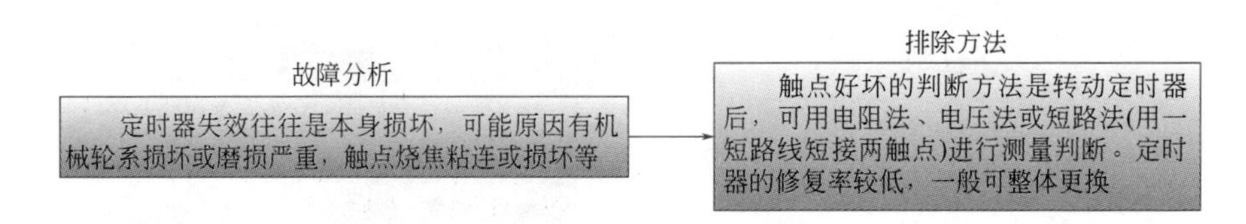

❼故障现象：工作正常但指示灯不能点亮

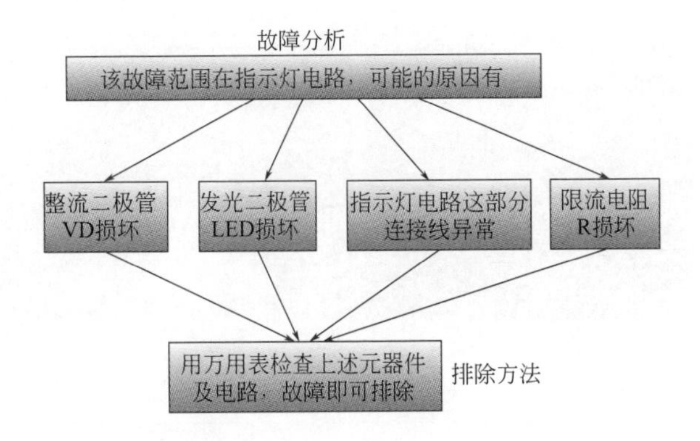

10.6.3 实战43——暖风扇的拆卸及检测

① 暖风扇的外部结构

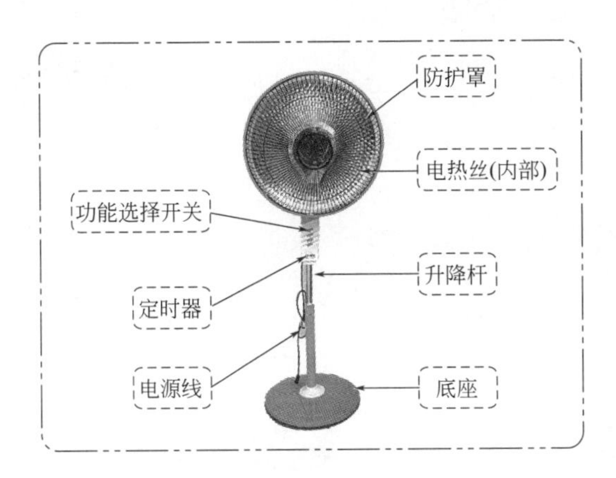

② 暖风扇机头的拆卸

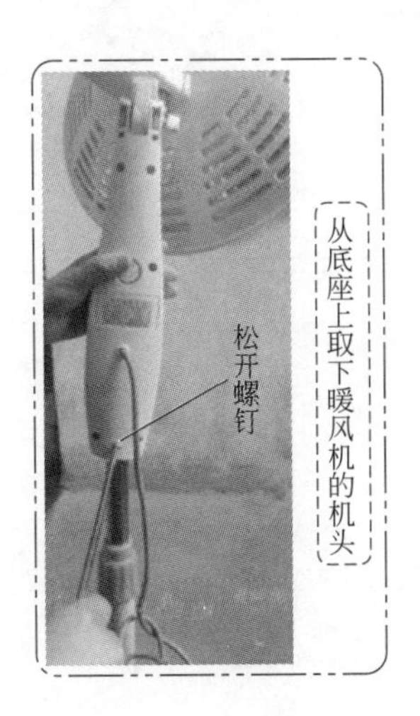

③ 摇头机构的拆卸

① 松开螺钉，取下摇头机构的后壳

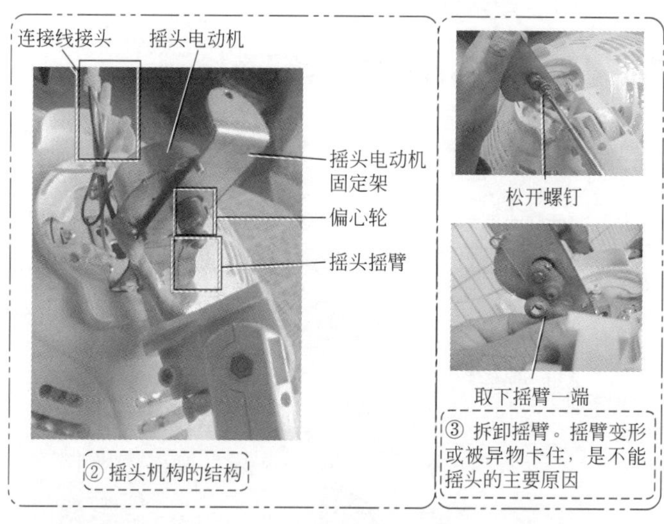

② 摇头机构的结构

③ 拆卸摇臂。摇臂变形或被异物卡住，是不能摇头的主要原因

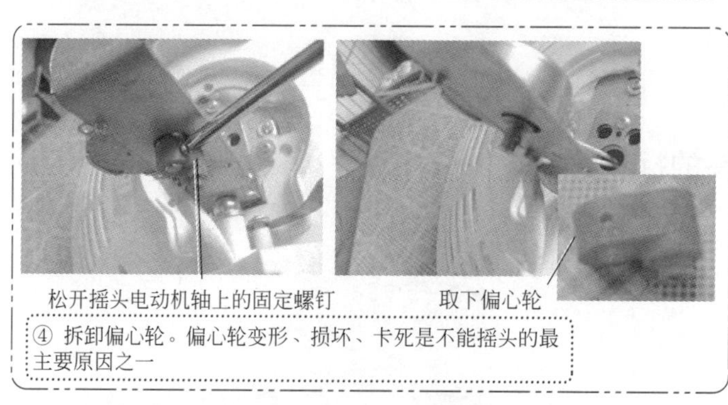

④ 拆卸偏心轮。偏心轮变形、损坏、卡死是不能摇头的最主要原因之一

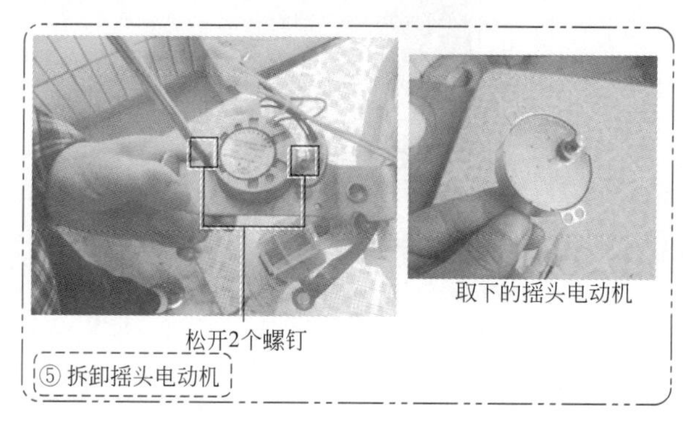

⑤ 拆卸摇头电动机

4 定时器、功能选择开关的拆卸

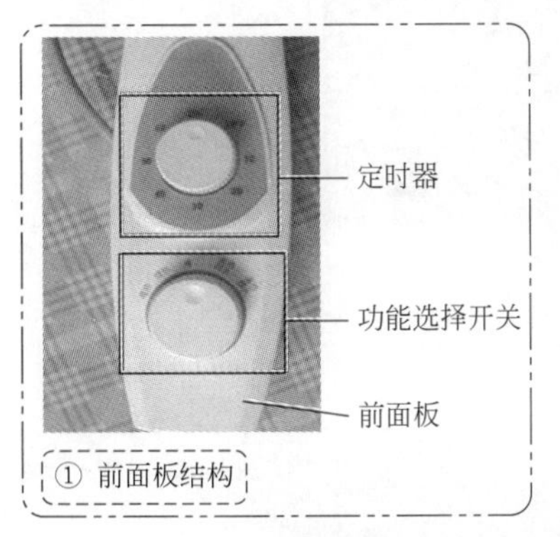

① 前面板结构

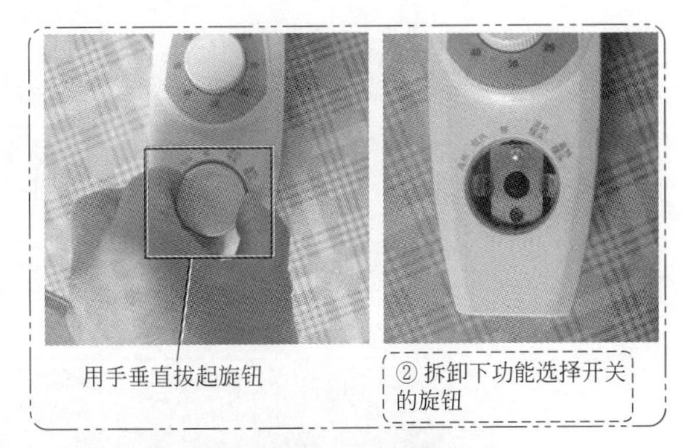

② 拆卸下功能选择开关的旋钮

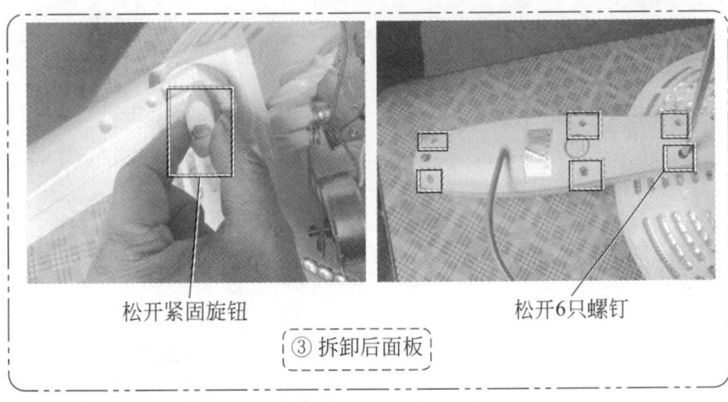

③ 拆卸后面板

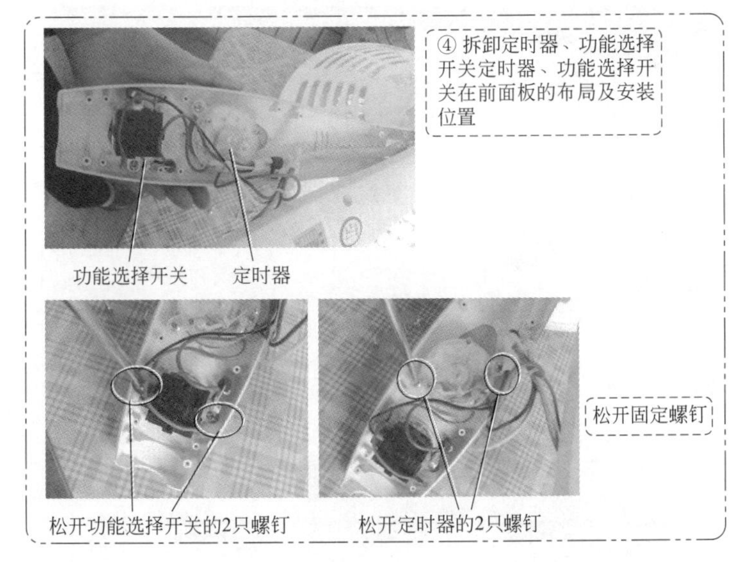

④ 拆卸定时器、功能选择开关定时器、功能选择开关在前面板的布局及安装位置

5 拆卸电热丝

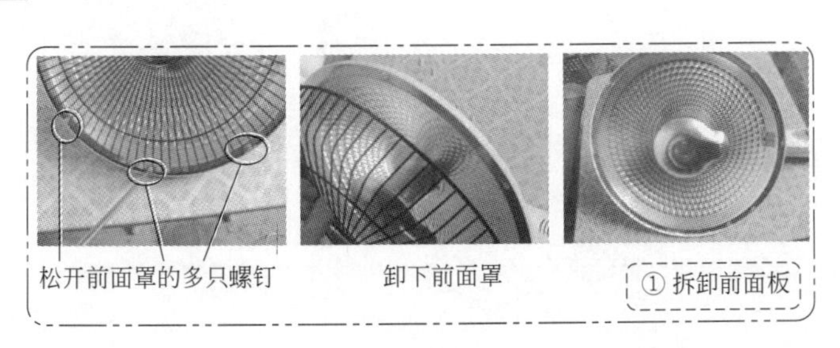

① 拆卸前面板

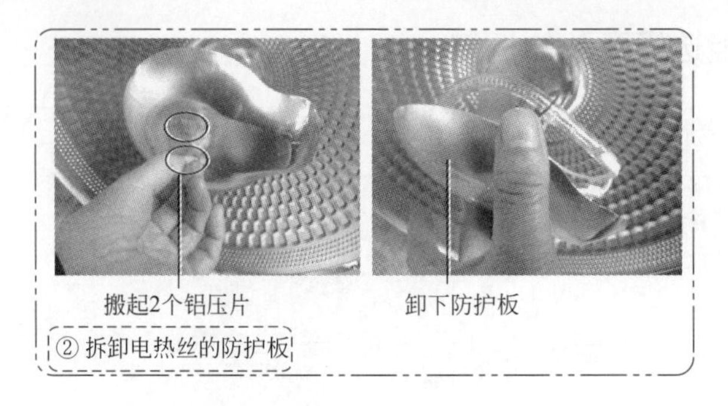

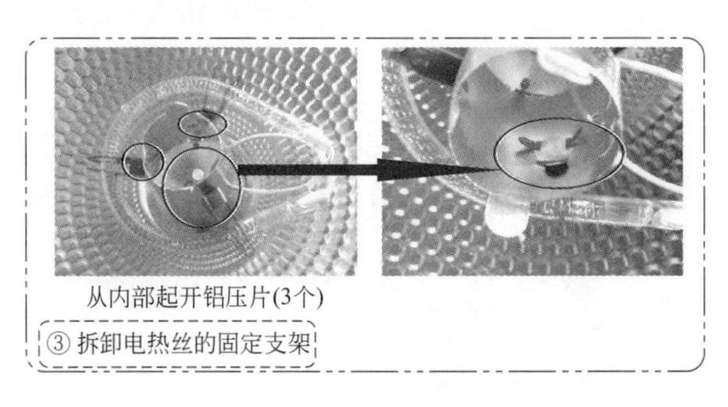

⑥ 电热丝的检测

⑦ 摇头电动机的检测

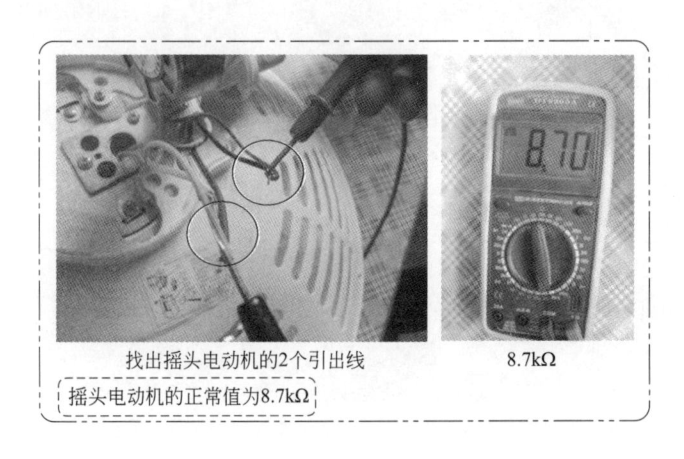

第11章

饮水机、电热水器

11.1 普通温热型饮水机的工作原理与维修

电热饮水机是利用电热元器件将贮水桶的水加热的，集开水、温开水于一身，它具有外形美观、使用方便等优点。

11.1.1 电热饮水机的分类

电热饮水机的分类	
按外形结构分	台式和立式
按出水温度分	冷热型、温热型和冷热温三温型三大类。其中冷热型和冷热温三温型都有制冷功能
按供水水源方式分	有瓶装供水式和自来水自动供水式等

11.1.2 温热型饮水机的结构

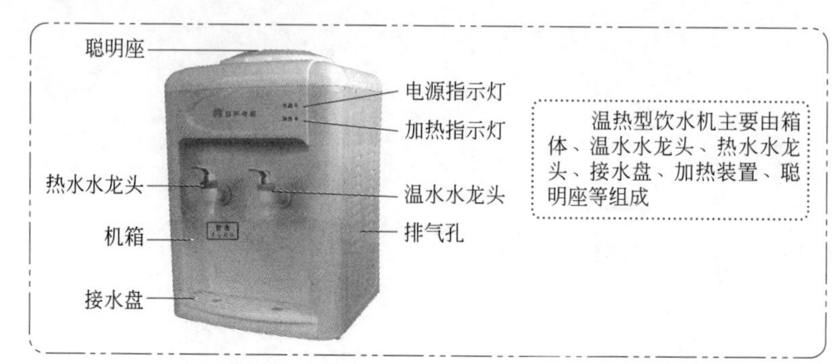

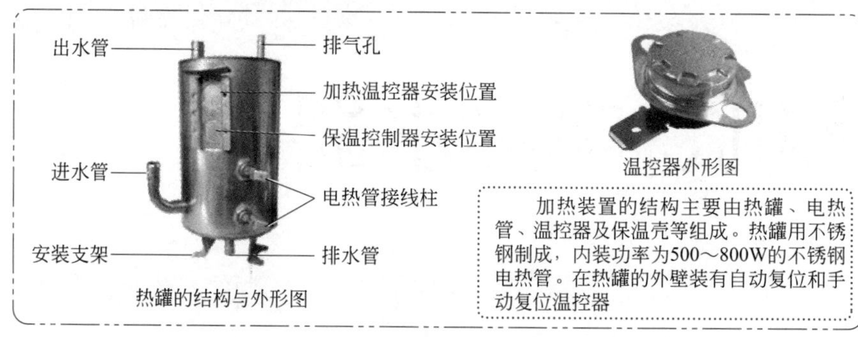

热罐的结构与外形图

温控器外形图

11.1.3 温热型饮水机的工作原理

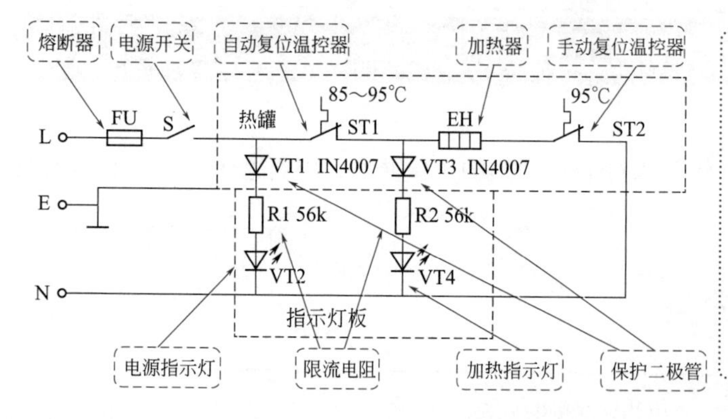

插入水瓶，接通电源，闭合电源开关S，电源指示灯VT2、加热指示灯VT4同时点亮，加热器EH通电加热。当热罐内的水温达到设定温度时，温控器ST1的触点断开，切断加热器电源，停止加热。与此同时，电源指示灯还点亮，而加热指示灯熄灭。当水温降到某一值时，温控器ST1的触点重新闭合，EH又通电加热。自动温控器如此周而复始，使水温保持在85～90℃范围内

ST2是超温保护温控器，动作温度为95℃。它可防止热罐内的水达到沸点。它一旦动作后，可手动使其复位

11.1.4 实战44——饮水机常见故障的检修

饮水机的常见故障有通电无反应、加热时水温过高或过低、加热正常而指示灯不亮、聪明座溢水及水龙头出水不正常等。

故障现象 1	通电后不能加热
故障分析	通电后不能加热，表明加热器并没有得电，为缩小故障范围，可借助指示灯是否点亮来判断故障元器件或部位，其逻辑检修图如下
维修方法	检查熔断器 FU，电源开关 S，温控器 ST1、ST2 是否损坏，更换损坏的元器件 加热器好坏的判断及更换：打开背板，用万用表测加热器的电阻值，正常值为 95Ω 左右。若加热器烧坏，需用同规格等功率代换

续表

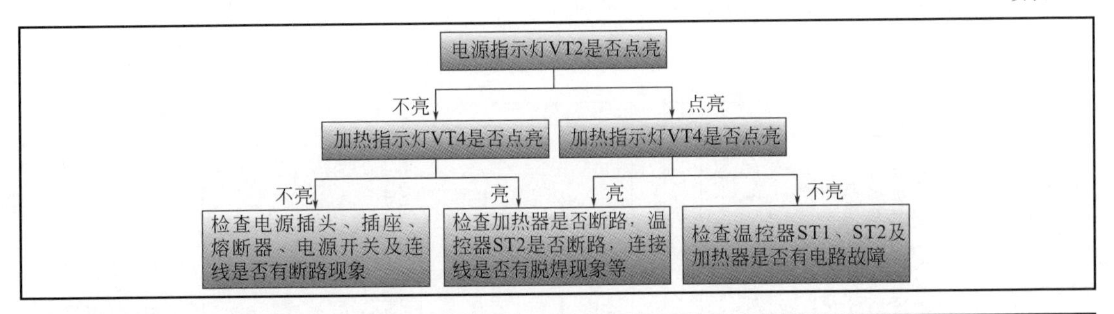

故障现象 2	水温过高或过低
故障分析	❶ 水温过高。在电网电压正常的情况下，水温过高不能进入保温状态，可能是温控器ST1触点烧蚀粘死，当水温达到预定温度96℃时触点不能动作，继续通电而导致 ❷ 水温过低。造成水温过低，可能有如下几种原因：ST1性能变差，加热器老化严重或电源电压过低等
维修方法	更换温控器或加热器

故障现象 3	加热器正常而指示灯不亮
故障分析	加热正常而指示灯不亮，可能是发光二极管损坏；限流电阻变值或断路；保护二极管损坏及它们之间的连接线断路等
维修方法	更换相应的元器件及连接线

故障现象 4	加热器正常而指示灯不亮
故障分析	❶ 聪明座溢水的主要原因是，水箱口变形，可用新配件更换 ❷ 出水水龙头不正常的主要原因有：导水柱进入水箱的水路不正常；水箱至热罐的进水水路或热罐至水箱的排气气路等不正常；龙头本身损坏等
维修方法	更换相应的元器件或配件

11.2 家乐仕电脑控制饮水机的工作原理与维修

11.2.1 家乐仕电脑控制饮水机的工作原理

① 单片机 CF745-04/P 引脚功能

脚号	主要功能	脚号	主要功能
1	遥控信号输入	10	加热指示灯控制信号输出
2	加热控制信号输出	11	定时控制信号输入
3	地	12	开关机控制信号输入
4	+5V 供电电源	13	蜂鸣器驱动信号输出
5	地	14	+5V 供电电源
6	再沸腾控制信号输入	15	外接振荡器
7	2h 定时指示灯控制信号输出	16	外接振荡器
8	保温指示灯控制信号输出	17	4h 定时指示灯控制信号输出
9	再沸腾指示灯控制信号输出	18	外接上拉电阻

② 家乐仕电脑控制饮水机的工作原理

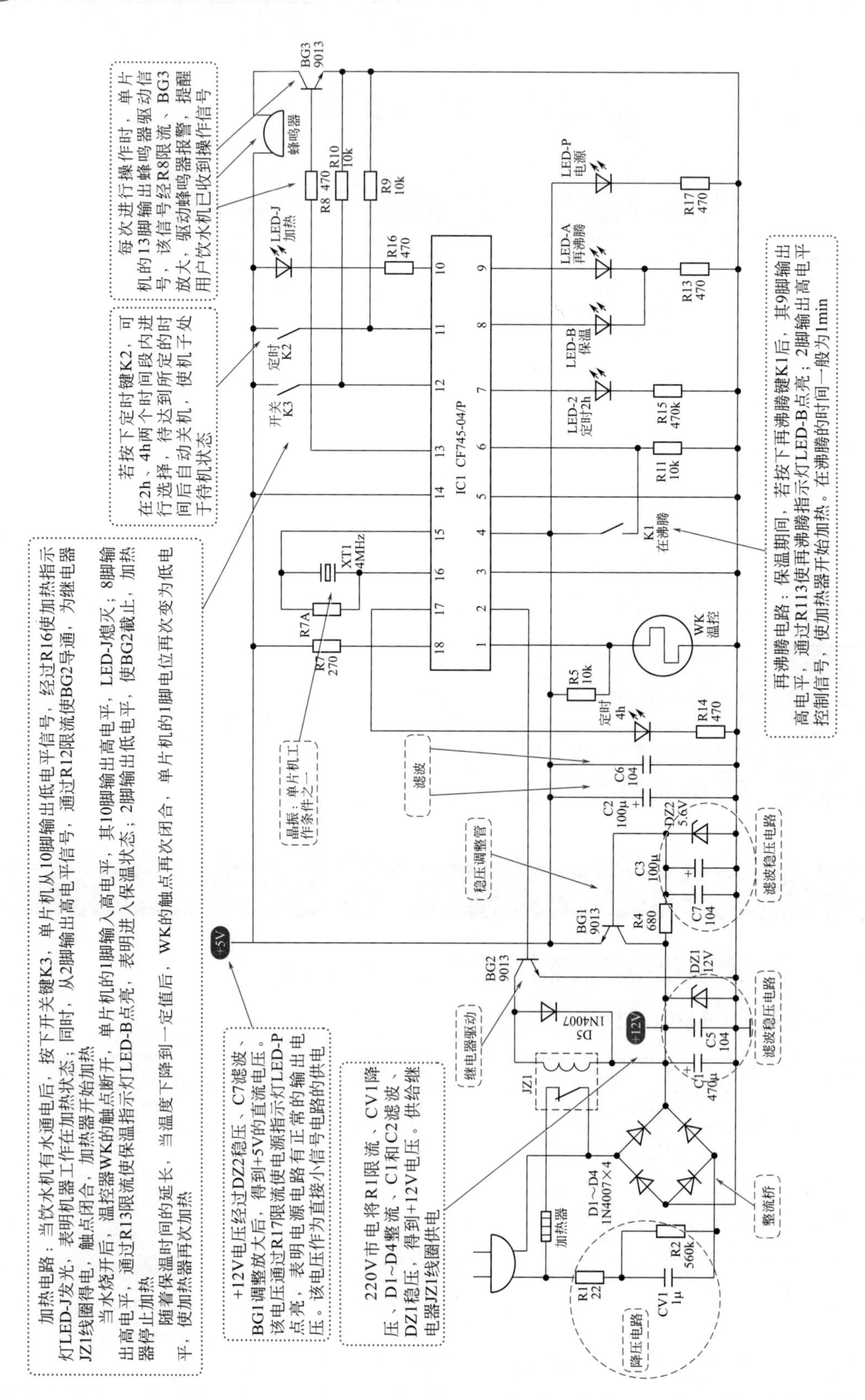

11.2.2 实战 45——家乐仕电脑控制饮水机的维修

故障现象	电源指示灯不点亮，不能加热
故障分析	该故障的最大原因在供电线路和电源电路
维修方法	❶ 检查电源线和电源和对应插座是否有问题，若有异常，检查、排除、或更换 ❷ 测量 C1 两端有无 +12V 的电压，若无电压，则故障在此之前的电路；若有正常的电压，则故障应在此后的电路 ❸ 测量 C7 两端有无 +5V 电压，若无电压，则故障在 +12V 输出到这部分电路，即 +5V 稳压、滤波电路；若有正常的电压，则故障应在单片机电路 ❹ 检测单片机的 4 脚、14 脚电压 +5V 是否正常，不正常时，检查 +5V 供电线路 ❺ 检测或更换单片机的 15 脚、16 脚外接的晶振 ❻ 单片机本身损坏，更换单片机

故障现象	电源指示灯点亮，但不加热
故障分析	主要原因为加热器、继电器 JZ1、放大管 BG2、温控器、单片机等异常
维修方法	在开机上电的情况下，先检测加热器有无 220V 市电电压，若有，检查加热器是否断路；若没有。说明供电电路有问题 测量 BG2 的基极有无 0.7V 的高电平，若有，检查驱动三极管 BG2 和继电器 JZ1；若没有，检查 K3 是否正常，如不正常，更换即可；如正常，检查温控器 WK 是否正常，若不正常，更换即可；若正常，检查晶振和单片机

故障现象	只是报警器不工作
故障分析	故障主要原因是：蜂鸣器本身、驱动三极管 BG3 及 R8、单片机等异常
维修方法	❶ 用万用表检查蜂鸣器是否正常，若不正常，更换蜂鸣器 ❷ 上电开机，操作按键，同时用万用表检测单片机 12 脚的电压，看是否有高电平输出，若有，故障在此之后；否则为单片机损坏 ❸ 检查、更换三极管 BG3 和 R8

11.3 电热水器

11.3.1 电热水器的分类

分类方式		特点
按加热功率大小	储水式（又称容积式或储热式）	按照安装方式可分为壁挂（横式）式电热水器和落地式（竖式）热水器，壁挂式电热水器容积通常为 40 ～ 100L，落地式热水器容积通常为 100L 以上

续表

分类方式		特点
按加热功率大小	即热式	即热式电热水器（行业里亦称作快热式电热水器）一般需 20A，甚至 30A 以上的电流，即开即热，水温恒定，制热效率高，安装空间小。内部低压处理，可以在安装时增加分流器，功率较高的产品安装在浴室，既能用于淋浴，也能用于洗漱，一般家庭使用节能又环保。根据市场的需求，即热式电热水器又进一步分化为淋浴型和厨用型（多称为小厨宝）
	速热式（又称半储水式）	这是区别于储水式和即热式的一种独立品类的电热水器产品
按承压与否	敞开式（简易式）	—
	封闭式（承压式）	—
按加热方式	磁能	—
	电阻丝	—
	硅管	—

在电热水器的型号编制上，各生产厂家采用的方法略有不同，长虹电热水器厂家命名方法如下。

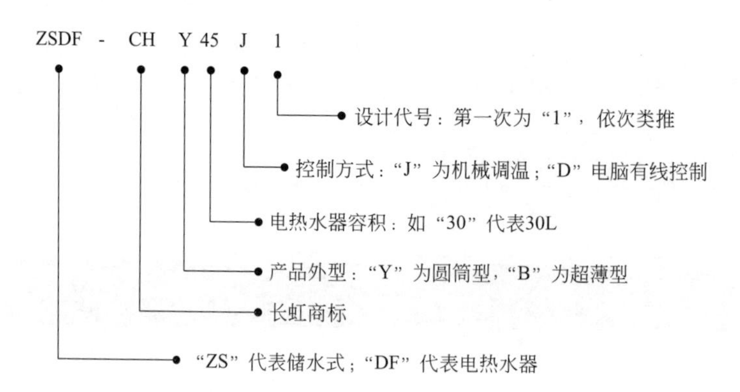

11.3.2 电热水器的结构

储水式电热水器主要由箱体、加热元器件、内胆、温控器、电阻镁棒、限压阀、超温保护、放干烧保护和漏电保护器等部件组成。

1 储水式电热水器的整机结构

热水器保温层的好坏直接影响到热水器的保温性能。决定保温性能的主要因素是保温层材料和保温层厚度。目前常用的保温材料有石棉、海绵、泡沫塑料、聚氨脂发泡等。在这几种保温材料中，聚氨脂发泡保温性能最好，泡沫塑料保温性能次之，石棉和海绵因其难以与热水器紧密贴合，一般只作为热水器辅助保温材料

镁是电化学序列中电位最低的金属，生理上无毒。因此，用来制成镁棒保护内胆非常理想。镁棒的大小直接关系到保护内胆时间的长短和保护效果的大小，镁棒越大，保护效果越好，保护时间越长

内胆是热水器的核心部件，直接影响热水器的安全性能、使用性能和使用寿命。内胆材料一般为含钛合金，采用搪瓷釉料、涂搪烧结工艺等。内胆一旦在使用中出现漏水故障则无法维修

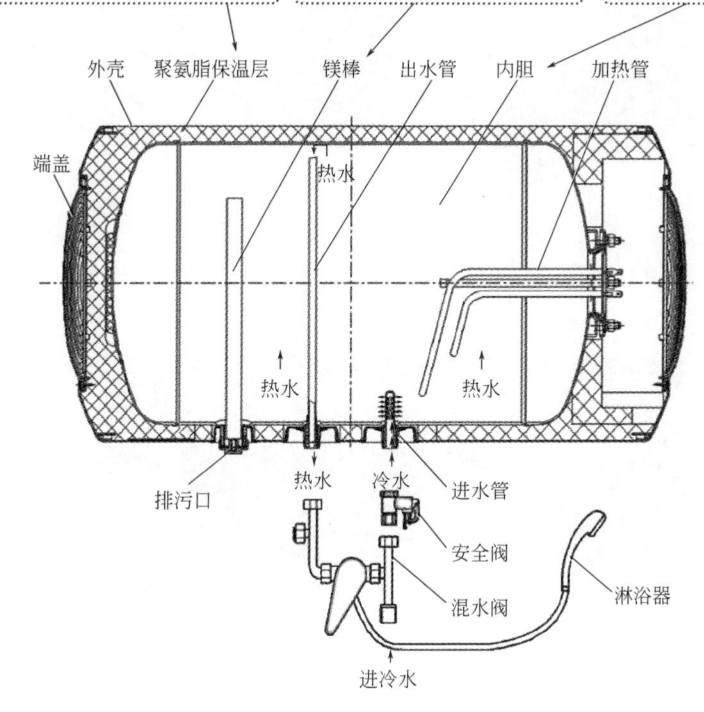

2 储水式电热水器的主要元器件

❶ 电加热管

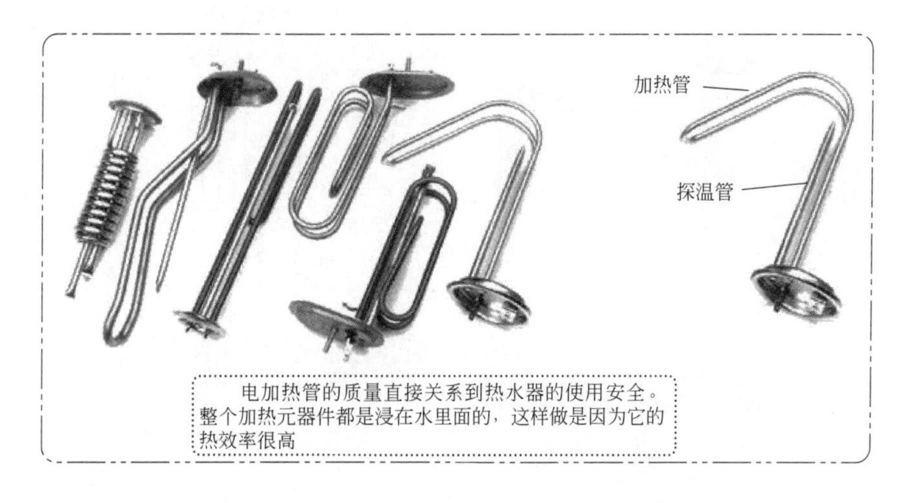

电加热管的质量直接关系到热水器的使用安全。整个加热元器件都是浸在水里面的，这样做是因为它的热效率很高

❷温控器

温控器主要有好几种形式：双金属片式（突跳式）、蒸汽压力式（又称毛细管式）和单片机式。它的主要作用就是通过感知水箱里面水的温度实时控制加热元器件对水进行加热，从而保持水箱里面的水始终保持在设定的温度上。

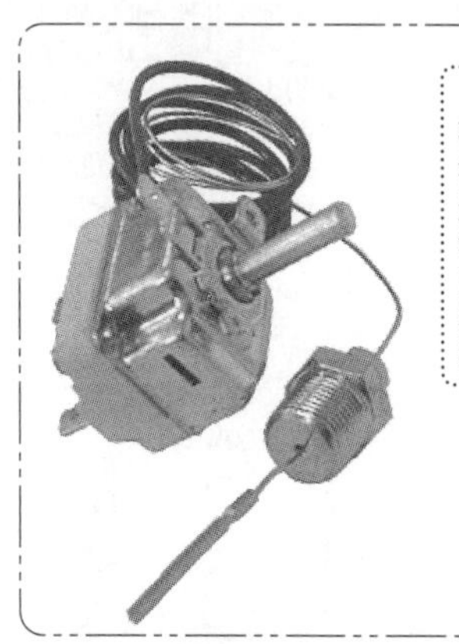

蒸汽压力式温控器的感温探头放置在电热管中的探温管内，当内胆中的水温达到设定温度时，感温包内的液体迅速膨胀，顶开触点，此时火线断开，电源切断。当温度下降到下限时，温控器自动复位重新通电加热。一般机械型电热水器温度控制就是利用蒸汽压力式温控器，温度控制范围为30～75℃可调

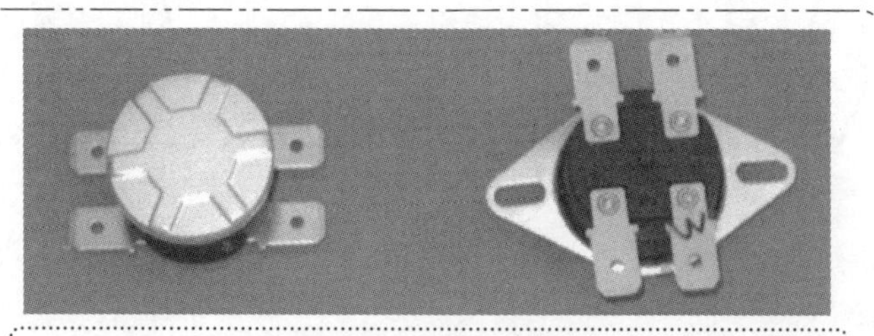

双金属片式温控器的感温部分是直接接触在电热管密封盖外部的，当温度达到上限温度92℃时，里面的金属弹片膨胀，顶开触点，切断电源。当故障排除后，必须人工复位把按钮按回去，热水器才能重现进行加热。双金属片式温控器主要是控制温度上升防止加热管干烧和过热的一个保护，也是热水器中的一个二级保护装置

❸安全阀

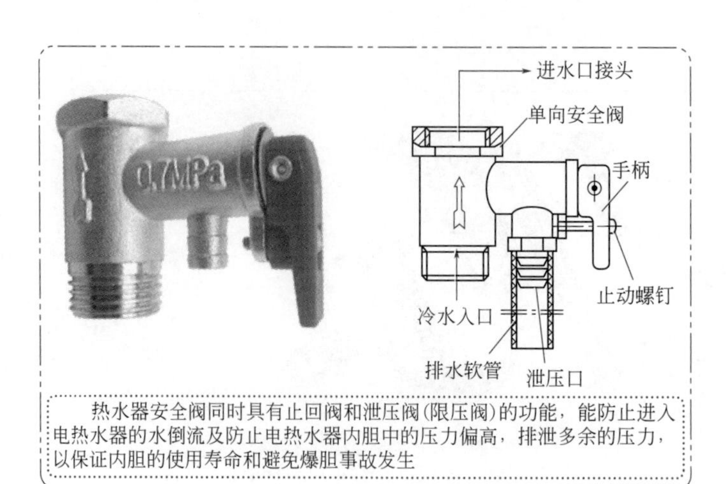

热水器安全阀同时具有止回阀和泄压阀(限压阀)的功能，能防止进入电热水器的水倒流及防止电热水器内胆中的压力偏高，排泄多余的压力，以保证内胆的使用寿命和避免爆胆事故发生

11.3.3 温控器控制电热水器的工作原理

① 机械式单加热管电热水器的工作原理

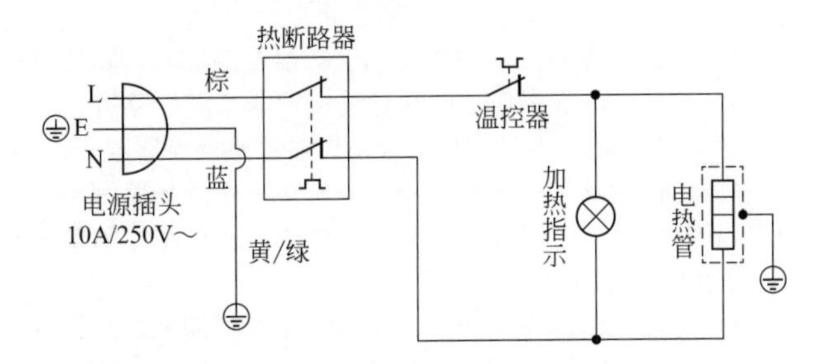

② 机械式双加热管电热水器的工作原理

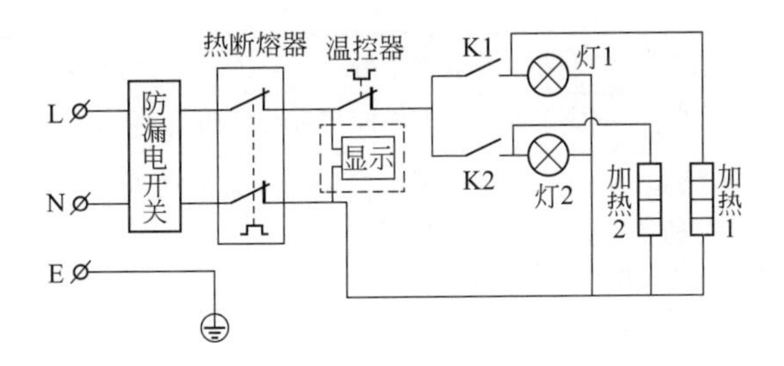

③ 电子式电热水器的工作原理

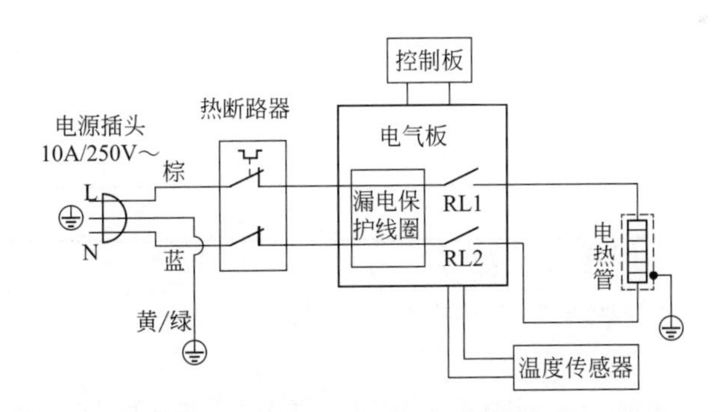

温控器控制电热水器的工作原理	
水路	进水通过安全阀单向进入水箱内胆，下方进水口靠近水箱底部，其进水口上方有一挡板，使进入的冷水存在底部，防止冷水冲入上部影响热水的温度；出水口在内胆的上部，热水密度小，在冷水的上部分，热水出水口也在此处，所以出水口总是热的。要使热水流出，必须进入冷水，增加内胆中的水压，热水才能被挤出。关闭进水口，即使水胆内存满热水也不会流出。流出的高温热水，通过调节混合阀使之出水温度适合使用要求
电路	电路的主要作用是对冷水加热至设定的温度。通电加热时，电能通过加热管产生热量对水进行加热，当水温达到预设温度时，温控器触点断开，电热水器处于断电保温状态，此时每2h温度约降低1℃左右，当水温比预设温度低几度（一般为5℃左右），温控器触点接通，电热水器处于通电加热状态。当电热水器处于干热或过热状态时，热断路器内的双金属片断开，加热管断电。当热断路器因过热保护后，需在热水器的水温下降到热断路器动作的温度25℃时，按下热断路器的复位按钮，加热管通电，电热水器又处于正常状态

11.3.4 实战46——温控器控制电热水器的故障检修

故障现象1	漏电保护电源线跳闸且无法复位
故障分析	超温保护器跳开；电路元器件漏电；漏电保护插头损坏
故障检修	❶检查超温保护器是否跳开。检测超温保护器及温控器，将其复位通电，检查漏电开关是否复位，热水器能否正常工作，或将超温保护器和温控器拆卸下来用万用表测量其通断是否正常，如都正常，则可能是保护器或温控器的感温设置改变，需更换 ❷检查热水器内部的连接线绝缘层是否有破坏而造成短路漏电。拔下电热管和指示灯的连接线，用万用表检测个连接线之间不应有想通，若有想通则要更换或绝缘包扎好，按照元器件检测方法检查各元器件是否正常 ❸检查漏电保护器。将漏电保护器电源线连接端拆卸开，注意各线不可有相碰接触，插上电源，按漏电开关复位钮是否能按下复位，如不能复位，则判断漏电保护电源线漏电装置坏，需更换

故障现象2	漏电保护电源线指示灯亮，热水器电源指示灯不亮，无热水
故障分析	温控器已经打开；连接线插片有无松脱或断；各元器件的工作电压是否正常
故障检修	❶检查温控器调温旋钮是否调到最高温位置（定温式无调温旋钮） ❷检查电源线和各连接线是否松脱或断开 ❸用万用表AC 250V挡测量电源线、各连接线及元器件是否有正常的工作电压220V

故障现象3	漏电保护电源线指示灯亮，热水器电源指示灯不亮，有热水
故障分析	温控器已保温；电源指示灯线路是否连接好；指示灯电压是否正常
故障检修	❶检查温控器是否已保温，将热水放出约5min检测指示灯是否有亮 ❷检查指示灯连接线是否连接好，有无松脱、断开 ❸检查指示灯有无电压220V。用万用表检测指示灯插片是否有正常的电压，若电压正常，则判断指示灯已经烧坏，更换

故障现象4	热水器电源指示灯亮、无热水
故障分析	混水阀出水管被堵塞；加热器连接线插头脱落或断路；加热器无工作电压；加热管本身损坏等
故障检修	❶用手触摸混水阀出水管和加热管有无热量，加热时间是否太短，拧开出水管有无热水流出 ❷检查加热管连接线有无松脱、断路现象 ❸检查加热管工作电压220V是否正常 ❹检查加热管电阻是否正常，若断路，就更换加热管

故障现象5	热水器工作正常，但出水温度不够高
故障分析	温控器故障；加热时间短；加热管有故障等
故障检修	❶检查温控器是否已调到最高温范围，是否处于保温状态，如已调到最高温且处于保温状态，水温依然是温水，则可以判断为温控器感温性能有改变，更换温控器 ❷检查加热时间是否太短，没有达到设定温度（75℃），一般情况下（以功率1500W自来水温30℃加热到75℃为例）30L电热水器大约需要50min左右 ❸检查加热管是否老化

故障现象 6	无显示（指电子式）
故障分析	超温保护器已跳开；印制电路板上的熔断器烧断；连接线脱落或断开；无 220V 工作电压；印制电路板或控制板烧坏等
故障检修	❶检查超温保护器是否跳开，若跳开将其复位钮按下复位通电测试（超温保护器跳开会切断电源而造成无显示） ❷检查印制电路板上的熔断器是否烧坏，若烧坏，更换后试机 ❸检查连接线是否松脱或断开 ❹检查有无 220V 交流电压输入，超温保护器的红线、蓝线插头 220V 交流电压是否正常，电气板供电电源 220V 交流电压是否正常 ❺控制板损坏，更换控制板

11.3.5 海尔 FCD-JTHC50- Ⅲ /60- Ⅲ电子控制电热水器的工作原理

①LM339 各引脚的功能及工作电压

引脚	引脚功能	电压 /V		
		无水	有水不加热	有水加热
1	加热控制输出	0.1	0.16	5.5
2	加热控制输出	0.1	0.16	5.5
3	电源正极	9.8	9.7	9.8
4	基准参考电压	3.5	3.6	3.6
5	2/6 水位状态输入	0.2	16.5	13.5
6	温度调节电压输入设定	3.2/1.8/2.0	3.2/1.8/2.0	3.0/1.8
7	温度传感器检测下降输入	2.9（室温）		2.9（室温）
8	显示窗口取样电压输入	0.1	0.17	5.3
9	基准参考电压	3.5	3.6	3.6
10	基准参考电压	3.5	3.6	3.6
11	显示窗口取样电压输入	0.1	0.16	5.3
12	地	0	0	0
13	加热指示（红灯）输出	0.13	0.12	1.9
14	加热指示（绿灯）输出	2.0	2.0	0.15

② 海尔 FCD-JTHC50-Ⅲ/60-Ⅲ电子控制电热水器的工作原理

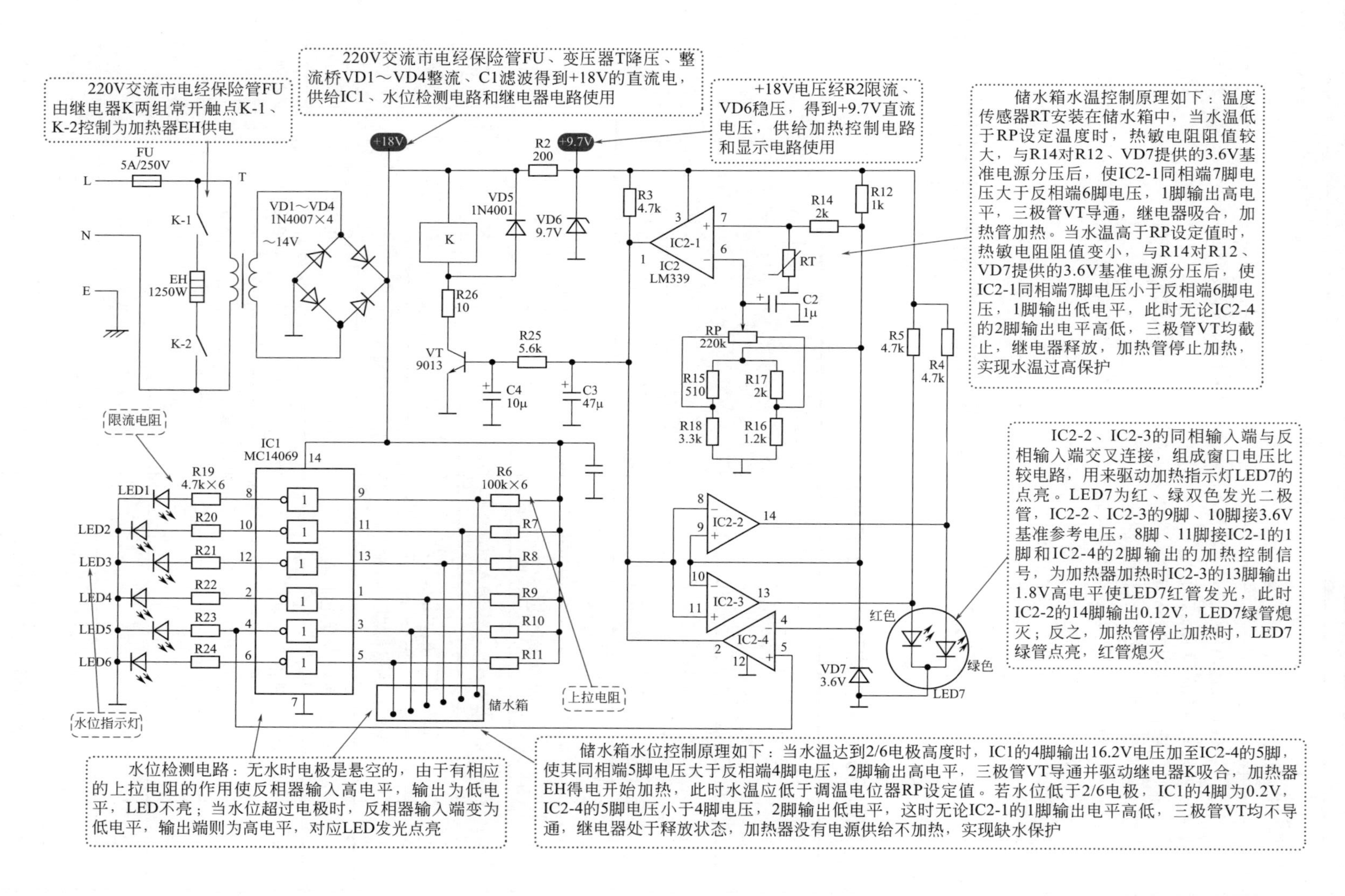

11.3.6 实战47——海尔电子控制电热水器的故障检修

故障现象	故障原因	检修方法
加热管不发热	电热管本身损坏	更换加热管
	电源电路有故障	检查电源电路的电压输出是否正常：变压器T降压为～14V、电容C1滤波为直流18V、稳压二极管VD6稳压为9.7V左右。检查更换损坏的元器件
	驱动电路有故障	检查LM339、驱动三极管、继电器是否正常，更换损坏的元器件
	温控器损坏或温控器的接插件有接触不良现象	更换温控器或维修插接件
	干烧超温保护或漏电保护启动，使复位按钮弹起，漏电保护插头指示灯熄灭	如是干烧保护，只需待水温下降至比过热保护温控器动作水温低25℃以下时，按下复位按钮即可恢复正常；若系漏电，需仔细检查漏电原因，待排除故障后按下复位按钮即可
	电热管的接插件有接触不良现象	维修或更换插接件
水温太低	电热管老化	更换电热管
	温控器参数异常	更换温控器
水温太高	干烧保护器失灵	更换干烧保护器
	温控器失灵	更换温控器
水温升高但未达到设定温度时，漏电插头突然跳闸	电热管有漏电现象	更换电热管
	干烧超温保护器动作温度太低	把干烧超温保护器的感温探头拉出，然后在外置的热水中进行测温实验，应在85℃时保护器不动作，在100℃中应立即动作。否则，应更换干烧保护器
	密封圈损坏后漏水导致绝缘下降	更换密封圈后，灌满水试压1min无渗漏即可
进水困难	脏堵：主要是由于自来水水质不好，杂质超量，堵住进水口的逆水阀，设有进水滤网的淋浴器是因为滤网被堵	关闭自来水供水总阀，清理管路，冲出赃物会清理滤网
	气堵	如热水阀打开后喷出大量热气，此时应切断电源检修温控器；如加热阀打开后，热气断续流出，量很小，一般是脏堵造成的。此时应开大冷水进水阀，以降低水温，待水温降低后，检查热水阀是否脏堵，洗净后冷水便会从热水阀中流出
出水带电	导线的绝缘性被破坏	更换电加热器，更换时要保持电器接触良好，有关密封部分不漏水。拆卸电热水器，检查出导线绝缘层损坏的部分，进行更换
	出水口接地失效	重新安装好接地线，保证接地电阻小于0.1Ω
	水中分布电流大	用细钢丝编制成网，包在出水口上，并与接地线良好接触

第12章

微波炉

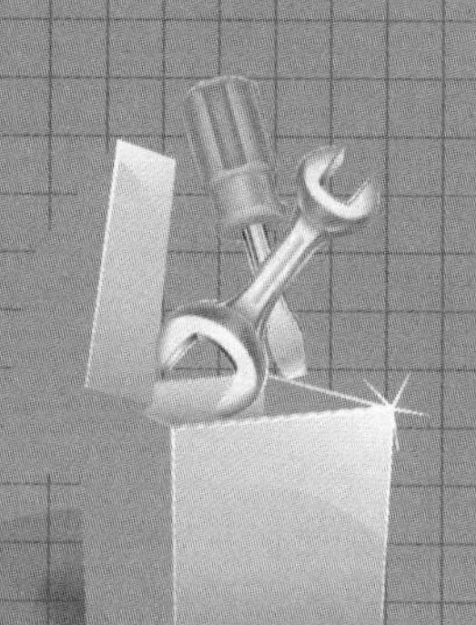

12.1 微波炉的分类与命名

① 微波炉的分类

分类方式		特点
按操作方式	机械式	机械式微波炉通过定时器和功率调节器等机械装置来控制微波炉加热时间。在其正面面板上有定时器控制和功率分配两个旋钮，定时器控制旋钮可以在几十秒至几十分钟范围内设定工作时间；而功率分配旋钮可以调节微波炉的平均输出功率，一般有3～5个挡位，如高、中高、中、解冻、低等
	电脑式	电脑式微波炉的控制系统是由单片机来控制的。其外观特征的操作面板上有数字窗口（荧光数码显示或液晶显示）、数字键及功能键，除开门按钮为机械式按钮外，其他操作均为电子式轻触键
按微波炉加热方式	普通型	普通型微波炉又分为普通机械式微波炉和普通电脑式微波炉
	烧烤型	烧烤型微波炉在外形和结构上与普通型微波炉基本系统，只是在结构上增加了一个石英发热管发热元器件，在温度火力选择的面板上增加了一个“烧烤”用的功能开关
	光波型	光波型微波炉是光波微波组合炉的俗称，它不但兼容了微波炉的功能，更重要的是在炉腔内增设了一个光波发射源，在使用中既可以微波操作，又可以光波单独操作，还可以光波微波组合操作
	变频型	变频型微波炉只是采用变频电源作为磁控管供电高压电源来代替普通的变压器
	智能型	智能型微波炉主要增加了智能化菜单、远程控制、无线通信、自动反馈等自动化控制系统

续表

分类方式		特点
按微波炉用途	家用微波炉和商用微波炉	
按微波炉的使用功能	单一微波加热型	又可分为转盘式、无转盘式和搅拌式
	多功能组合型	—
按微波炉炉腔的容量	17L、18L、20L、23L、24L、26L、28L 等	
按微波炉的输出功率	600W、700W、750W、800W、850W、900W、1000W 等	

2 微波炉的命名

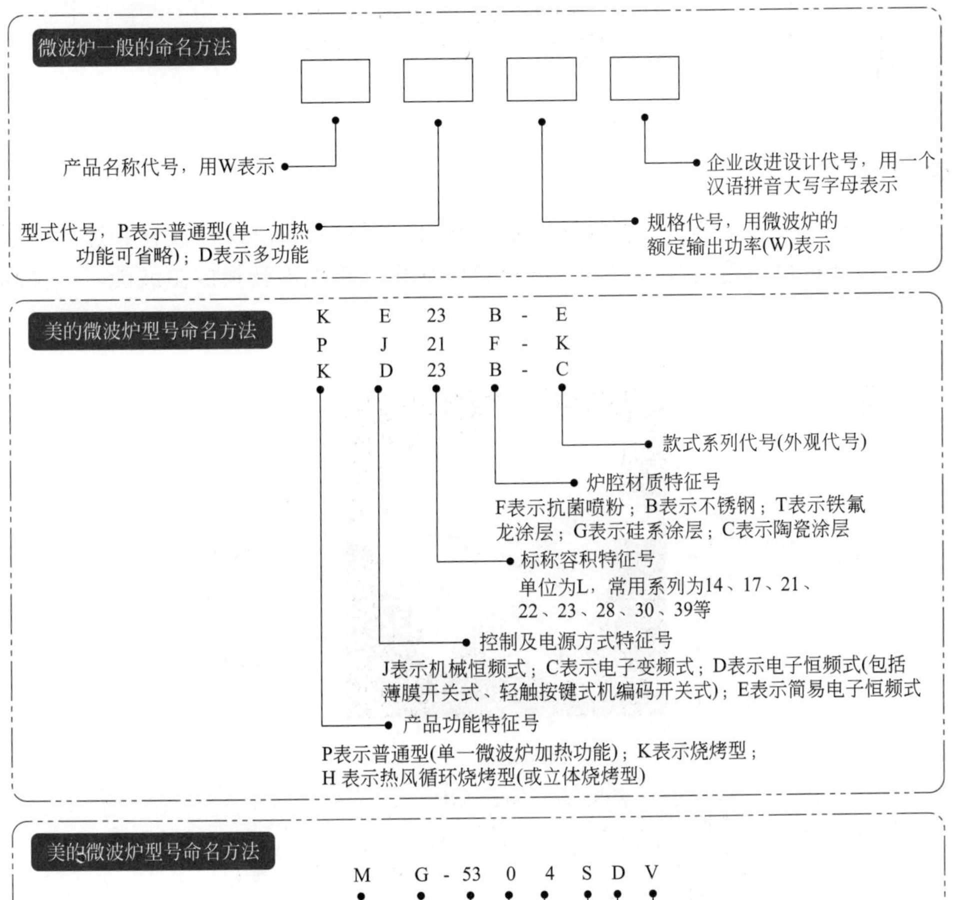

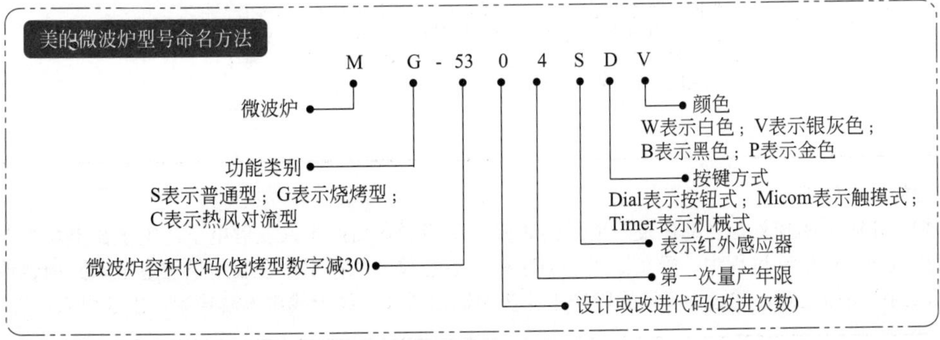

12.2 普及型微波炉的结构

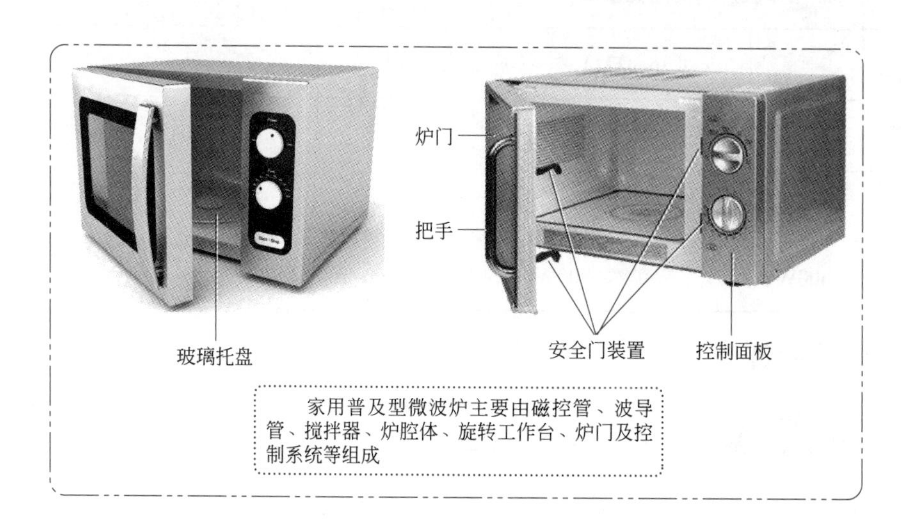

家用普及型微波炉主要由磁控管、波导管、搅拌器、炉腔体、旋转工作台、炉门及控制系统等组成

① 磁控管

磁控管又称微波发生器，是微波炉的心脏部件。磁控管有脉冲磁波管和连续波磁控管两种，家用微波炉采用连续波磁控管。磁控管的作用是将电能转换成微波能，产生和发射微波。

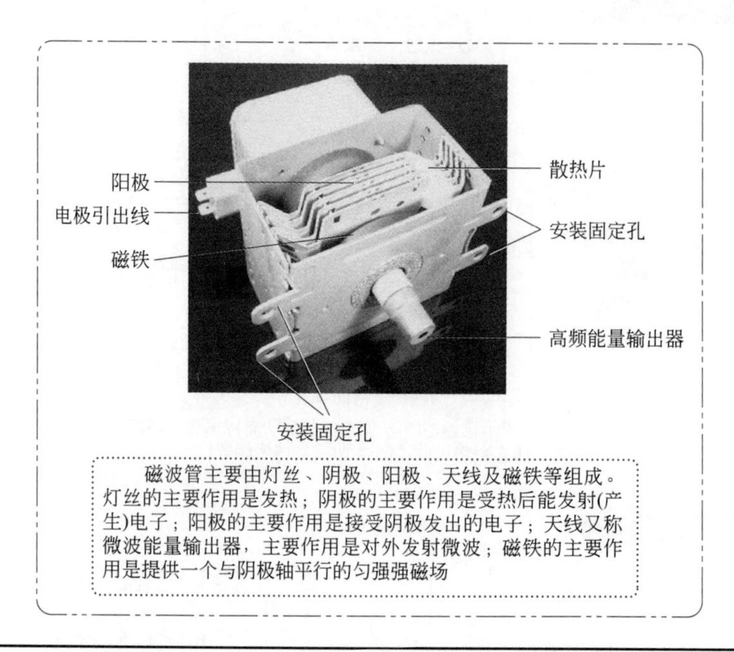

磁波管主要由灯丝、阴极、阳极、天线及磁铁等组成。灯丝的主要作用是发热；阴极的主要作用是受热后能发射(产生)电子；阳极的主要作用是接受阴极发出的电子；天线又称微波能量输出器，主要作用是对外发射微波；磁铁的主要作用是提供一个与阴极轴平行的匀强强磁场

磁控管的工作原理：

微波炉工作时，磁控管灯丝通电发热而烘烤阴极，阴极受热后产生并发射电子，电子在电场力的作用下向阳极运动。在运动过程中，受负高压的加速和受洛仑兹力的作用，合成结果使电子以圆周轨迹飞向阳极。在到达阳极之前，通过许多谐振腔产生振荡而输出微波，经天线进入波导管，由其引入炉腔

② 波导管、搅拌机

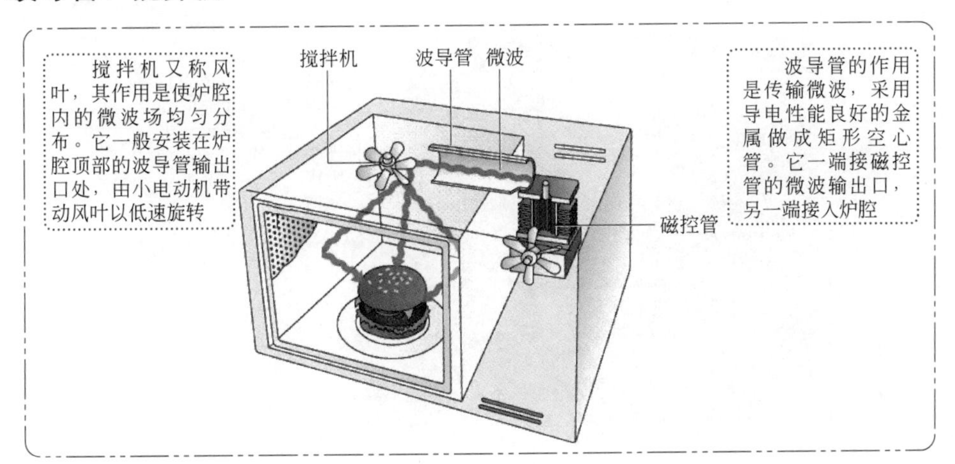

③ 炉腔体、炉门及外壳

炉腔体是盛放被加热食品的空间；炉门是取放食品和进行观察的部件；外壳主要起电磁波的屏蔽和装饰作用。

④ 旋转工作台

⑤ 控制系统

控制系统由电源变压器、定时器、功率控制器、风扇电动机、转盘电动机、过热保护器与炉门联的连锁开关等构成。

❶ 电源变压器

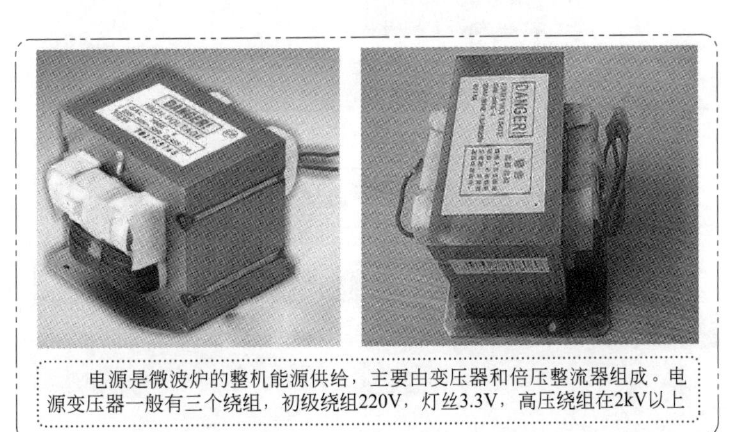

电源是微波炉的整机能源供给，主要由变压器和倍压整流器组成。电源变压器一般有三个绕组，初级绕组220V，灯丝3.3V，高压绕组在2kV以上

❷ 定时器

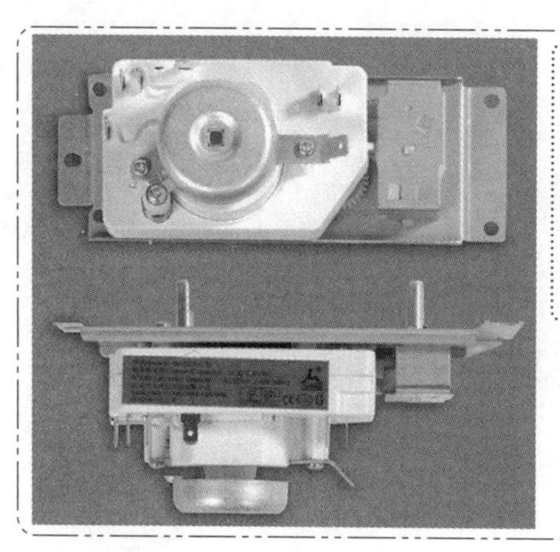

定时器有两种，一种为机械式，一种为电子显示式。经使用者设定时间后，定时器触点闭合，但只有当联锁开合闭合(即炉门关闭)后，计时才开始运行。定时时间一到，定时器自动切断供电电源，并报警(振铃)提示

❸ 功率控制器

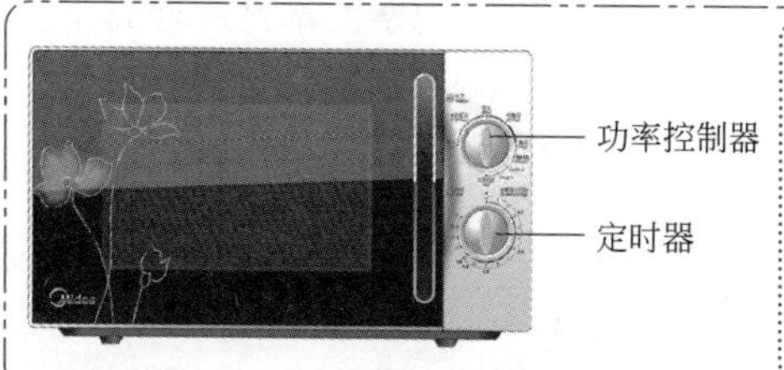

功率控制器用来调节磁控管“工作”“停止”时间的比例，即调节磁控管的平均工作时间，从而达到调节微波平均输出功率的目的。机械控制式微波炉常采用3～6个刻度挡位，电脑控制式一般有10个调整挡位

在强挡时，微波是连续输出的；其他挡时，微波是间断输出的。功率控制器一般也由定时器来驱动

12.3 普及型微波炉的工作原理

① 普通机械式微波炉控制电路的框图

从框图中可以看出，电路由三部分组成，即安全保护和功能控制电路、辅助电路、微波系统。

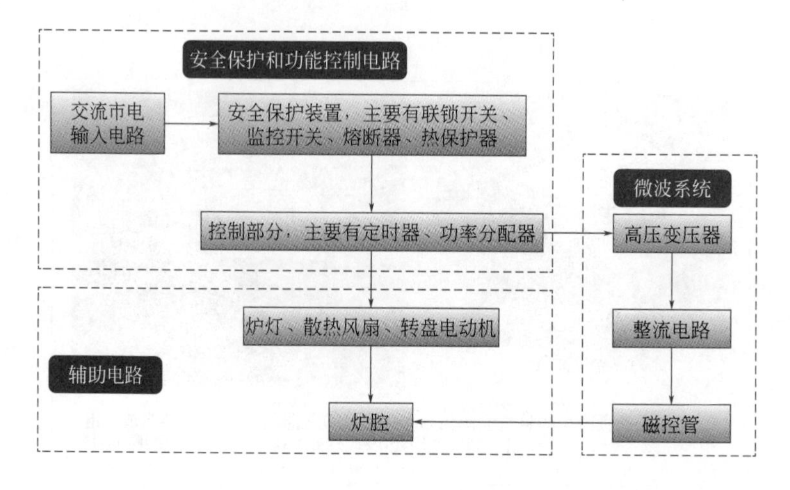

② 普通机械式微波炉的电路原理图

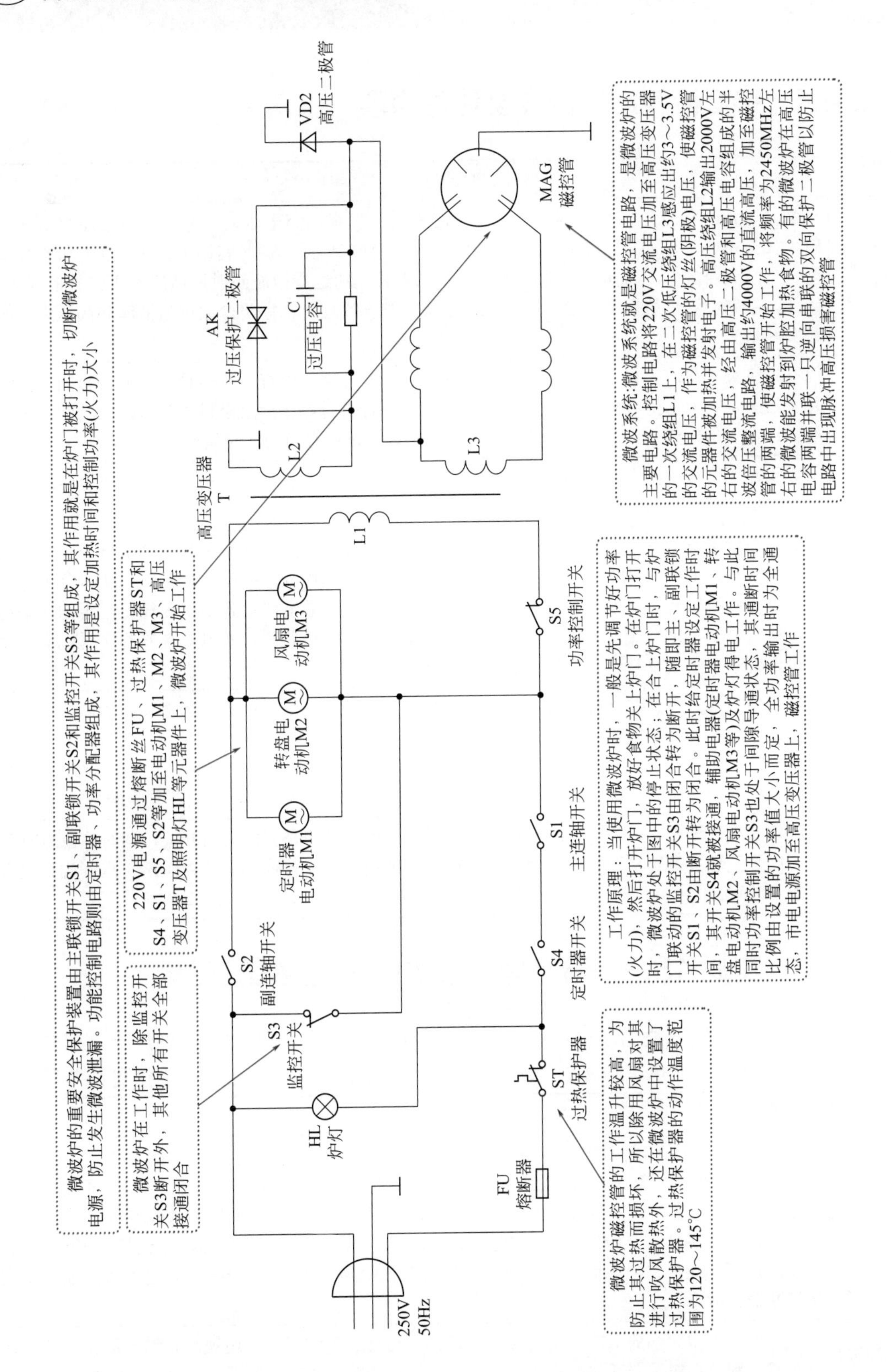

12.4 普及型微波炉的维修

12.4.1 维修微波炉时的安全注意事项

维修微波炉时的安全注意事项	
	微波炉是一种较为特殊的小家电，工作时机内不仅存在高电压、大电流，而且还有微波辐射，如果维修方法不当，不但会多走弯路，更重要的是维修人员可能遭到高压电击和微波辐射，危及人身安全，甚至还可能给用户身体带来长期的过量微波照射而造成不可弥补的损害。因此，维修微波炉前提条件是，必须充分了解其基本原理，掌握防微波过量泄漏和高压电击的相关知识
第一	在拆机维修前，必须先对与安全相关的部位和零部件进行检查，主要看炉门能否紧闭、门隙是否过大、观察窗是否破裂、炉腔及外壳上的焊点有否脱焊、炉门密封垫是否缺损及凹凸不平等。这主要是检查是否存在微波过量泄漏的可能。若发现有问题，应先行修复
第二	如果需要检查机内电路，通常应在断电后再拆卸微波炉。拆机后，先先将高压电容两端短路放电，以免维修时不慎遭受电击
第三	除了测量市电电压等检查外，在没有十分把握的情况下，应尽量不做开机带电检查。如果确实需要通电检查，必须先断开高压电路，不让磁控管工作，然后再开机检查，以确保人身安全。至于磁控管及其供电电路的检查，除非具有必要的专业维修设备知识和经验，否则应采用断电检查方式，以确保安全。实践表明，只要掌握相关技巧要领，断电检查并不比通电检查差多少，判断有些故障的速度甚至优于通电检查
第四	维修中需要对零部件进行拆卸检查或更换时，拆件时要逐个记住所拆卸零部件的原位置，特别是安全机构和高压电路的零部件更要重视，并且拆卸后要将零部件放置好，以防止丢失，造成不必要的麻烦；重装时应逐个准确复位装好，并拧紧每个紧固螺钉和其他紧固件，不要装错，或遗漏安装垫圈等易忽视的小零件。若需更换零部件，注意尽量选用原型号配件
第五	维修完毕，全部安装好所有零部件后，应再一次检查炉门是否能灵活开关，同时注意查看门隙、门垫及观察窗等是否有异常状况，还有各调节钮和开关等零部件是否正常，直到确认没有问题了才可开始使用

12.4.2 实战48——普及型微波炉的常见故障及维修

微波炉的常见故障有烧熔断器；通电后不工作；炉灯亮，但不加热；炉灯亮，但转盘不转；漏电、微波泄漏；加热缓慢（火力不足）、间歇工作、有明火出现、火力不可调节等。

故障现象1	整机不工作
故障分析	插上电源插头，关闭炉门，功率分配器置于高火挡位、设定定时器，然后将万用表置于$R\times1$挡，两只表笔接触电源的两个插头L和N端，正常时阻值应为1.5～3Ω，即接近于高压变压器的一次绕组的阻值；如果为无穷大，则表明电路之间有断路性故障发生 门联锁开关S1、S2在炉门关闭时应接通，如果S1或S2开路损坏，无论炉门开还是闭，微波炉都不能接通电源而启动，造成整机不工作故障。监控开关S3出问题主要造成开机烧熔断器的故障
故障检修	可拆卸下微波炉的上盖，采用观察法，可一边开、关炉门，一边观测它们的动作，若动作正常，那就再拔下个开关上的插线测量它们的开关触点通断是否正常。更换损坏的开关

续表

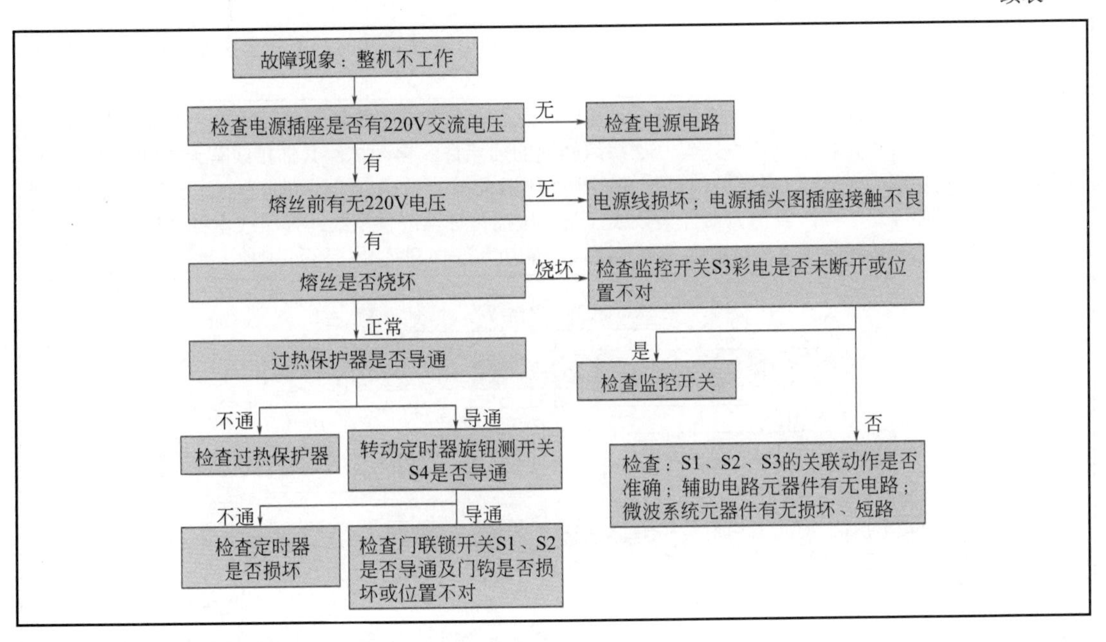

故障现象 2	开机就烧熔丝
故障分析	微波炉电路基本上可分为初级电路（变压器初级之前电路）和次级电路（高压电路）两大部分。不管是任一部分中的元器件发生故障，都会使整机工作不正常。这样划分的理由是，从维修的角度出发能迅速判断故障的部位，因此，应首先判断是初级电路还是次级电路有故障，然后再逐步缩小故障范围，确定故障的具体元器件
故障检修	首先拔出高压变压器与高压电容连接点的插线端子，更换上新的 8A 熔丝后通电试机，可能会出现以下两种现象 ❶ 熔丝没有烧坏，电动机均能正常运转，此结果说明低压部分基本正常，而开机烧熔丝的故障是由于高压部分有短路现象存在。下一步，就主要检查高压部分的元器件，找出短路源 ❷ 开机后仍烧熔丝。故障部位应在低压部分。主要应检查监控开关 S3 触点是否粘连或位置不对不能断开；联锁开关 S1、S2 和监控开关 S3 的关联动作不正确；高压变压器一次绕组或二次绕组发生短路；灯丝关联台调节器电动机、风扇电动机、转盘电动机短路及插线端子脱落与外壳短路等，也逐一进行排查维修

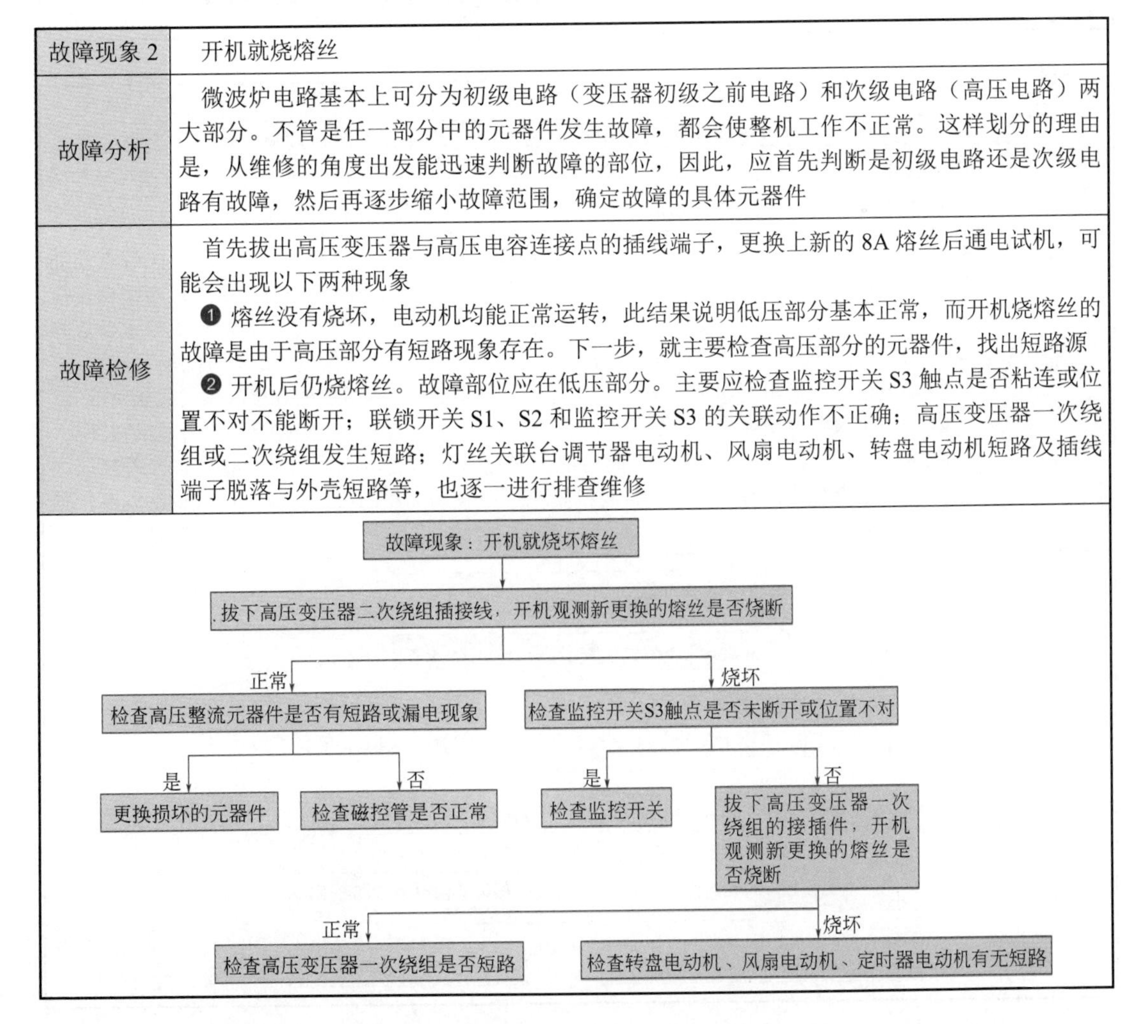

故障现象 3	不加热
故障分析	炉灯亮、转盘转动说明安全保护和功能控制电路是正常的，不加热的原因可能是微波系统没有工作
故障检修	微波系统正常工作的首要条件是 220V 交流电压必须加到高压变压器的一次绕组上，检查的第一步是拔下高压变压器一次绕组两端的插接件，再开机测其插接线有无 220V 电压，有则功率开关 S5 正常，故障部位在高压变压器及微波系统，原因可能为高压变压器绕组或接插件开路、高压整流元器件失效或开路、磁控管灯丝或供电线路开路或本身老化失效等；如测其插接线上无 220V 电压，则需检查测量功率选择开关 S5 是否正常

故障现象：炉灯点亮、转盘转动，但不加热

拔下高压变压器一次绕组插接线，测量有无220V交流电压

无电压

功率分配器开关S5是否接通

导通

检查高压变压器一次侧供电线路

不通

检查功率分配器开关S5

有电压

断电情况下检查高压变压器绕组是否正常

是

检查更换高压变压器

否

检查高压整流元器件是否正常

正常

检查磁控管及供电线路

不正常

更换损坏的元器件

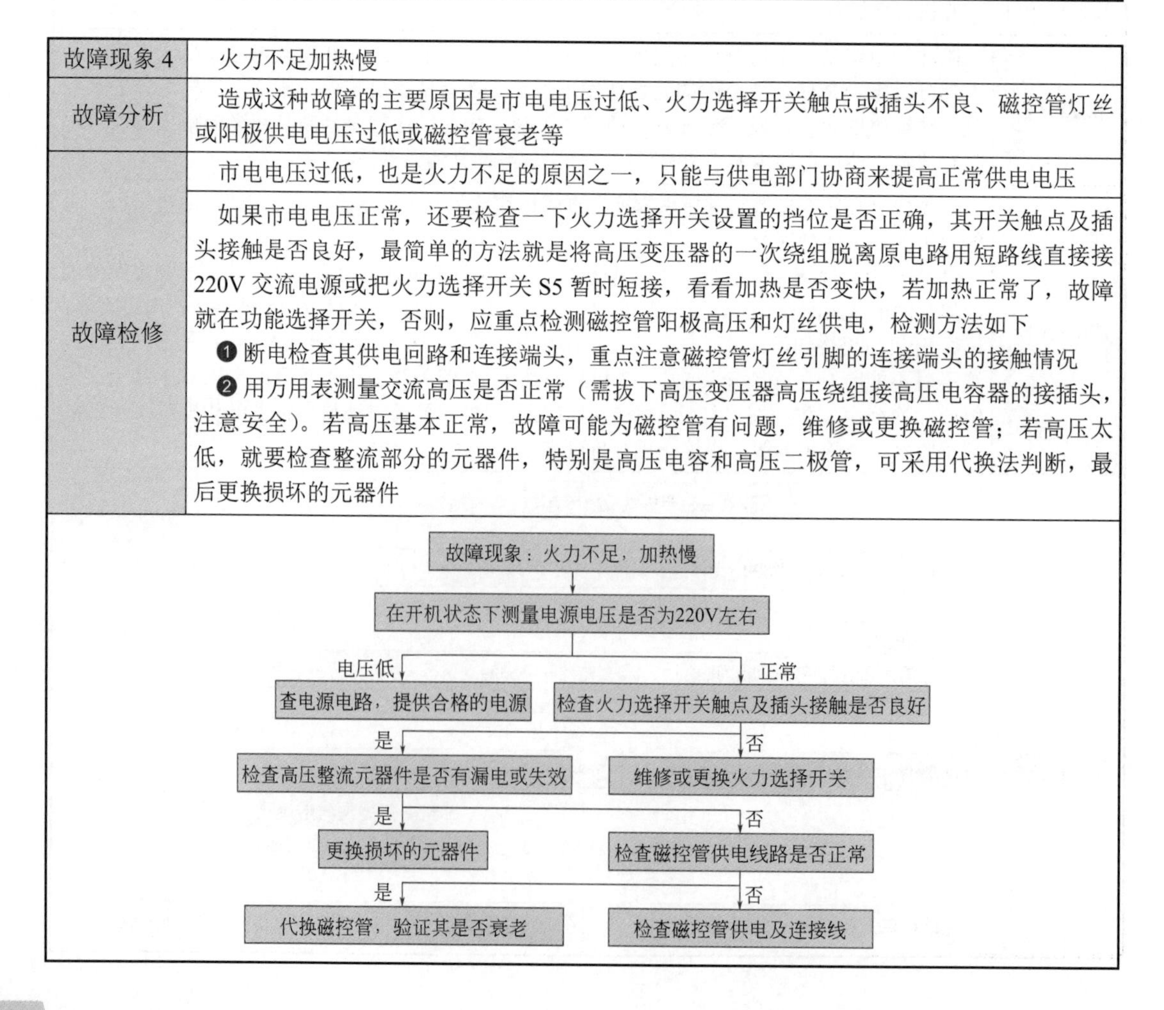

故障现象 4	火力不足加热慢
故障分析	造成这种故障的主要原因是市电电压过低、火力选择开关触点或插头不良、磁控管灯丝或阳极供电电压过低或磁控管衰老等
故障检修	市电电压过低，也是火力不足的原因之一，只能与供电部门协商来提高正常供电电压
	如果市电电压正常，还要检查一下火力选择开关设置的挡位是否正确，其开关触点及插头接触是否良好，最简单的方法就是将高压变压器的一次绕组脱离原电路用短路线直接接 220V 交流电源或把火力选择开关 S5 暂时短接，看看加热是否变快，若加热正常了，故障就在功能选择开关，否则，应重点检测磁控管阳极高压和灯丝供电，检测方法如下 ❶ 断电检查其供电回路和连接端头，重点注意磁控管灯丝引脚的连接端头的接触情况 ❷ 用万用表测量交流高压是否正常（需拔下高压变压器高压绕组接高压电容器的接插头，注意安全）。若高压基本正常，故障可能为磁控管有问题，维修或更换磁控管；若高压太低，就要检查整流部分的元器件，特别是高压电容和高压二极管，可采用代换法判断，最后更换损坏的元器件

故障现象 5	间歇工作
故障分析	造成这种故障的主要原因是磁控管过热保护器不良或冷却方式停止转动
故障检修	先观测冷却方式是否正常旋转，如果不旋转或转速慢，则应检查运转是否受阻，扇叶与电动机轴之间是否松动，电动机接插线是否松动，电动机是否卡轴或线包开路；如运转正常，可采取代换法代换过热保护器一试。如果是过热保护器有问题，可更换之；如果代换后故障仍没有排除，那就可能是磁控管不良，可代换磁控管

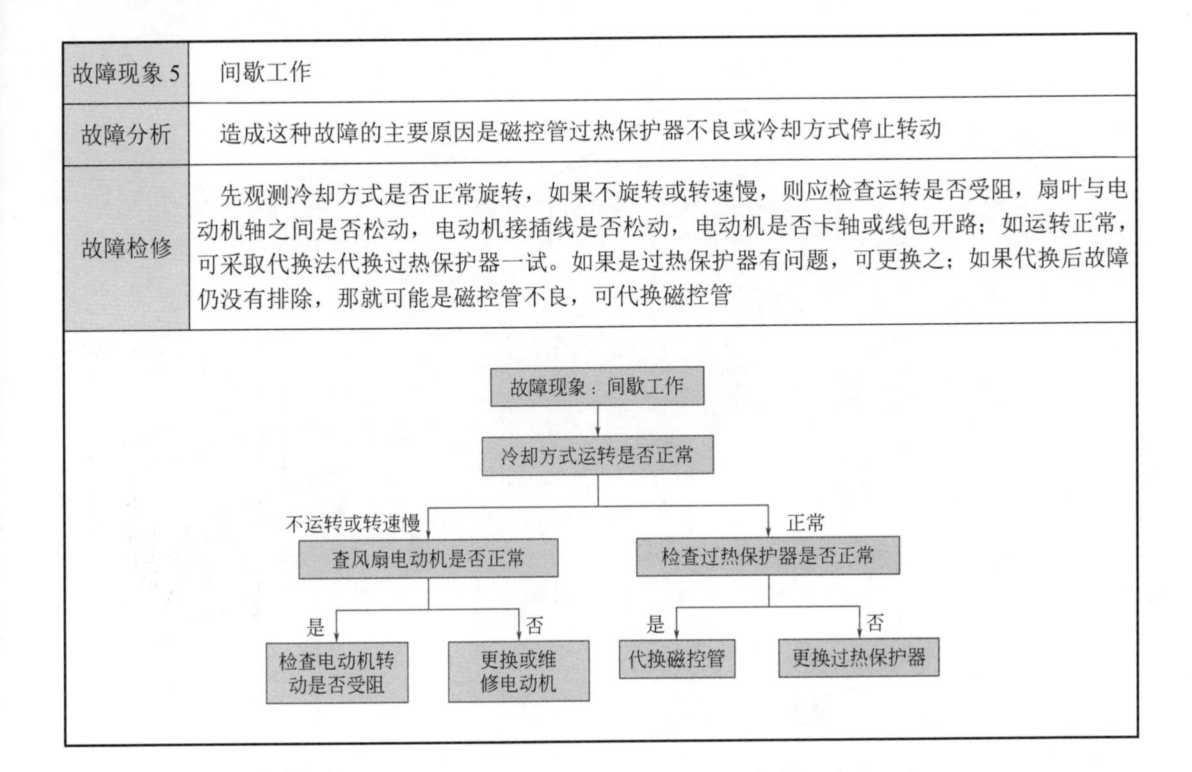

12.5 电脑型 LG 微波炉的结构

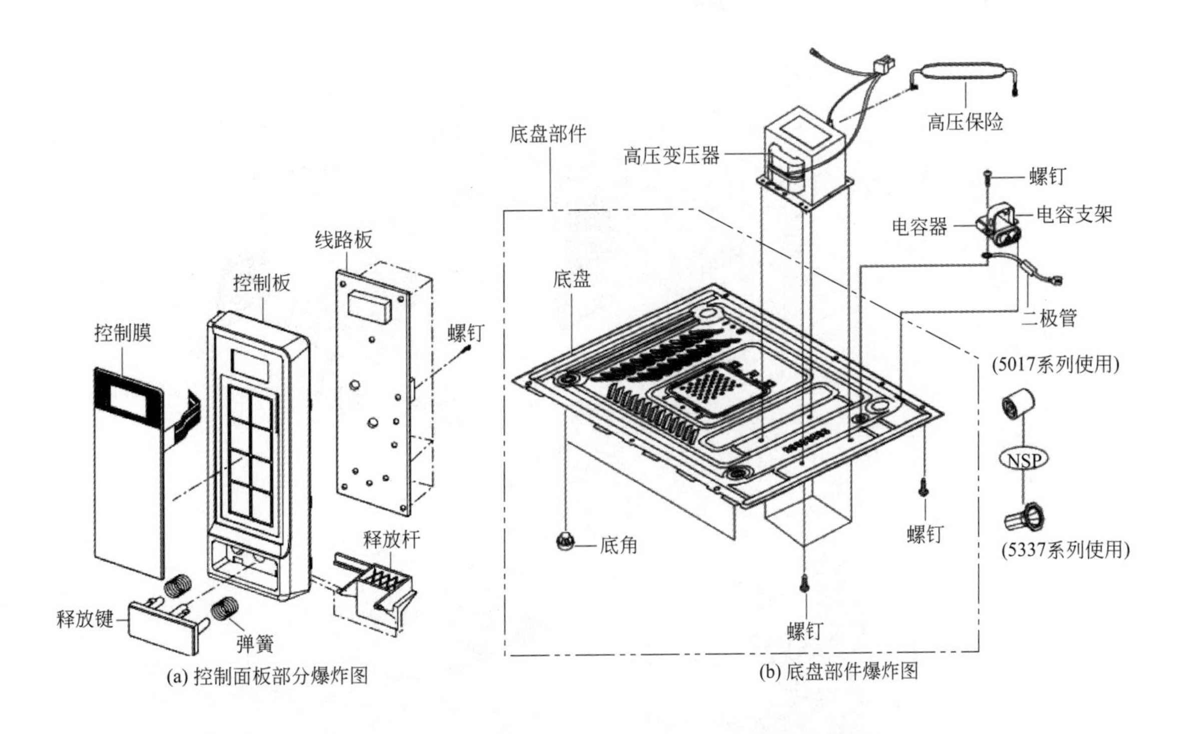

(a) 控制面板部分爆炸图

(b) 底盘部件爆炸图

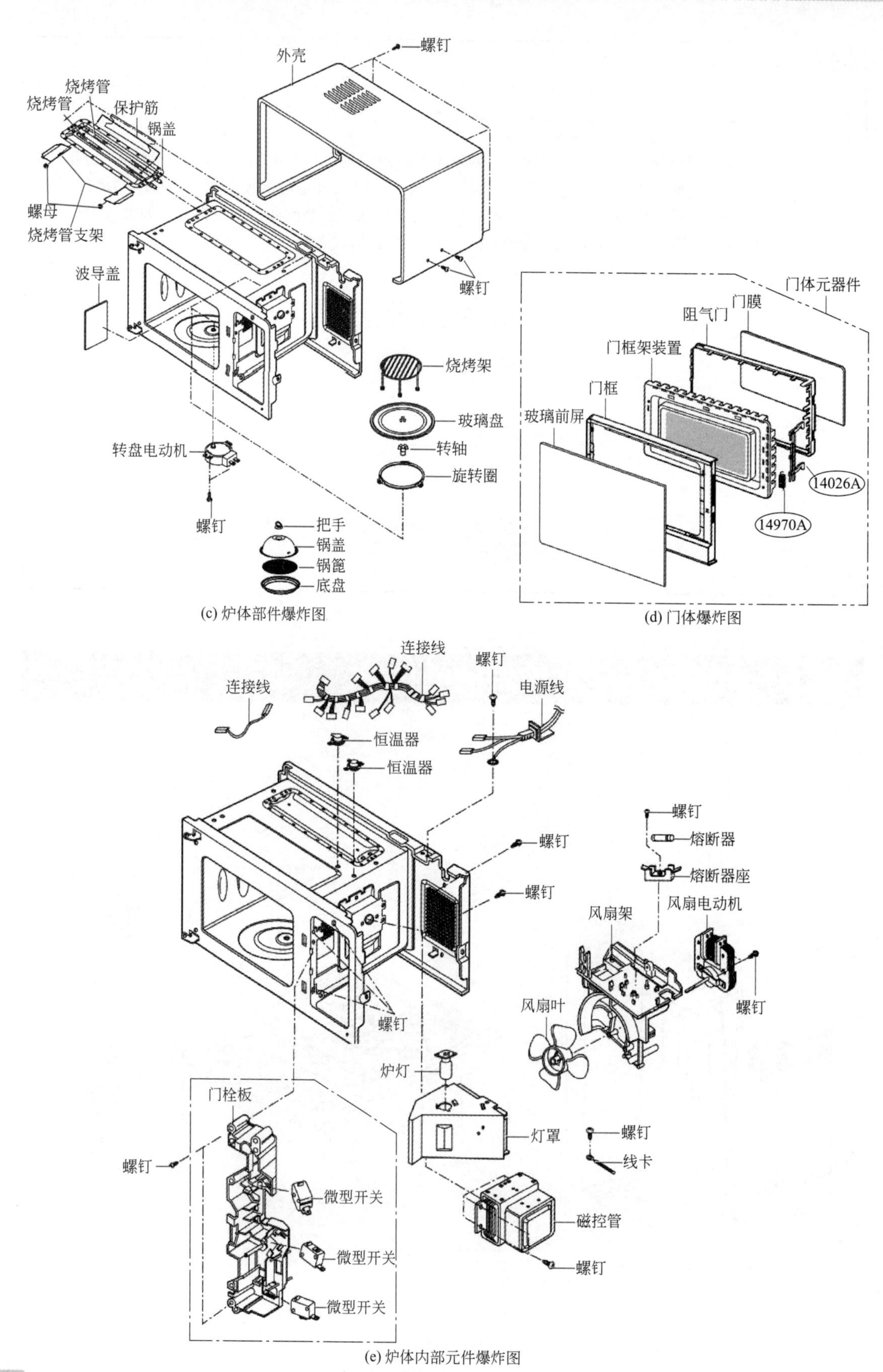

(c) 炉体部件爆炸图

(d) 门体爆炸图

(e) 炉体内部元件爆炸图

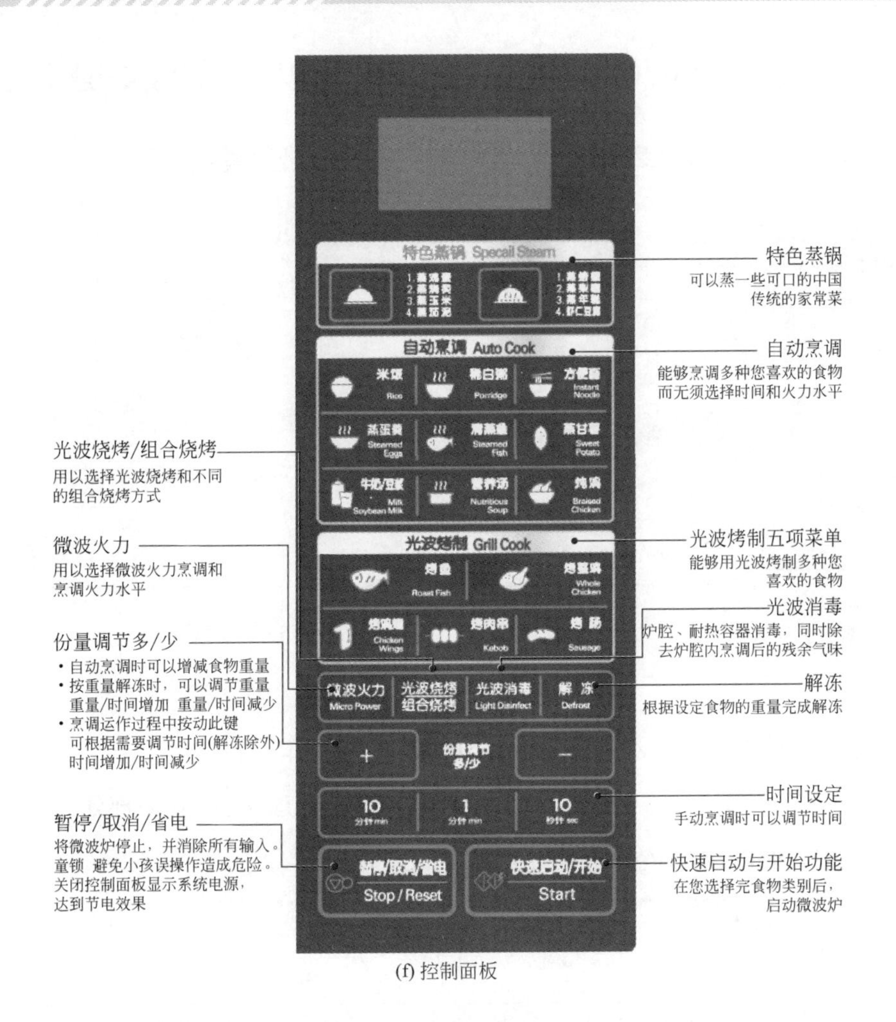

(f) 控制面板

12.6 电脑式微波炉的工作原理与维修

12.6.1 电脑式微波炉的方框图

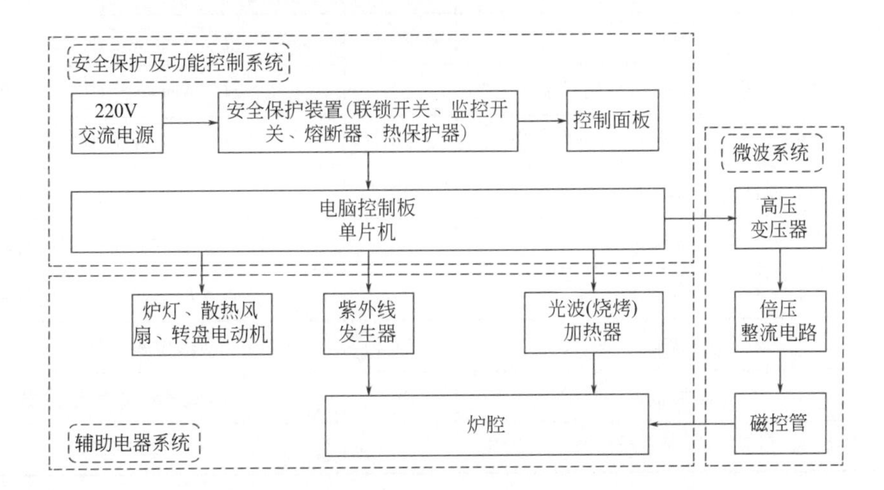

12.6.2 格兰仕 WG800CSL23-K6 电脑式微波炉的工作原理

① 格兰仕 WG800CSL23-K6 电脑式微波炉的电路原理图

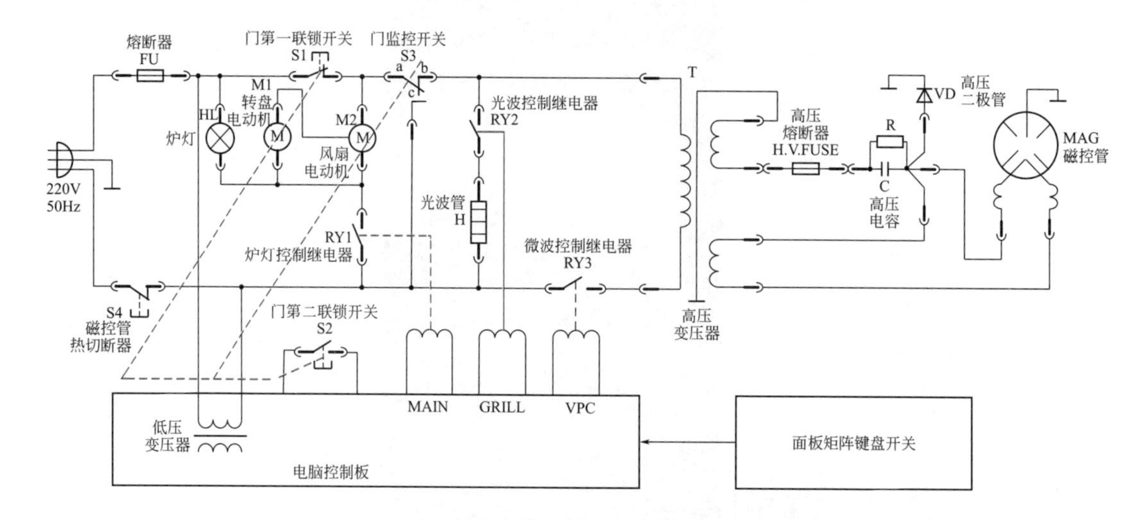

② 格兰仕 WG800CSL23-K6 电脑式微波炉的工作原理

格兰仕 WG800CSL23-K6 电脑式微波炉电脑控制板的原理图参看附录部分。

❶ 单片机 S3P70F4XZZ-AVB4 主要引脚功能

引脚	主要功能	引脚	主要功能
1	地	16	键盘 / “日”字形位显示控制信号输出
2	4.19MHz 时钟振荡	17	H 即其他显示信号输出
3	4.19MHz 时钟振荡	18	“日”字形 f 笔画显示输出
4	未用	19	“日”字形 g 笔画显示输出
5	外接上拉电阻	20	“日”字形 e 笔画显示输出
6	键盘输入	21	显示信号 i（某种符号）输出
7	复位	22	“日”字形 d 笔画显示输出
8	螺钉 / 转盘 / 风扇控制信号输出	23	“日”字形 c 笔画显示输出
9	光波（烧烤）加热控制信号输出	24	“日”字形 b 笔画显示输出
10	微波加热控制信号输出	25	“日”字形 a 笔画显示输出
11	键盘输入	26	“日”字形位显示控制信号输出
12	键盘输入	27	“日”字形位显示控制信号输出
13	键盘输入	28	“日”字形位显示控制信号输出
14	键盘输入	29	蜂鸣器报警信号输出
15	键盘 / “日”字形位显示控制信号输出	30	+5V 电源

❷ 电源电路

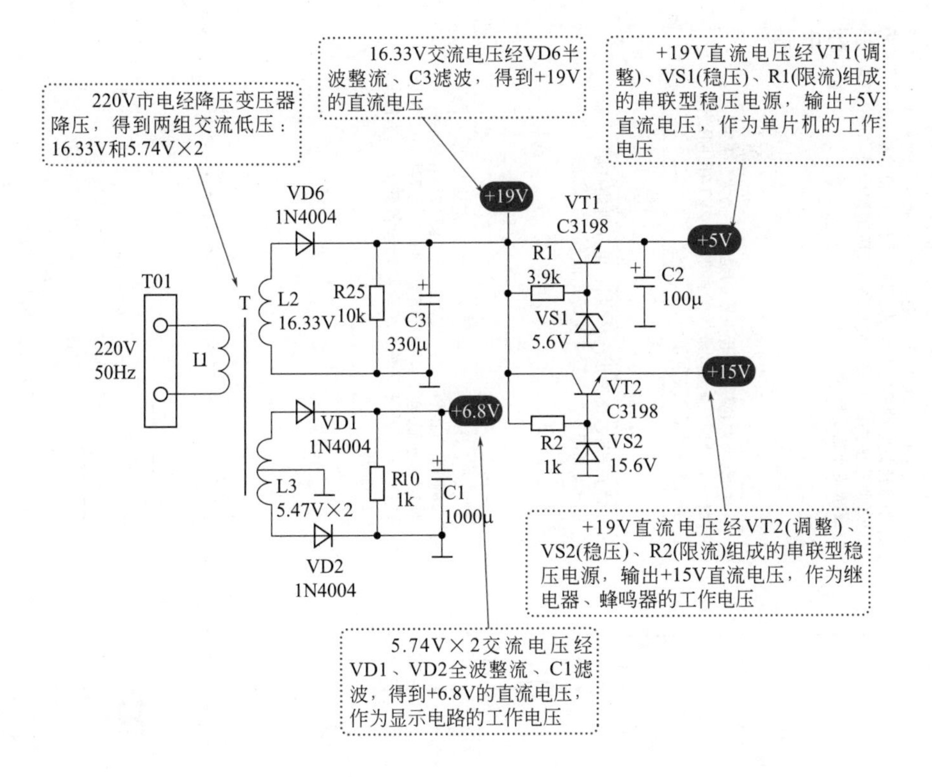

❸ 单片机的工作条件

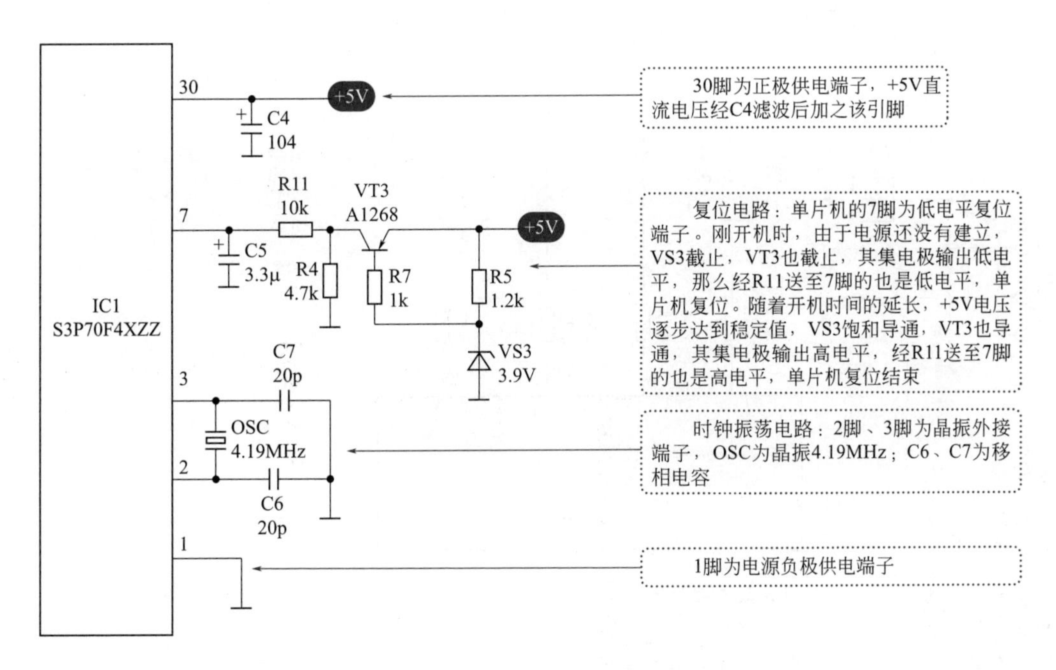

❹ 功能控制、炉门状态检测电路

❺ 蜂鸣器报警电路

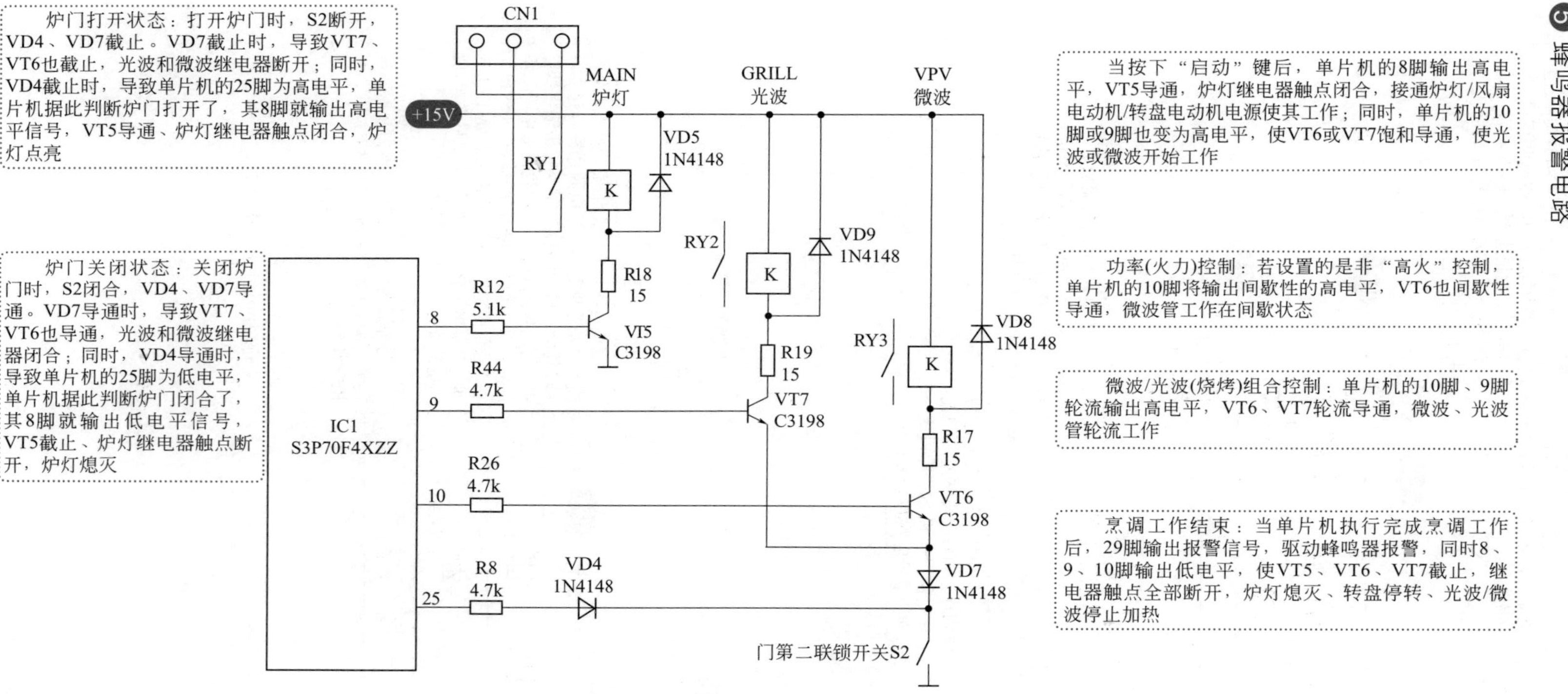

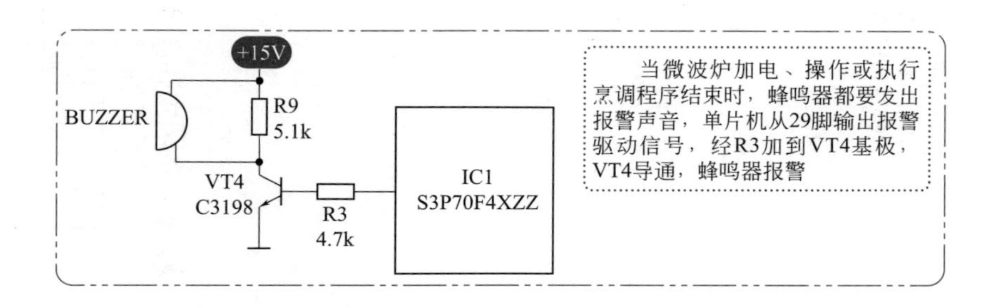

❻键控输入电路

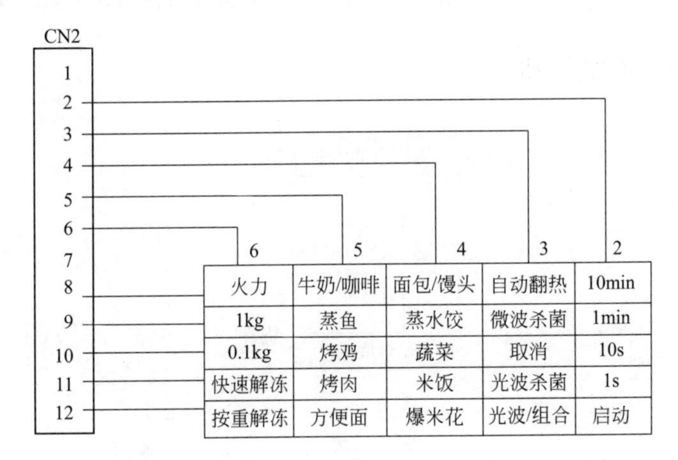

6	5	4	3	2
火力	牛奶/咖啡	面包/馒头	自动翻热	10min
1kg	蒸鱼	蒸水饺	微波杀菌	1min
0.1kg	烤鸡	蔬菜	取消	10s
快速解冻	烤肉	米饭	光波杀菌	1s
按重解冻	方便面	爆米花	光波/组合	启动

❼时间、数字、功能显示电路

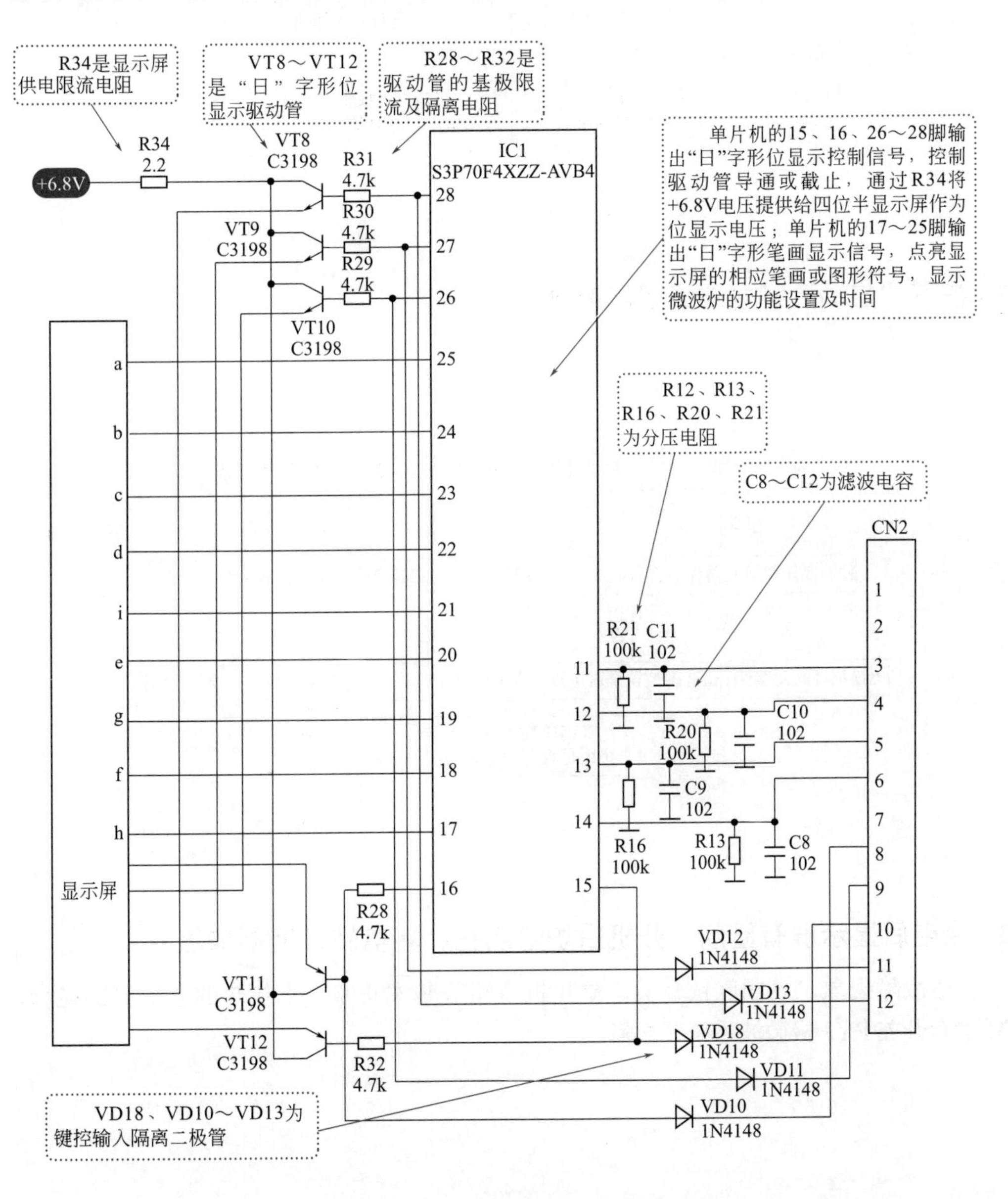

12.6.3 实战 49——格兰仕电脑式微波炉常见故障的维修

① 通电无显示，不能开机

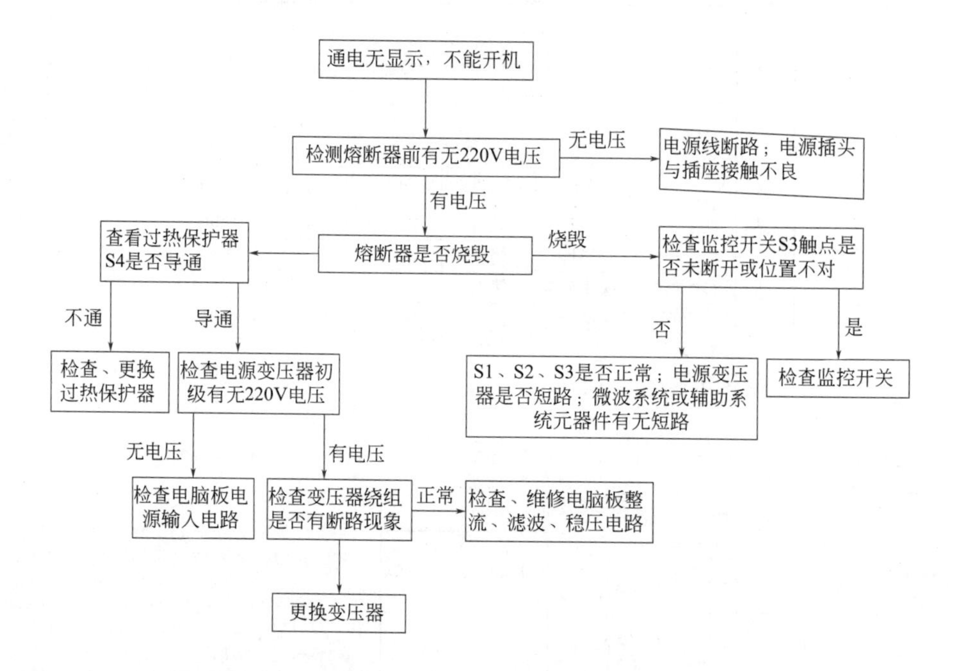

② 按下“启动”键立即烧毁熔断器

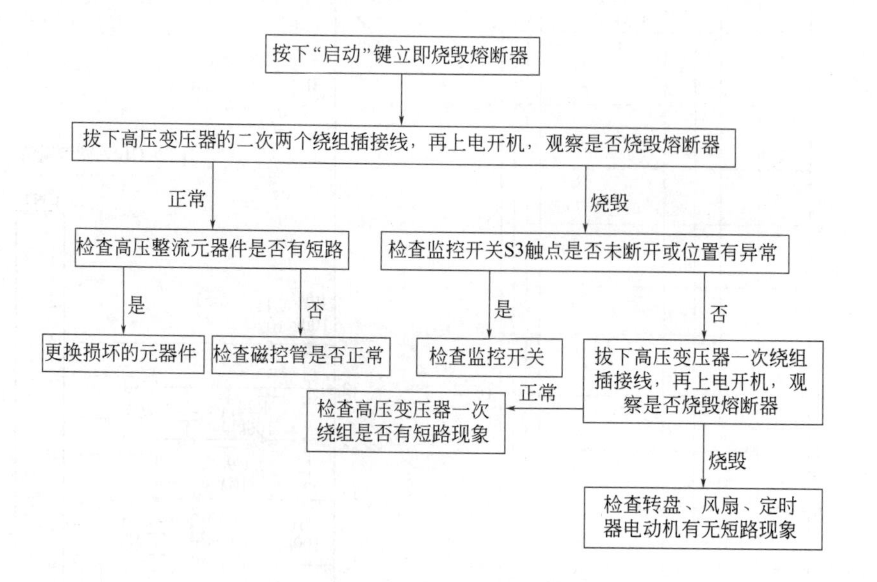

③ 通电后显示屏有显示，开机后炉灯点亮、转盘转，但不加热

上述故障现象，表明联锁开关、单片机电路等基本正常，不加热的主要原因是微波炉VPC 动合开关 RY3 极微波系统有故障。

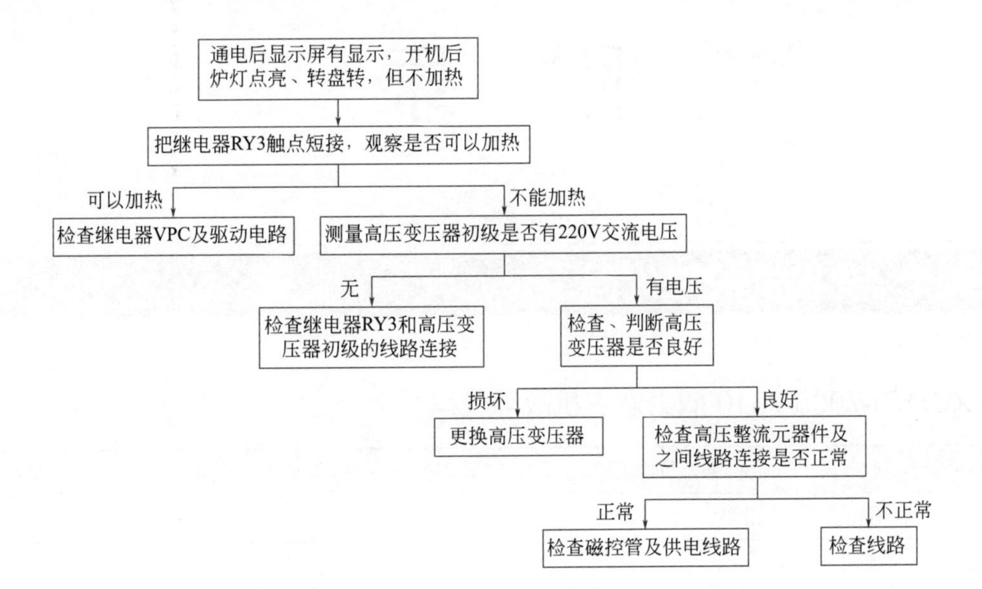
通电后显示屏有显示，开机后炉灯点亮、转盘转，但不加热
把继电器RY3触点短接，观察是否可以加热
可以加热
不能加热
检查继电器VPC及驱动电路
测量高压变压器初级是否有220V交流电压
无
有电压
检查继电器RY3和高压变压器初级的线路连接
检查、判断高压变压器是否良好
损坏
良好
更换高压变压器
检查高压整流元器件及之间线路连接是否正常
正常
不正常
检查磁控管及供电线路
检查线路

附　录

附录 1　洗衣机故障代码

① XQD70-7008/7010 威力洗衣机故障代码

错误代码显示方式：开机状态下同时按住显示屏下方 1 和 3 两个键保持 5s。代码会显示在显示屏上	
E1	温度传感器错误
E2	加热器开路
E3	加热器不停（E1 或 E3 出现问题会出现一边进水一边出水）
E4	进水阀一直运转短路（电脑板问题或部件问题）
E5	排水泵故障（不进水）
E6	速度调节器失控（机器自保，只有排水泵工作）
E7	水位开关故障
E8	排水泵的增压管故障
E9	门开关短路
E10	门开关开路
E11	电动机开路或测速器开路
E17	建议用户更换洗衣粉（泡沫过多）
E18	衣服量过载
“-- : --”	选在两个程序中间，关机重新选择程序

② XQG52-5208/5210 威力洗衣机故障代码

操作方式：开机后按住开始 / 暂停键 3s 取消程序后，按住第 3 个键 5s。上方的 3 个灯会出现如下的排列表示			
预备灯	洗涤灯	脱水 / 结束灯	故障内容
灭	灭	灭	无任何故障
亮	灭	灭	水温传感器
灭	亮	灭	不加热
灭	灭	亮	不进水
亮	灭	亮	不排水
亮	亮	闪	一直排水
亮	亮	亮	水位开关

续表

预备灯	洗涤灯	脱水 / 结束灯	故障内容
亮	闪	闪	门关不上
闪	闪	闪	门一直打开
灭	亮	亮	不换向
灭	灭	闪	电动机问题
灭	闪	闪	程序故障
闪	闪	亮	程序选择板
亮	闪	亮	无泡沫

③ XQB50-5236B 威力洗衣机故障代码

代码或显示	故障原因	排除方法
E1	进水或补水超过 20min 仍不到设定水位	打开洗衣机盖板再合上
E2	排水超过 5min 仍不到规定的水位	打开洗衣机盖板再合上
E3	预约启动后或脱水运行时打开了盖板	合上洗衣机盖板
E4	脱水不平衡不能自动修正	打开盖板，把桶内衣物摆平，再合上盖板
E5	自动断电失败	切断电源，人工报修

④ 创维 XQB55-5828S、XQB56-835S、XQB65-838S 洗衣机故障代码

故障代码	故障类型	故障原因	排除方法
E0	进水超时	水龙头开、停水或水压小，15min 后进水达不到设定水位	打开水龙头或待水压正常后再用，打开机盖，再合上机盖重新进入进水过程
E1	排水超时	排水管未放下或被堵塞，造成 5min 后水排不掉	检查排水管并排除故障后再按“启动 / 停止”键。打开机盖，再合上机盖可解除报警，重新进入排水工作
E2	脱水时碰外桶	由于衣物在桶内不均匀引起脱水时不平衡而碰擦外桶，此时洗衣机会进行自动修正，两次后仍无效则报警	打开机盖，将衣物放均匀，再盖好上盖
E3	不脱水	排水结束后，机盖未盖上（暂停并报警）或开始脱水后再开盖（只暂停不报警）	盖好上盖
E4	水位传感器异常	在运行中如自动检测带水位小于高水位极限或大于低水位极限，则自动报警，属于传感器故障	检查导气管、水位传感器
E5	断电失败	电脑板故障	检修或更换电脑板

附录 2 电磁炉故障代码

① 九阳电磁炉故障代码

故障代码	故障含义	故障代码	故障含义
E0	内部电路故障	E4	电网电压过低
E1	无锅或锅具（材质、大小、形状、位置）不合适	E5	锅温传感器开路
E2	机器内部散热不畅或机内温度传感器故障	E6	锅具发生干烧、锅具温度过高
E3	电网电压过高	E8	机器内部潮湿或有脏物造成按键闭合

❶ 九阳 JYC-18B 故障代码

故障代码	故障含义	故障代码	故障含义
E0	内部电路故障	E4	电网电压过低
E1	无锅或锅具（材质、大小、形状、位置）不合适	E5	锅温传感器开路
E2	机器内部散热不畅或机内温度传感器故障	E6	锅具发生干烧，锅具温度过高，陶瓷板温度传感器短路
E3	电网电压过高		

❷ 九阳 YJC-18D 故障代码

故障代码	故障含义	故障代码	故障含义
E0	内部电路故障	E4	电网电压过低
E1	功能灯闪烁，无锅或锅具（材质、大小、形状、位置）不合适	E5	锅温传感器开路
E2	机内过热，风口堵塞，风扇不转，IGBT温度传感器开路或短路	E6	锅温传感器短路
E3	电网电压过高		

❸ 九阳 JYC-19D 故障代码

故障代码	故障含义	故障代码	故障含义
E0	内部电路故障	E4	电网电压过低
E1	不检锅	E5	锅温传感器开路
E2	机器内部过热	E6	锅温传感器短路
E3	电网电压过高		

② 美的电磁炉故障代码

❶ 美的 SF 系列（SF164/174/184/194/204/214）

故障代码	故障含义	故障代码	故障含义
E01	锅温传感器断路	E06	管温传感器高温异常

续表

故障代码	故障含义	故障代码	故障含义
E02	锅温传感器短路	E07	低压保护（低于 180V）
E03	锅温传感器高温异常	E08	高压保护（高于 250V）
E04	管温传感器断路	E10	干烧保护
E05	管温传感器短路	E11	锅温传感器损坏

❷ 美的 EP 系列（EP181/EP201/EP199/176/186/196/206）

故障代码	故障含义	故障代码	故障含义
火力灯 1 闪	锅温传感器开路	火力灯 2、3 闪	管温传感器高温异常
火力灯 2 闪	锅温传感器短路	火力灯 1、2、3 闪	电压工作保护
火力灯 1、2 闪	锅温传感器高温异常	火力灯 4 闪	高电压保护
火力灯 3 闪	管温传感器断路	火力灯 2、4 闪	锅具干烧保护
火力灯 1、3 闪	管温传感器短路	火力灯 1、2、4 闪	传感器失效保护

❸ 美的 SH 系列（SH1720/1820/1920/2020/2120/2220）

故障代码	故障含义
E6	炉内高温
E3、E10、EA	陶瓷板高温
E1、E2、E4、E5、E11、EB	传感器及检测电路异常

3 美联、三角牌电磁灶故障代码

故障代码	故障含义	故障代码	故障含义
E0（E-0）	电源电压过低	E3（E-3）	IGBT 热敏电阻短路或温度过高
E1（E-1）	电源电压过高	E4（E-4）	炉面热敏电阻开路
E2（E-2）	IGBT 热敏电阻开路	E5（E-5）	炉面热敏电阻短路或温度过高

4 康拜恩 KBC16-S02 KBC18-S02 系列电磁炉故障代码

故障代码	故障含义	故障代码	故障含义
E1	无锅	E7	TH 开路
E2	电压过低	E8	TH 短路
E3	电压过高	E9	锅温传感器开路
E4	锅超温	E0	IGBT 超温
E5	VCE 过高	EE	锅温传感器短路
E6	锅空烧		

5 TCL 电磁炉故障代码

故障代码	故障含义	故障代码	故障含义
E1	无锅	E5	锅温传感器开路或短路

续表

故障代码	故障含义	故障代码	故障含义
E2	IGBT 传感器短路、超温	E6	锅超温（干烧保护）
E3	电压过高	E0	IGBT 传感器开路
E4	电压过低		

⑥ 格力电磁炉故障代码

故障代码	故障含义	故障代码	故障含义
E0	电压过低	E3	锅底传感器短路
E1	电压过高	E4	IGBT 传感器开路或短路
E2	锅底传感器开路	E5	锅超温（干烧保护）

⑦ 正夫人电磁炉故障代码

故障代码	故障含义	故障代码	故障含义
E0	无锅、或锅具材质不对	E5	IGBT 超温
E1	无锅	E6	TH1 开路
E2	市电压过低	E7	TH2 开路
E3	市电压过高	E0	电流过大

⑧ 苏泊尔电磁炉故障代码

故障代码	故障含义	故障代码	故障含义
E0	内部线路故障	E4	过载保护（一般是电压高于 253V）
E1	无锅具或锅具不适用	E5	传感器开路
E2	IGBT 功率管过热保护	E6	炉面温度过热保护（一般是高于 235℃）
E3	过载保护（一般是电压高于 253V）		

⑨ 万家乐电磁炉故障代码

故障代码	故障含义	故障代码	故障含义
E1	炉面温度过高	E7	锅具传感器开路
E2	IGBT 温度过高	E8	IGBT 传感器短路
E4	电压过低	E9	IGBT 传感器开路
E5	电压过高	E0	内部故障
E6	锅具传感器短路		

⑩ 万利达电磁炉故障代码

故障代码	故障含义	故障代码	故障含义
E1	超压保护	E4	过流保护
E2	炉面超温保护	E5	欠压保护
E3	IGBT 超温保护		

附录 3　电磁炉原理图

①美的电磁炉 TM-S1-01A 电路原理图

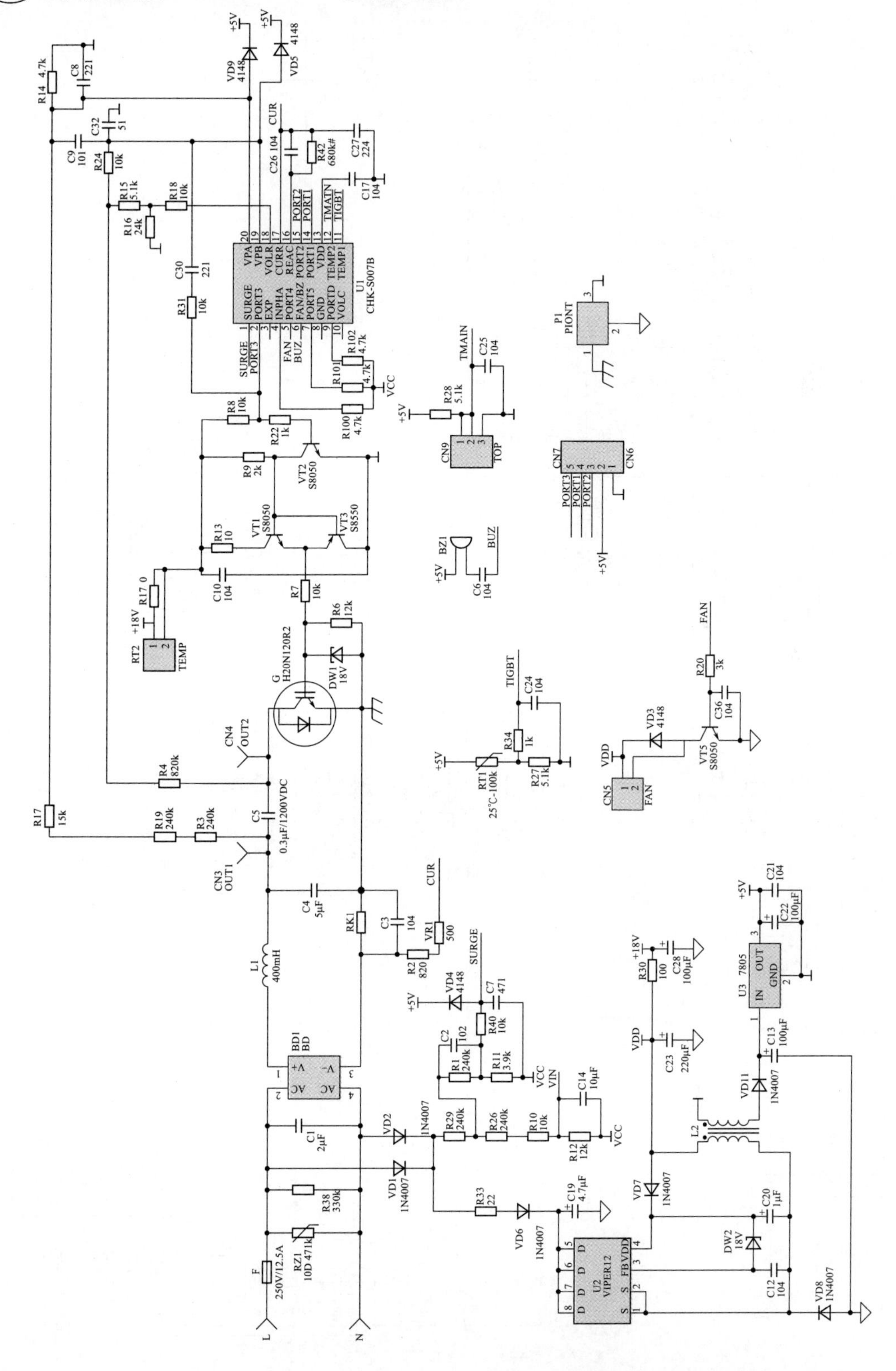

② 美的标准 M02 电磁炉主板电路

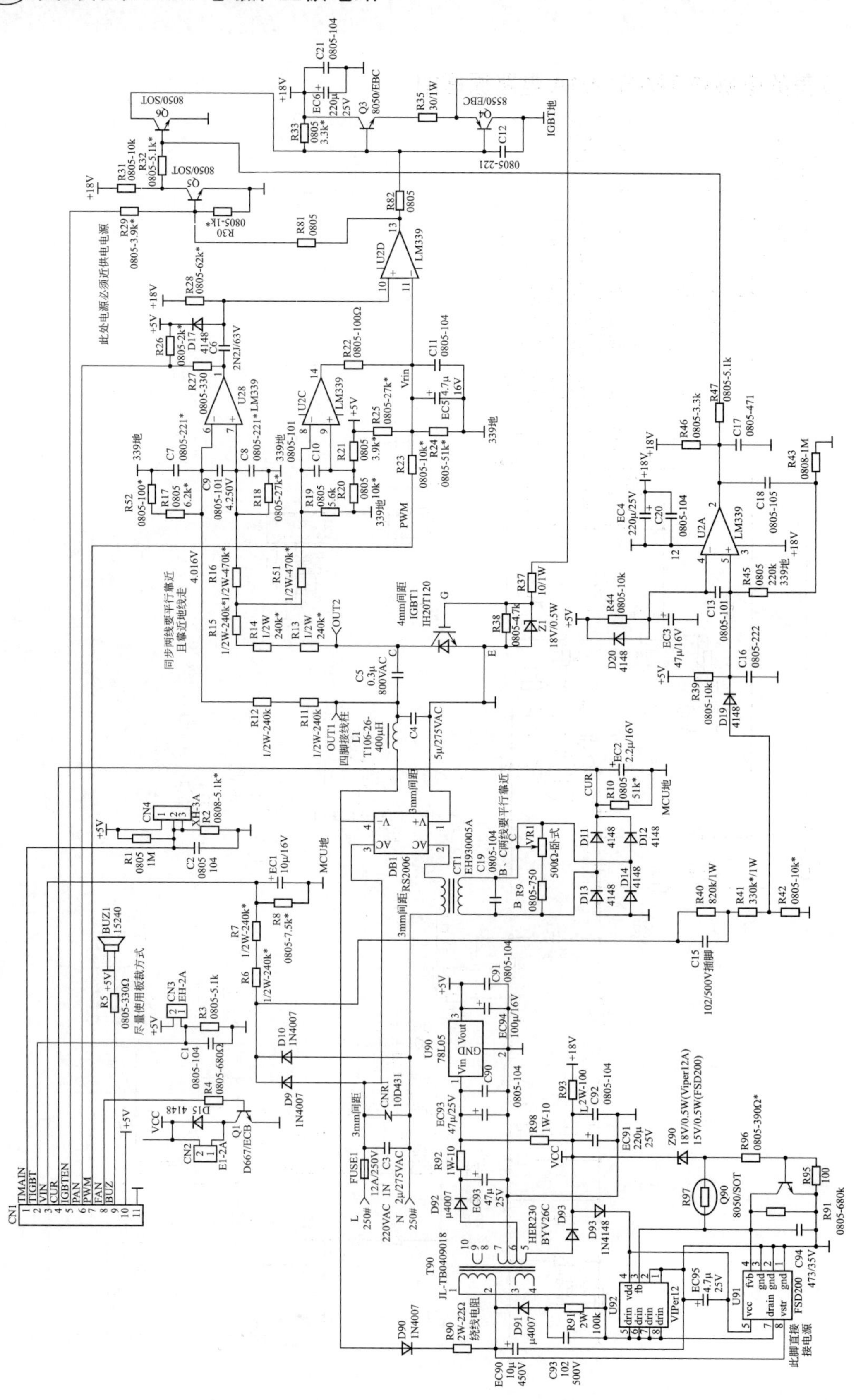

③ 苏泊尔 SDHC07-210 通用主板电路图

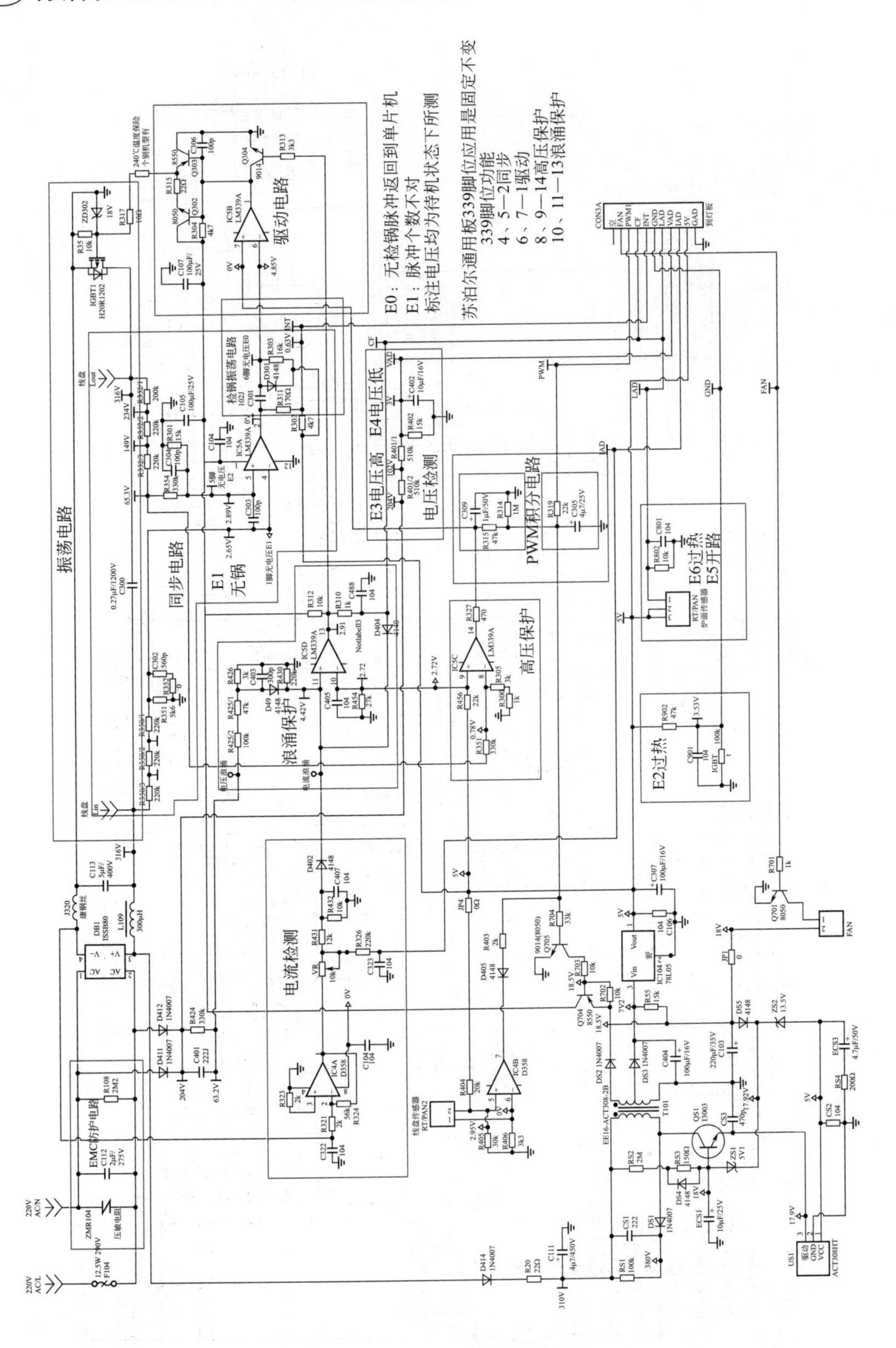

④ 九阳 JYCP-19POWER 型电磁炉主板电路

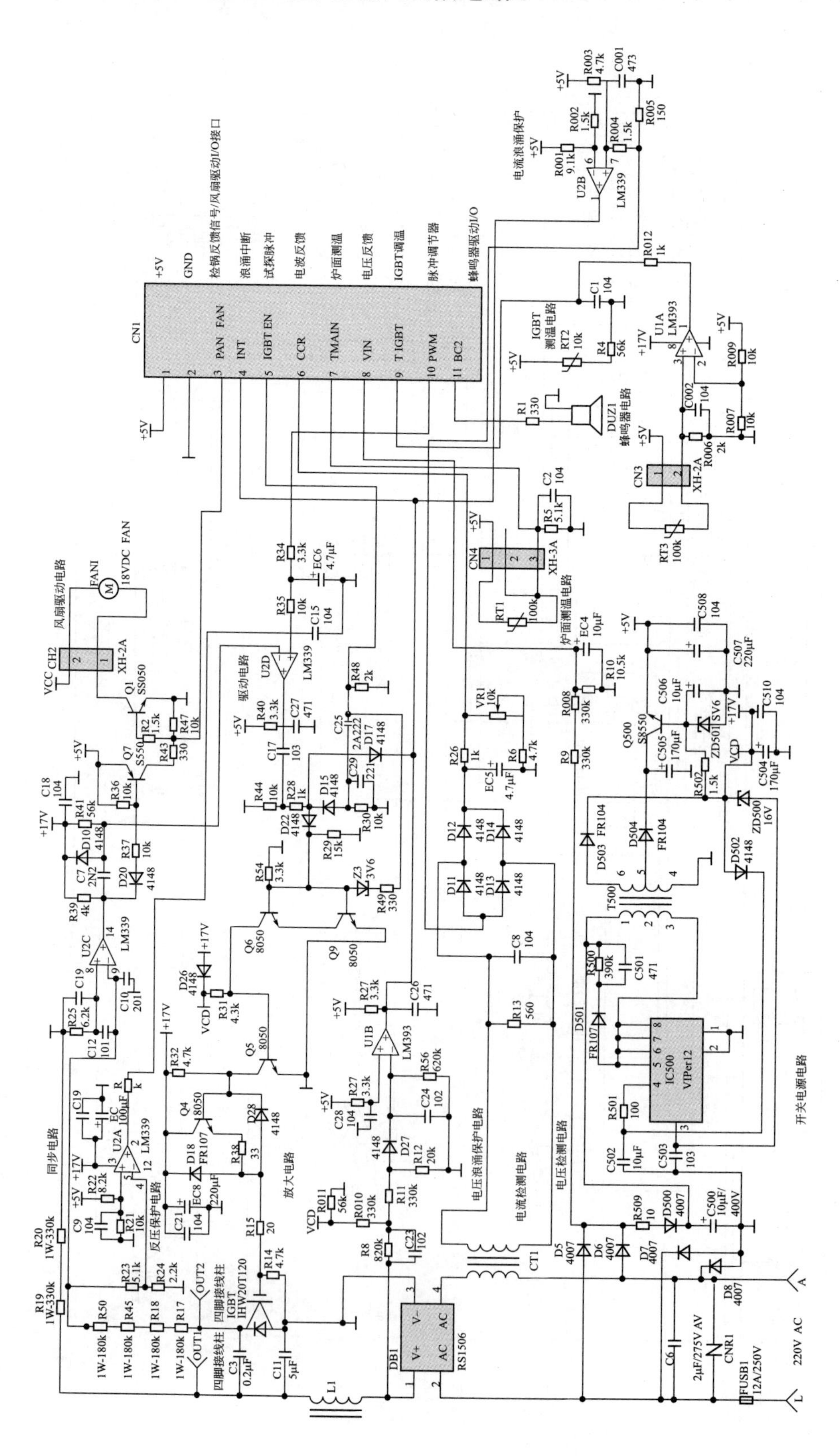

附录 4　海尔 XQB45-A 全自动波轮洗衣机原理图

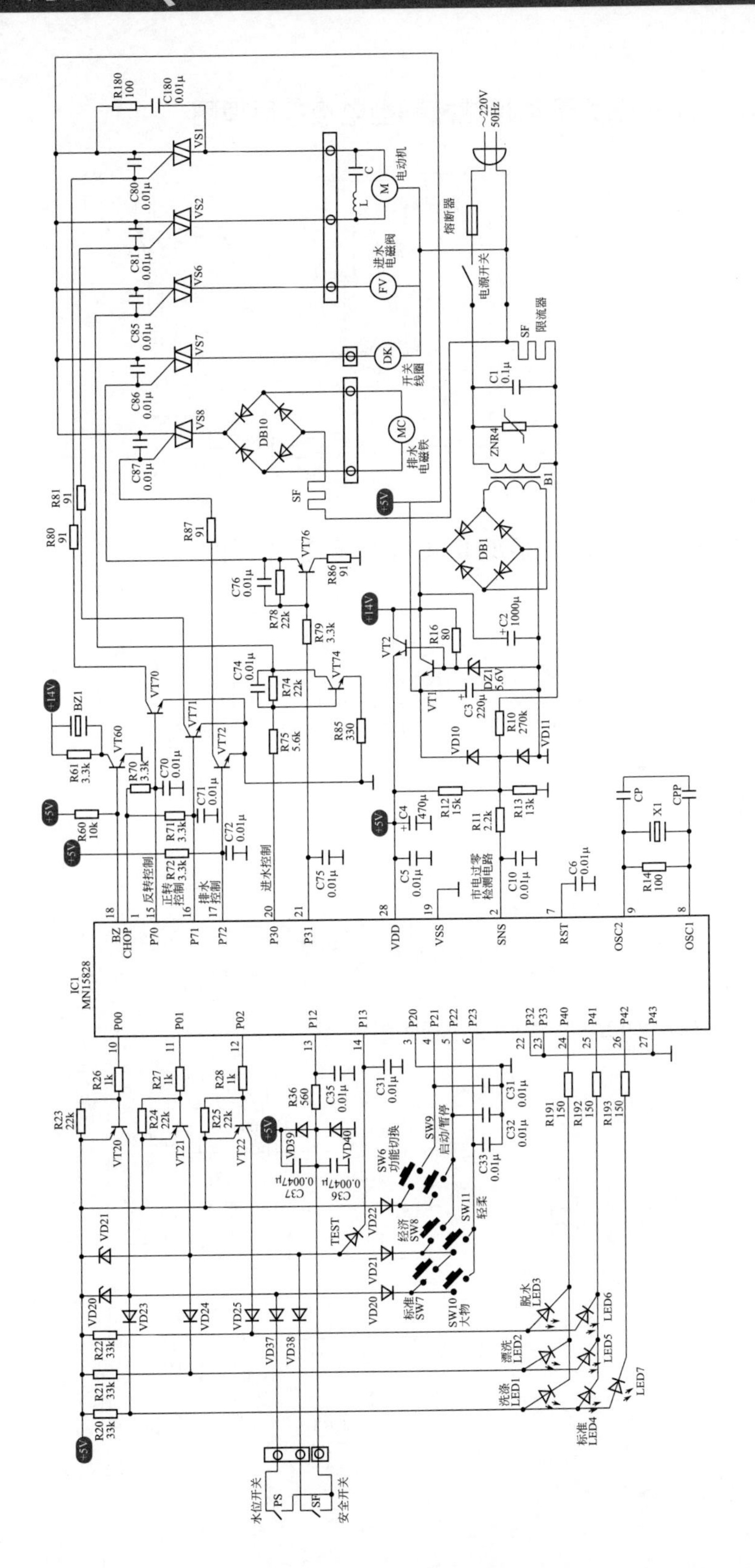

附录 5　电饭锅、电砂锅电路原理图

① 美的 MB-YHB 系列豪华机械控制型电饭锅原理图

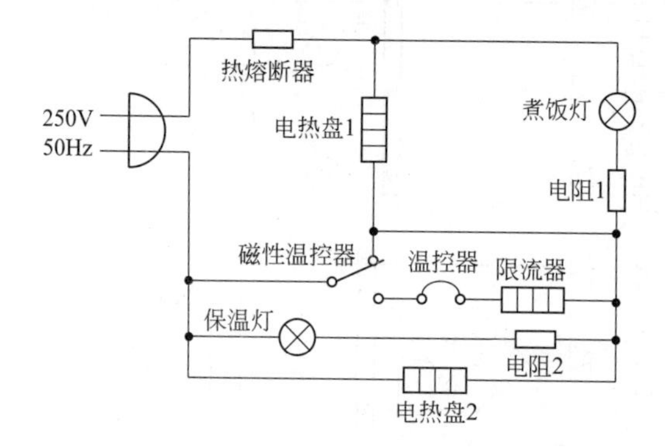

② 美的 MD-GH25/30A/40A/50A 型电紫砂锅原理图

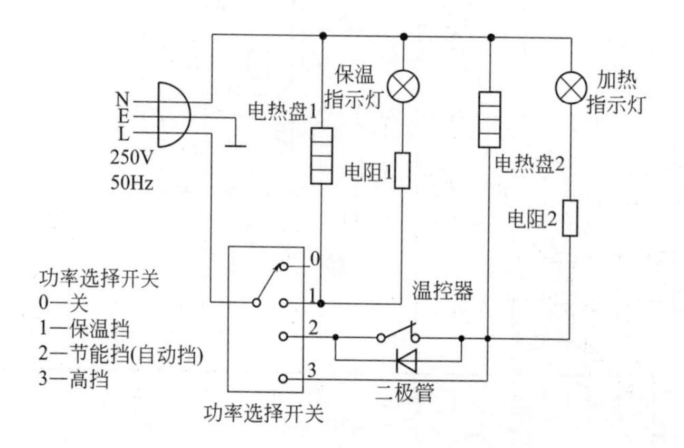

③ 容声 CFX50-90DA 型电饭锅原理图

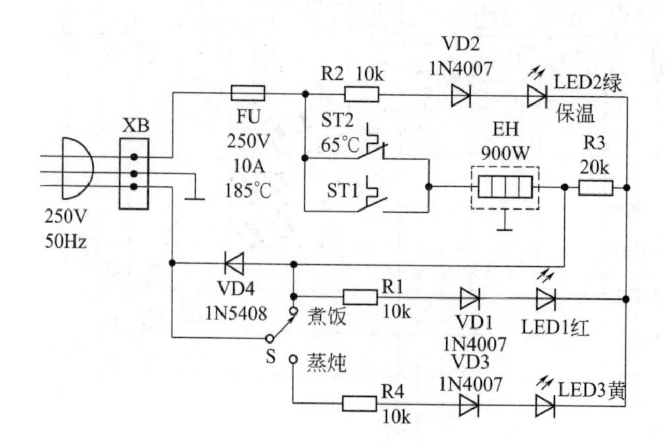

附录 6　功放机电路图

① 常见双声道 OCL 功放原理图

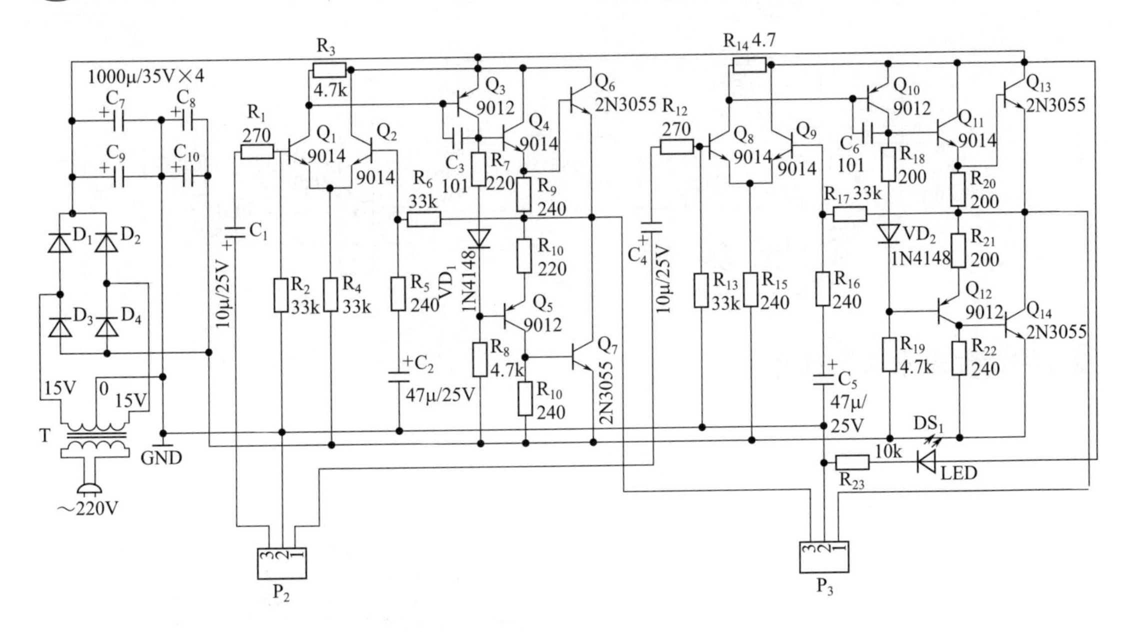

② 高士 AV-113 主功放电路原理图

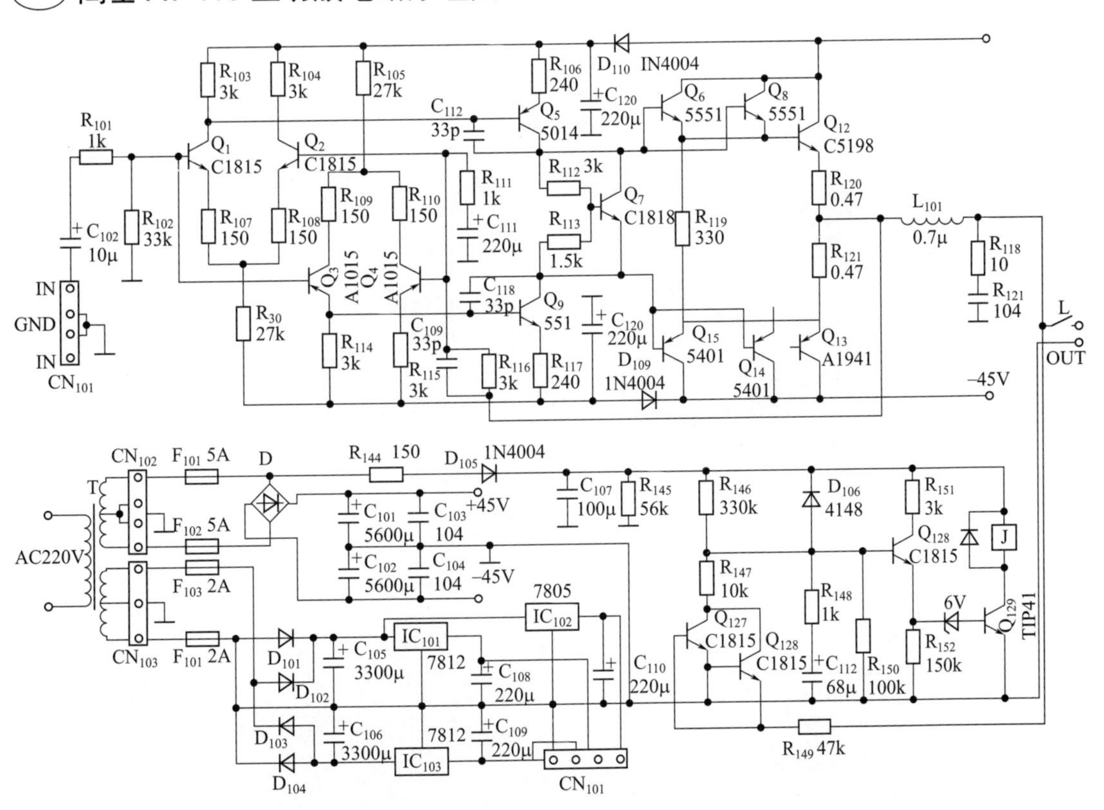

附录 7 电水壶电路图

① 九阳 JYK-311 型电水壶原理图

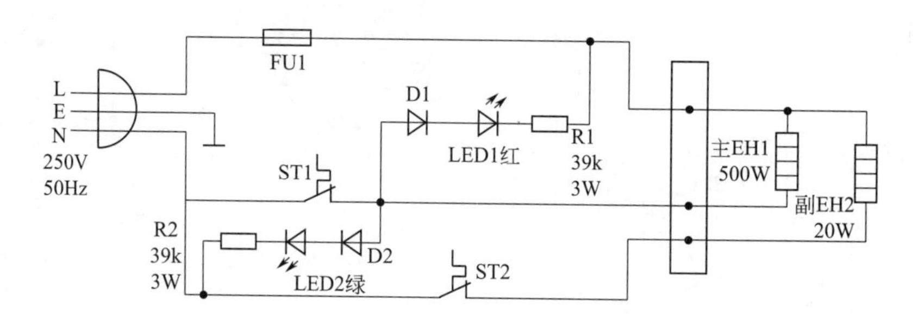

② 好功夫电水壶原理图

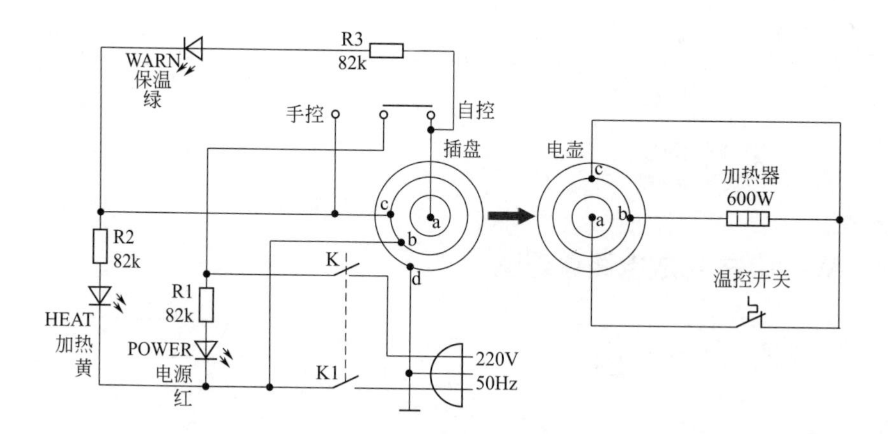

附录 8　九阳豆浆机电路图

① 九阳 JYDZ-8 电脑型豆浆机原理图

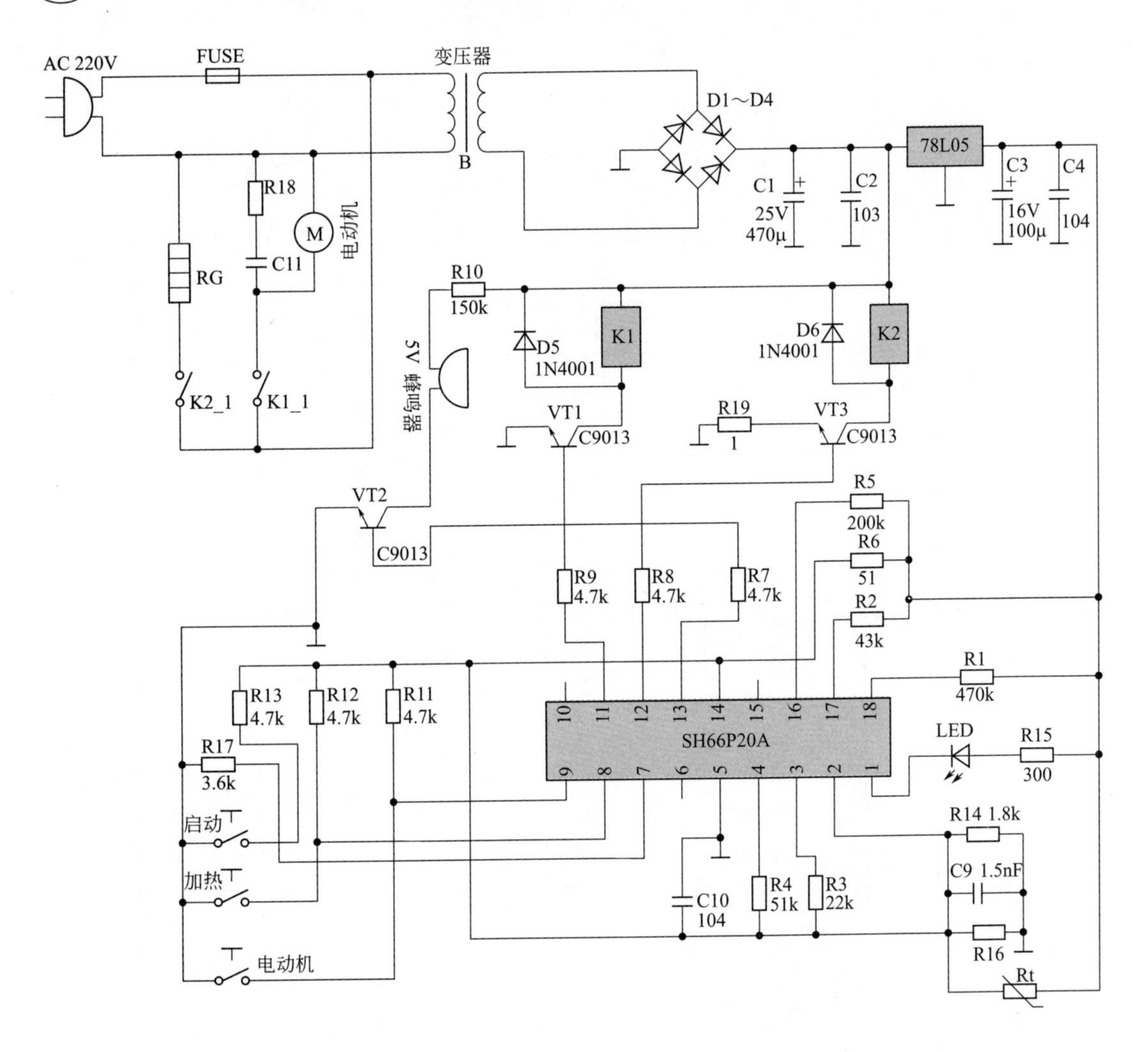

② 九阳之星 SJ-800A 型豆浆机电路图

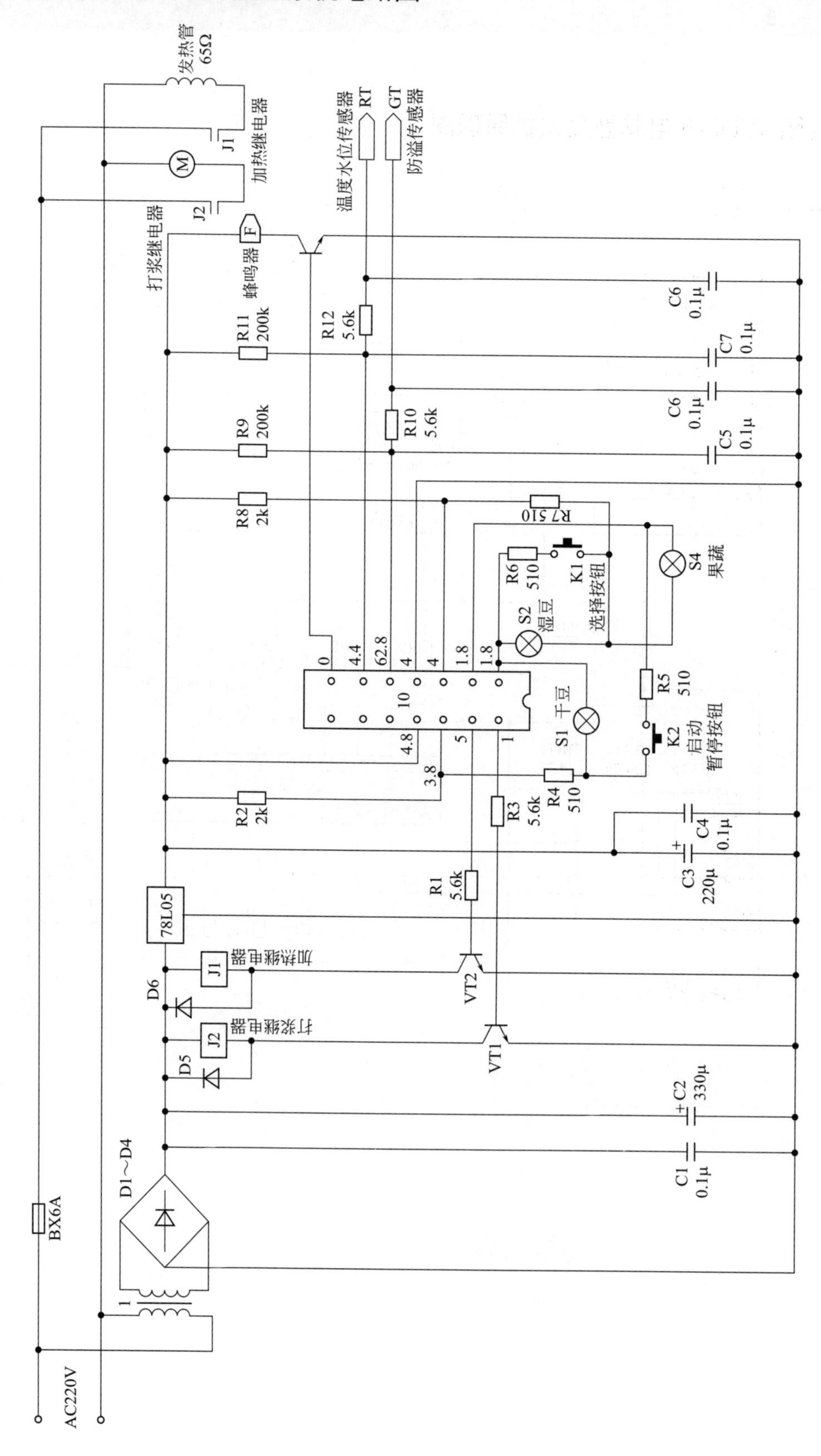

附录9　格兰仕WG800CSL23-K6电脑式微波炉原理图

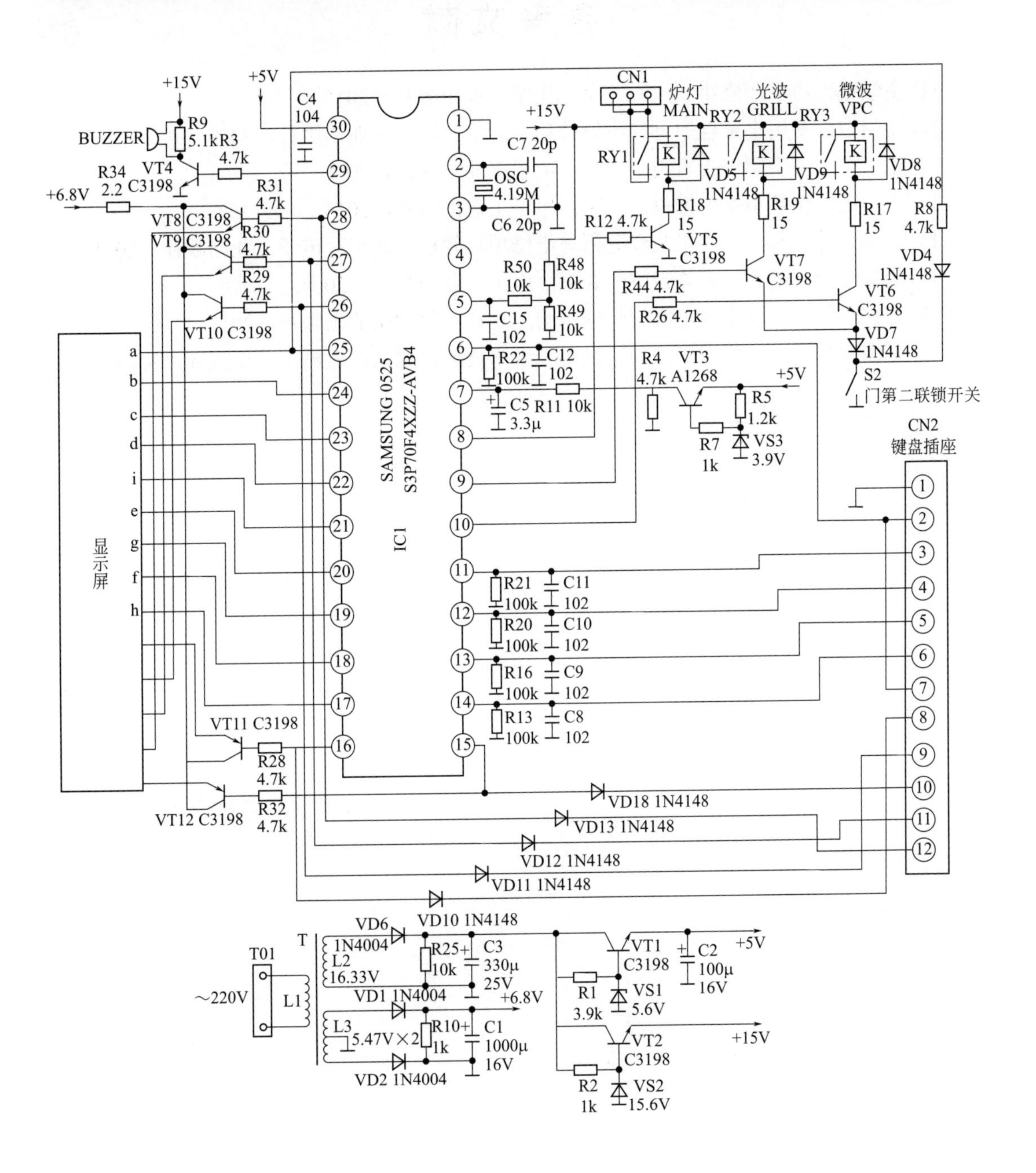

参考文献

[1] 王学屯．边学边修小家电．北京：化学工业出版社，2016.
[2] 王学屯．常用小家电原理与维修技巧．北京：电子工业出版社，2009.
[3] 王学屯．新手学修小家电．北京：电子工业出版社，2011.
[4] 王学屯．图解小家电维修．北京：电子工业出版社，2014.
[5] 贺学金等．新型洗衣机故障分析与维修项目教程．北京：电子工业出版社，2011.
[6] 周立云等．用万用表修音响．北京：电子工业出版社，2008.
[7] 郭立祥等．图解小家电维修快速精通．北京：化学工业出版社，2011.
[8] 胡国喜等．图解微波炉原理、结构与维修技巧．北京：机械工业出版社，2010.

家电维修类图书推荐书目

ISBN 号	书　　名	定价	出版日期
9787122258069	电子电工技术边学边用丛书——边学边修小家电	38.00	2017 年 3 月
9787122237439	电子电工技术边学边用丛书——家电维修技能边学边用	29.00	2015 年 8 月
9787122267238	电子电工技术边学边用丛书——边学边修变频空调器	38.00	2016 年 7 月
9787122257796	电子电工技术边学边用丛书——边学边修彩色电视机	38.00	2016 年 3 月
9787122264008	电子电工技术边学边用丛书——边学边修电冰箱	38.00	2017 年 3 月
9787122231604	电子电工技术边学边用丛书——边学边修电磁炉	38.00	2015 年 6 月
9787122268433	电子电工技术边学边用丛书——边学边修空调器	38.00	2016 年 9 月
9787122256201	电动自行车·电动三轮车维修从入门到精通	98.00	2016 年 2 月
9787122256195	智能手机·平板电脑维修从入门到精通	88.00	2016 年 2 月
9787122198556	跟高手全面学会家电维修技术——轻松掌握电冰箱维修技能	39.00	2014 年 8 月
9787122199409	跟高手全面学会家电维修技术——轻松掌握空调器安装与维修技能	49.00	2017 年 9 月
9787122203762	跟高手全面学会家电维修技术——轻松掌握小家电维修技能	39.00	2014 年 9 月
9787122201621	跟高手全面学会家电维修技术——轻松掌握液晶电视机维修技能	49.00	2014 年 10 月
9787122181787	跟高手学家电维修丛书——电磁炉维修完全图解	48.00	2015 年 3 月
9787122165602	跟高手学家电维修丛书——空调器维修完全图解	48.00	2013 年 6 月
9787122139634	跟高手学家电维修丛书——液晶彩电维修完全图解	48.00	2013 年 3 月
9787122156013	家电维修半月通丛书——空调器维修技能半月通	29.00	2017 年 1 月
9787122144539	家电维修完全掌握丛书——家用电器维修技能完全掌握	69.00	2017 年 6 月
9787122202635	家电维修完全掌握丛书——小家电维修技能完全掌握	49.00	2014 年 7 月
9787122202925	家电维修完全掌握丛书——液晶电视维修技能完全掌握	49.00	2014 年 7 月
9787122239051	百分百全图揭秘变频空调器速修技法：双色版	49.00	2017 年 6 月
9787122235657	百分百全图揭秘彩色电视机速修技法（双色版）	49.00	2016 年 1 月
9787122236661	百分百全图揭秘电冰箱速修技法（双色版）	49.00	2016 年 1 月
9787122237743	百分百全图揭秘电磁炉速修技法（双色版）	49.00	2016 年 1 月
9787122235664	百分百全图揭秘电动自行车速修技法（双色版）	49.00	2016 年 1 月
9787122239433	百分百全图揭秘空调器速修技法（双色版）	48.00	2016 年 1 月
9787122236913	百分百全图揭秘液晶电视机速修技法（双色版）	49.00	2016 年 1 月
9787122236043	百分百全图揭秘智能手机速修技法：双色版	49.00	2016 年 1 月

续表

ISBN 号	书　　名	定价	出版日期
9787122229120	电磁炉维修就学这些	48.00	2016 年 6 月
9787122260574	电动自行车维修就学这些	39.00	2016 年 4 月
9787122233806	家电维修精品课堂——电冰箱维修就学这些	46.00	2017 年 1 月
9787122228949	家电维修精品课堂——洗衣机维修就学这些	39.00	2017 年 3 月
9787122219435	空调器维修就学这些	48.00	2015 年 5 月
9787122260567	小家电维修就学这些	39.00	2016 年 4 月
9787122198402	家用电器维修全程精通丛书——图解彩色电视机维修完全精通：双色版	58.00	2014 年 6 月
9787122187444	家用电器维修完全精通丛书——图解电磁炉维修完全精通（双色版）	58.00	2017 年 7 月
9787122187932	家用电器维修完全精通丛书——图解洗衣机维修完全精通（双色版）	58.00	2017 年 2 月
9787122187970	家用电器维修完全精通丛书——图解中央空调安装、检修及清洗完全精通（双色版）	58.00	2017 年 6 月
9787122224361	家用电器故障维修速查全书——图解电动自行车故障维修速查大全	38.00	2015 年 1 月
9787122225177	家用电器故障维修速查全书——图解洗衣机故障维修速查大全	38.00	2015 年 6 月
9787122217851	家用电器故障维修速查全书——图解液晶电视机故障维修速查大全	38.00	2017 年 6 月
9787122219053	图解变频空调器故障维修速查大全	38.00	2017 年 9 月
9787122218704	图解彩色电视机故障维修速查大全	38.00	2015 年 1 月
9787122221124	图解电冰箱故障维修速查大全	46.00	2015 年 1 月
9787122218971	图解空调器故障维修速查大全	38.00	2015 年 1 月
9787122284365	家电维修职业技能速成课堂 · 变频空调器	36.00	2017 年 2 月
9787122284839	家电维修职业技能速成课堂 · 彩色电视机	48.00	2017 年 2 月
9787122282965	家电维修职业技能速成课堂 · 电冰箱	39.00	2017 年 2 月
9787122286338	家电维修职业技能速成课堂 · 电磁炉	39.00	2017 年 3 月
9787122283665	家电维修职业技能速成课堂 · 电动自行车	36.00	2017 年 1 月
9787122283870	家电维修职业技能速成课堂 · 空调器	36.00	2017 年 2 月
9787122284372	家电维修职业技能速成课堂 · 热水器	36.00	2017 年 2 月
9787122285850	家电维修职业技能速成课堂 · 洗衣机	38.00	2017 年 3 月
9787122285683	家电维修职业技能速成课堂 · 小家电	48.00	2017 年 3 月
9787122283887	家电维修职业技能速成课堂 · 液晶电视机	36.00	2017 年 2 月
9787122285287	家电维修职业技能速成课堂 · 智能手机	39.00	2017 年 2 月
9787122200952	图解液晶电视机维修完全精通（双色版）	58.00	2016 年 3 月
9787122204769	变频空调器故障维修全程指导：超值版	28.00	2017 年 7 月
9787122255723	彩色电视机 · 液晶电视机维修从入门到精通	88.00	2016 年 2 月
9787122241887	彩色电视机检测数据及信号波形实修实查大全	68.00	2016 年 1 月
9787122262301	彩色电视机维修技能精要	88.00	2016 年 6 月
9787122004826	常用电器与设备维修速查手册	25.00	2016 年 6 月